Lee Parks

ALLES IM GRIFF

Fahrtechnik
für Motorräder

Delius Klasing Verlag

Jürgen Brückmann

Die Originalausgabe dieses Buches erschien unter dem Titel
»Total Control – High Performance Street Riding Techniques«
bei der MBI Publishing Company in St. Paul, Minnesota/USA;
herausgegeben von Darwin Holmstrom und Kent Larson.

© Lee Parks 2003

Bibliografische Information Der Deutschen Bibliothek
Die Deutsche Bibliothek verzeichnet diese Publikation
in der Deutschen Nationalbibliografie;
detaillierte bibliografische Daten sind im Internet
über »http://dnb.ddb.de« abrufbar.

1. Auflage
ISBN 3-7688-5202-4
© Die Rechte für die deutsche Ausgabe liegen
beim Moby Dick Verlag, Postfach 3369, D-24032 Kiel

Einbandgestaltung: Buchholz/Hinsch/Hensinger, Hamburg
Übersetzung und deutsche Bearbeitung: Udo Stünkel
Druck und Bindung: Kunst- und Werbedruck, Bad Oeynhausen
Printed in Germany 2004

Vertrieb: Delius Klasing Verlag, Siekerwall 21, D-33602 Bielefeld
Tel.: 0521/559-0, Fax: 0521/559-115
E-Mail: info@delius-klasing.de
www.delius-klasing.de

Inhalt

Vorwort

von Darwin Holmstrom

O bwohl ich mich schon seit 40 Jahren überwiegend damit beschäftige, benötigte ich den größten Teil davon, um schließlich die große Wahrheit über das Motorradfahren zu erkennen: Ich habe immer noch sehr viel zu lernen. Ich fahre seit meinem elften Lebensjahr Motorräder, und ich lebe noch länger mit ihnen, sodass dies für mich eine echte Erkenntnis war.

Diese Verschiebung in meinem Universum war das Ergebnis meiner veränderten Einstellung zu Straßenrennen. Ich war immer ein durchschnittlicher oder gemäßigt sportlicher Tourenfahrer, einer dieser Typen, die 1000-Meilen-Tage genießen. Mein Traum vom Ruhm war der Sieg bei einer Langstrecken-Rallye. Bis vor wenigen Jahren war das sportlichste Motorrad, das ich je besaß, eine Honda ST 1100. Dann entdeckte ich das Sportfernsehen. Plötzlich waren Motorradrennen nicht mehr länger irgendwelche entfernten Aktivitäten, über die ich Monate später auf den letzten Seiten der Motorrad-Magazine las. Jetzt brachte ein Koaxialkabel die Berichterstattung am gleichen Tag in mein Wohnzimmer.

Aber das Fernsehen war erst der Anfang. Ich begann mit einer schlimmen Truppe herumzuhängen. Ich rede nicht über eine Vorstadt-Gang, die bei 160 km/h Wheelies auf Stadtautobahnen übt. Ich stieß auf einige ernsthafte Sportmaschinenfahrer – ausgesprochen erfahrene Leute, von denen die meisten zumindest eine Amateurlizenz besitzen. Mit sehr wenigen Ausnahmen sind es ruhige Frauen und Männer, die vernünftig Fahrtechniken trainieren. Sie trainieren sie eben nur auf einer sehr hohen Ebene. Um hier mitzuhalten, musste ich meine Fähigkeiten auch auf eine höhere Ebene bringen.

Meine Erfahrung ist nicht ungewöhnlich. Viele Leute sind motiviert, auf einem höheren Level zu fahren. Unglücklicherweise manifestiert sich diese Motivation viel zu oft einzig in der Beschaffung der neuesten und großartigsten Technologie. Viele Leute denken, dass der Schlüssel zum besseren Fahren im Kauf einer besseren Ausrüstung liegt. Sie besorgen sich das gerade erschienene 1000er Sportbike oder die heißeste 600er Maschine. Sie geben kleine Vermögen dafür aus, ihre Motorräder mit High-End-Federungskomponenten auszurüsten. Sie erhöhen die Motorleistung von Maschinen, die bereits vorher für ihr Fahrkönnen viel zu schnell waren. Zweifellos erleichtert eine bessere Ausrüstung das Fahren auf hohem Niveau – aber nur, wenn der Fahrer die Fertigkeit besitzt, auf

diesem Level zu fahren. Den Mangel an Erfahrung durch die Ausgabe von Geld kompensieren zu wollen, ist aussichtslos.

Weil mir das nötige kleine Vermögen fehlte, um die neueste und großartigste Technologie kaufen zu können, entschied ich mich dazu, meine Fertigkeiten auf eine neue Ebene zu bringen. Ich schluckte meinen Stolz herunter und begann, den besten Fahrern unserer Gruppe Fragen zu stellen, ohne mir groß Sorgen zu machen, ob diese Fragen dumm waren oder nicht. Wichtiger war noch, dass ich ihren Antworten mit offenen Ohren zuhörte und anfing, die von ihnen empfohlenen Techniken zu trainieren.

Ich begann, nach High-Performance-Lehrgängen zu suchen. Zu meiner großen Überraschung war eines der bestens empfohlenen Seminare die »Advanced Riding Clinic«, die von meinem alten Bekannten Lee Parks geleitet wurde.

Zu dieser Zeit hatte ich einen Job als Redakteur bei Motorbooks International angenommen, und meine Arbeit schloss die Entwicklung von Buch-Ideen und das Finden von Leuten ein, die diese Bücher schrieben. Der nächste Schritt erforderte kein übermäßiges Nachdenken. Lee veranstaltete sehr respektierte Fahrerlehrgangs-Seminare – und Lee ist ein talentierter und erfahrener Schreiber. Nahe liegend, dass Lee dieses Buch schreiben sollte. Und er tat es.

Du hältst die Summe jahrelanger Gedanken und Erfahrungen in den Händen. Du hast den Schlüssel dazu, ein besserer, schnellerer und sichererer Fahrer zu werden. Als ich das erste Mal Leute wie Colin Edwards und Nick Hayden Rennen fahren sah, schien es mir, dass die Dinge, die sie auf Motorrädern anstellten, absolut unmöglich waren. Dieses Buch entmystifiziert die Techniken, die von solchen Fahrern praktiziert werden. Obwohl es dich nicht über Nacht in einen Valentino Rossi verwandeln wird, wirst du dieselben Grundlagen lernen, die Rossi nutzt, wenn er sein Handwerk trainiert. In diesem Buch hat Lee Parks die Elemente des Hochleistungs-Fahrens in leicht verständliche Schritte unterteilt, die jeder meistern kann. Ich war selbst überrascht, wie das Training dieser Übungen meinen eigenen Fahrstil verbesserte. Auch wenn ich nicht das überragende Sportmotorrad auf dem Markt besitze – ich fahre eine Yamaha YZF 600 R –, warte ich heute manchmal an der Straße auf Fahrer, die mich eigentlich überholen wollten. Ich hoffe, du empfindest diesen Band als ebenso nützlich und praktisch, wie ich es getan habe. Gute Fahrt!

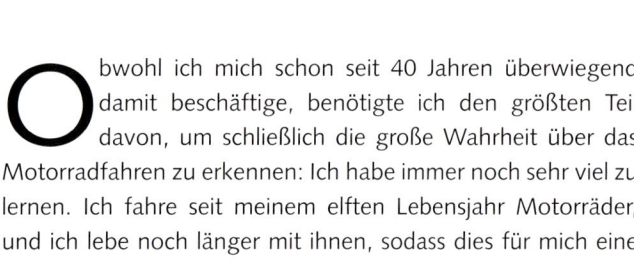

Danksagung

Ursprünglich dachte ich, dass das Schreiben dieses Buches ein Leichtes wäre und einfach eine geschriebene Version meines Fortgeschrittenen-Fahrerseminars werden würde, das ich seit Jahren betreibe. Ich konnte damit nicht falscher liegen. Glücklicherweise bin ich mit unglaublichen Freunden sowie einer Familie gesegnet, deren hervorragende Unterstützung mir half, dieses Buch zu schreiben.

Zuallererst muss ich meinem Redakteur Darwin Holmstrom danken. Er hat mich nicht nur überzeugt, dieses Buch überhaupt zu machen, sondern er trat mir auch über ein Jahr lang beinahe täglich in den Hintern, bis ich es endlich fertig hatte. Ohne seine Bemühungen wäre dieses Buch immer noch pure Fantasie.

Als Nächstes möchte ich Paul Thede von Race Tech danken, der mir erlaubte, seine Texte – die besser sind, als alles, was ich hätte schreiben können – für die zwei Federungs-Kapitel zurechtzustutzen.

Ebenso weit oben auf der Liste stehen diejenigen Freunde, die Zeit, Geld, Prinzipien und Erfahrungen beitrugen, um das Buch pünktlich sowohl ordentlich als auch komplett erscheinen zu lassen. Mein technischer Redakteur Ray Engelhardt hatte die erschreckende Aufgabe, mir viele physikalische Gesetze zu erklären, ohne die Mathematik zur Hilfe zu nehmen. Unglaublicherweise haben wir es beide überlebt. Meine Lehrgangs-Kollegen Tracy Martin und Ed Pearsell halfen mir nicht nur, den Lehrplan zu strukturieren und umzusetzen, sondern fungierten bei vielen Aufnahmen auch als Fotomodelle. Kent Larson trug zum Kapitel 21 »Auf der Rennstrecke« bei. Tom Riles lehrte mich alles, was ich über Action-Fotografie wissen musste. Terry McGarry, L.T. Snyder, D.C. Wilson, Ken Marena, Jason Elzaurdia, Peter Tavernise, Priscilla Wong, Debbie Webber, Amy Holland, Kevin Cameron, Kevon Wing, Andy Goldfine, Mansoor Shafi, Denise Sullivan, Randy Hatch, Kent Soignier, Michael Martinucci und Kim Anderson halfen mir bei zahlreichen Details. Und ein besonderer Dank geht an die Leute von Avon Tires, weil sie mir zahlreiche Fotos zur Verfügung stellten.

Natürlich habe ich meinen Eltern zu danken, die mir erlaubten, seit frühester Jugend Motorrad zu fahren. Mein Vater lehrte mich die Grundlagen des Fahrens und unterstützte meine Zweirad-Sucht, bis ich sie mir selbst leisten konnte. Meine Mutter verbrachte viele Wochenenden damit, mich und meine Freunde zu nahe gelegenen Motocross-Strecken zu transportieren, und versuchte dort zu lesen, während wir sie mit Krach und Staub eindeckten. Sie brachte mir viel von dem bei, was ich vom Unterrichten weiß.

Ich kann den langjährigen Einfluss meiner Schüler gar nicht genug betonen. Durch sie war ich in der Lage, die Fahr- und Unterrichts-Techniken zu verfeinern, bis sie gut funktionierten. Ich lernte sicher genauso viel von ihnen wie sie von mir.

Obwohl vieles in diesem Buch aus eigenen Überlegungen entstand, baut es doch auf die Arbeit einiger Leute auf, die vor mir kamen: Keith Code, David Hough und Freddy Spencer. Bei vielen Gelegenheiten werden sie erwähnt und es wird ihnen gedankt, und jeder, der ihre Arbeit kennt, wird bemerken, dass sich ihr gemeinsamer Einfluss durch das ganze Buch zieht. Es wäre nicht ohne ihre individuellen Beiträge zu meinem Fahren und Denken entstanden.

Ich bin sicher, dass mein mittelmäßiges Gedächtnis einige wichtige Leute ausgelassen hat, die auf die eine oder andere Weise zum Entstehen dieses Buches beigetragen haben – also entschuldige ich mich vorsorglich dafür. Offensichtlich können lebenslange Erfahrungen und Auseinandersetzungen mit meinem weltweiten Freundeskreis nicht auf einer einzelnen Textseite zusammengefasst werden. Dank an euch alle.

Lee Parks

Einleitung

Die Fähigkeiten eines durchschnittlichen Motorradfahrers nutzen heute nicht annähernd mehr die Möglichkeiten moderner Motorräder aus. Tatsächlich liegt der Unterschied zwischen serienmäßigen Straßenmaschinen und reinrassigen Renn-Superbikes (ganz anders als bei Sportwagen und ihren Rennstrecken-Gegenstücken) nur noch in Details. Und dies sorgt für einen großen Bedarf an mehr und besserer Fahrerausbildung.

Das Problem, schnell fahren zu lernen

Weil ich viele Jahre mit Fahrer- und Rennfahrer-Lehrgängen verbracht habe, bin ich ein großer Anhänger des Fahrertrainings. Das Wissen, welches ich aus diesen Seminaren zusammengetragen habe, hat unzählige Male mein Leben gerettet. Für einen Sportfahrer, der seine Techniken (besonders schnelles Kurvenfahren) verbessern will, gibt es zwei Grundoptionen: Sicherheitslehrgänge und Rennfahrerlehrgänge. Obwohl sich beide lohnen, hat jede dieser Möglichkeiten Nachteile, die den Fortschritt eines teilnehmenden Fahrers beeinträchtigen können.

Das Problem bei Sicherheitslehrgängen liegt darin, dass alle Übungen bei solch langsamen Geschwindigkeiten stattfinden, dass die Angst vor der Geschwindigkeit niemals vorkommt, und das fortgeschrittene Können, wie es für Rennfahrer bei der Kontrolle ihrer Maschinen bei höherem Tempo nötig ist, nie gelehrt wird. Rennfahrerlehrgänge haben wiederum gegenteilige Probleme. Das Tempo ist so viel höher als die meisten Straßenfahrer es kennen, dass sie sich aus Angst vor einem Sturz bei hoher Geschwindigkeit nicht trauen, neue Techniken auszuprobieren. Dies ist wirklich eine Schande, da die meisten Rennstrecken-Schulen solide Unterrichtserfahrungen haben, aber die Rennstreckenumgebung für den durchschnittlichen Straßenfahrer nicht das ideale Gelände ist, um das Basiswissen des schnellen Fahrens zu erlernen. Wenn ein Fahrer einmal die Grundlagen erlernt hat, gibt es nichts Besseres als eine gute Rennstreckenschule, um dieses Geschick zu verfeinern und zu vergrößern.

Als Teil meiner Redakteurs-Pflichten bei den *Motorcycle Consumer News* von 1995 bis 2000 hatte ich das Privileg, sowohl mit David Hough als auch mit Keith Code bei vielen Fahrstil-Artikeln zusammenarbeiten zu können. Sie weckten mein Interesse an diesem Thema. Auch wenn ich 1994 Zweiter der 125er US-Meisterschaften wurde, erkannte ich bei der Arbeit an diesen Artikeln, dass ich trotz meiner Schnelligkeit noch viel über die Kontrolle eines Motorrades zu lernen hatte. Es ging mich an, weil ich hauptsächlich durch »Gefühl« Rennen fahren konnte, aber nicht ganz sicher war, was ich tat. Dies machte meinen Fahrstil inkonsequent. Wenn ich auf einer speziellen Strecke Probleme hatte, wusste ich sie nicht zu deuten, um sie dann zu beheben. Lange Gespräche mit Hough und Code brachten mich schließlich dazu, über die physikalische Dynamik des Fahrens nachzudenken, und ich begann mit der Suche nach einem praktizierbaren Weg, meine Fahrweise zu korrigieren, wenn es nötig wurde.

Eine neue Art zu lernen

Wie sich herausstellte, waren viele unserer Leser ebenfalls auf der Suche nach einem ähnlichen Weg, um ihre Fahrweise zu verbessern. Ich hörte von Straßenfahrern Beschwerden darüber, dass zwischen den Sicherheitslehrgängen und den Rennfahrerlehrgängen eine zu große Lücke klaffte. Manche wünschten sich einen »Zwischenschritt«, und andere hatten trotz meiner Ermunterung kein Interesse, jemals auf die Rennstrecke zu gehen, wollten aber etwas, was ein bisschen dynamischer als Sicherheitslehrgänge war. Um die Sache zu verschlimmern, beklagten sich viele auch darüber, dass es nur Bücher für Rennfahrer gäbe, die ihnen zu kompliziert seien. Sie wollten einfachere Lösungen für Hochleistungs-Straßenfahren, keine raffinierten Rennstrategien.

Nach dem Anhören vieler dieser »Zwischenschritt«-Reklamationen entschied ich schließlich, etwas dafür zu tun, und ich begann eine neue Art von Fahrerlehrgängen zu entwickeln. Ich wollte die Fortgeschrittenen-Techniken der Rennfahrerschulen mit der stressfreien Parkplatzumgebung der Sicherheitslehrgänge kombinieren. Genauso wichtig war es, jede Fähigkeit auf ihre simpelste Form zu reduzieren und individuell in einem Block zu trainieren.

Mit Hilfe vieler Freunde begannen der Lehrplan und die Übungen Gestalt anzunehmen. Meine grundsätzliche Ausbildungsphilosophie war einfach: Anstatt einem Fahrer zu sagen, etwas mit sagen wir einmal 30 km/h mehr auszuprobieren, als er es sich jemals zuvor getraut hatte (wie es manchmal bei Rennfahrerlehrgängen vorkommt), wollte ich den Teilnehmer bitten, in kleinen Schritten von vielleicht 3 km/h schneller zu werden. Dies sorgt dafür, dass man sich nicht erschreckt.

Der Autor fährt seit seinem 14. Lebensjahr Motorradrennen. Im Jahre 2001 gewann er die US-Langstreckenmeisterschaft.

Nehmen wir beispielsweise an, dass volles Renntempo um einen Kreis mit zwölf Metern Durchmesser bei etwa 50 km/h liegt – ein typischer Straßenfahrer wird bequem mit 30 km/h herum fahren. Das Wichtige hierbei liegt darin, es dem Teilnehmer bequem zu machen, sodass er gewillt ist, etwas Neues auszuprobieren. Zuerst trainiere ich die richtige Technik bei 0 km/h. Hierbei setzt sich der Fahrer auf sein Motorrad, und mithilfe der anderen Teilnehmer gehen wir durch eine scheinbare Kurve, indem wir das Motorrad kippen und wieder aufrichten, während ich dabei dem Fahrer helfe, die korrekte Position einzunehmen. Wir machen dies mehrmals, bis der Teilnehmer in der scheinbaren Kurve alles richtig macht. Dann geht er auf die Strecke und macht es. Nachdem er sich mit 30 km/h getraut hat, fährt er den Kreis zuerst mit 32 und dann mit 35 km/h. Sagen wir, er hat bei 35 km/h ein Problem, dann arbeite ich mit ihm an diesem Problem, bis er sorglos das Tempo fahren kann. Dann gehen wir auf 37 km/h, usw. Nun wird er wahrscheinlich nicht bis 50 km/h kommen, aber am Ende des Tages hat er mit diesen Techniken in allen Bereichen seiner Fahrweise messbare Verbesserungen erzielt. Meine Advanced Riding Clinic (ARC) (Fortgeschrittenen-Fahrseminar) war geboren.

Hunderte Teilnehmer später hatte sich diese Methode mehr als bewährt. Tatsächlich war der Lehrplan ursprünglich für Straßenfahrer konzipiert worden, doch hatten ihn auch viele Rennfahrer als wirkungsvoll erkannt.

Ich stieß eher zufällig auf diese Methode, als ich gerade einen Weg ausarbeitete, mir selbst beizubringen, mein Knie korrekt einzusetzen. Nahe meiner Wohnung lag ein großer leerer Parkplatz, der hauptsächlich bei Sportveranstaltungen genutzt wurde. Als dort eines Tages keine Veranstaltung geplant war, hatte ich den Parkplatz ganz für mich alleine. Ich legte mithilfe einiger strategisch platzierter schmutziger Sweatshirts eine Trainingskurve fest. Das Wichtige hieran war, dass ich keinen »Kurs« mit verschiedenen Kurven und Bremspunkten einrichten wollte. Ich fand es sinnvoll, die Sache simpel zu halten. Als meine Kurve fertig war, streifte ich meine Lederkleidung, Stiefel, Helm und Handschuhe über, holte ein paar Male tief Luft und begann mit der Erforschung unbekannter Schräglagen.

Nachdem ich etwa fünf Minuten lang meine Reifen durch Schlangenlinien aufgewärmt hatte, wie ich es im Fernsehen gesehen hatte, begann ich allmählich, mein Tempo zu erhöhen. Ich fand heraus, dass ich aufgrund der wachsenden Geschwindigkeit meine Körperhaltung ändern musste, und ich spielte einfach herum, bis es sich für mich bequem anfühlte. Natürlich hatte ich keine Ahnung, was ich tat, und ich hatte keinen kenntnisreichen Instruktor, der mir helfen konnte. Doch nach

Im Jahre 1992 erreichte Lee Parks den zweiten Platz der 125er US-Meisterschaft.

etwa 30 Minuten berührten meine Knie den Boden, und ich fühlte mich, als hätte ich einen wichtigen Meilenstein meines Lebens erreicht.

Anstatt zu riskieren, diesen Triumph zu ruinieren, nahm ich meine Sachen, parkte mein Motorrad und ging als neuer Mensch in meine Wohnung. Jeder, der jemals seine Knie über den Boden hat schleifen lassen, erinnert sich an sein erstes Mal, als wäre es gestern gewesen. Das liegt zum Teil daran, dass es manchmal jahrelange Praxis erfordert, um dorthin zu kommen. Ich war jedoch innerhalb einer halben Stunde am Samstag Nachmittag in der Lage, in einer stressfreien Umgebung diese Schwelle zu übertreten – also kannst du es auch. Ein Glück für dich ist, dass alles, was ich diesen Tag vermisst habe, in diesem Buch angesprochen wird.

Das Buch entsteht

Nachdem ich viele meiner Seminare bei Treffen in den gesamten USA durchgeführt habe, waren zwei Dinge klar: Meine Schüler machten in ihrer Fahrweise unglaubliche Fortschritte, und ich würde niemals genügend Klassen unterrichten können, um unter allen Motorradfahrern eine nennenswerte Wirkung zu erzielen. Aus dem zweiten Grund suchte ich für meine Seminare auch nie die Öffentlichkeit. Ich wusste, dass ich gar nicht die Zeit hatte, den Bedarf zu befriedigen, selbst wenn ich es wollte.

Das änderte sich, als glückliche Absolventen Stories über ihre Verbesserungen im Internet veröffentlichten. Einer der Leute, die von diesen Mitteilungen Notiz nahmen, war Darwin Holmstrom, der mich auch gleich fragte, ob ich über dieses Thema nicht ein Buch machen wollte. Obwohl ich bereits mehr-

mals über ein Buchprojekt nachgedacht hatte, brachte erst sein Anruf das Projekt wirklich ins Rollen. Nach reichlichem Nachdenken erkannte ich, dass ein Buch sinnvoll und machbar war, also begann ich, Papier mit Worten zu füllen.

Nach Abschluss der ersten Arbeiten entschied ich mich dazu, jede einzelne Technik zu testen, indem ich nach siebenjähriger Abstinenz wieder auf die Rennstrecke zurückkehrte. Ich beschloss, an Langstreckenrennen teilzunehmen, weil die lange Zeit auf der Strecke mir die Möglichkeit gab, die meisten Entscheidungen immer wieder zu überprüfen. Ich schloss mich dem Speed Week/Cyberlogtech-Team an und fuhr eine Suzuki SV 650 in der Lightweight-Klasse. Meine beiden Teamkollegen hatten nach einer Saison als Novizen gerade ihre Lizenzen erhalten.

Erstaunlich genug war, dass diese Grünschnabel-Mannschaft ohne Rennerfahrung es schaffte, beim ersten Versuch die Meisterschaft als Team zu gewinnen. Offensichtlich war die Technologie bereit für die Veröffentlichung. Leider wurde unser Teambesitzer Scott Gowland zwei Wochen vor der Meisterschaft, an der er so hart gearbeitet hatte, getötet. Dieses Buch ist deswegen seinem Andenken gewidmet.

Warum dieses Buch?

Der Zweck dieses Buches ist, dich zu lehren, wie du die vollständige Kontrolle über dein Motorrad gewinnst. Was ist Kontrolle? Die beste Definition, die ich gehört habe, nannte mir Cobin Far, Chefinstruktor der California Superbike School: »Wann immer du willst, die Maschine wohin du willst zu bringen.« Wie man diese Kontrolle einsetzt, variiert von Fahrer zu Fahrer. Du kannst sie nutzen, um mit dem gleichen Sicherheitslevel schneller zu werden, oder bei gleichem Tempo sicherer unterwegs zu sein, oder von beidem etwas nutzen. Dieses Buch handelt speziell von Fahrtechniken, nicht von Rennstrategie.

Dieses Buch gibt dir ein Werkzeug, um deinen Fahrstil zu verbessern. Es befähigt dich, Probleme selbst zu diagnostizieren, wenn sie auftreten, außerdem gibt es dir die Lösungen. Du wirst spezielle Fahrtechniken erlernen, die dir die Kontrolle über dein Motorrad ermöglichen. Dies unterscheidet sich grundsätzlich von allgemeinen Hinweisen wie »Sei sanft«. Ich denke, Keith Code sagte es am besten, als er Sanftheit als »falsches Versprechen« bezeichnete, weil sie dir nicht sagt, wie du dieses Stadium erreichen sollst. Durch das immer wiederkehrende Trainieren spezieller Techniken wirst du sie eventuell sanfter ausführen. Aber jemandem zu erzählen, er solle sanft sein, ist genauso sinnlos, wie ihm zu sagen, er solle schnell sein. Ohne zu wissen, wie das exakt geht, ist es nur ein leeres Konzept.

Wie es benutzt wird

Dieses Buch ist in sechs Abschnitte unterteilt, die der Reihe nach gelesen werden sollten – hier gibt es kein postmodernes Durcheinander. Teil 1 deckt die physikalische Dynamik unseres Motorradfahrwerks ab. Ich habe hier die Grundsätze erklärt, ohne irgendwelche Mathematik ins Spiel zu bringen. Ohne dieses Verständnis ergeben die Techniken später nicht viel Sinn, also empfehle ich dir sehr, den Teil nicht zu übergehen.

Teil 2 handelt von der Psychologie des Fahrens. Ein Gefühl dafür zu bekommen, wie dein Geist auf die Realität des schnellen Motorradfahrens reagiert, ist genauso wichtig, wie die Technik selbst schnell zu lernen. Durch das Erlernen, Angst zu handhaben und den Geist unter Kontrolle zu halten, wird es leichter, die Techniken schneller zu lernen.

In Teil 3 wirst du die speziellen Techniken für die Kontrolle der Maschine erlernen. Die Fotos werden nicht nur eingesetzt, um zu zeigen, was zu tun ist, sondern auch um zu zeigen, wie es aussieht, wenn man es falsch macht. Beim Halten meiner Seminare fand ich heraus, dass die Demonstration der korrekten wie auch der unkorrekten Arten den Teilnehmern die Techniken wesentlich besser verdeutlichte. Außerdem habe ich viele Techniken mit Übungs-Skizzen versehen, sodass du exakt genauso lernen kannst wie meine Schüler.

Der Beispielplan basiert auf einer 60 x 90 Meter großen Fläche mit sauberem Asphalt, wie man sie auf größeren Parkplätzen findet. Die Standorte der Hütchen sind neben Notizen über die Gasgriff-Position, die Bremskraft und die Körperhaltung jeder Übung beigefügt. Wichtig ist, dass der Belag sauber und trocken ist. Um feinsten Sand zu entfernen, solltest du einen Besen oder ein Laubgebläse mitnehmen. Außerdem ist es wichtig, dass deine Reifen auf Betriebstemperatur sind, also empfehle ich, einige Minuten Schlangenlinien zu fahren, um die Reifen aufzuwärmen, bevor eine der Übungen durchgeführt wird. Glaube mir, dieser Zeitaufwand lohnt sich.

Ich empfehle sehr, einen oder mehrere Freunde zum Trainieren mitzunehmen. Idealerweise sollte jeder von ihnen dieses Buch zuvor gelesen haben, andernfalls kannst du ihnen auf den Bildern zeigen, auf was sie achten sollen – sowohl positiv als auch negativ. Dies ist hilfreich, weil Fahrer immer wieder denken, sie tun etwas korrekt, obwohl sie es nicht machen. Auch ist die Mitnahme eines Camcorders sehr hilfreich, um möglichst viel vom Training aufzuzeichnen. Als ich an Danny Walkers American Supercamp teilnahm, musste ich feststellen, dass das, was ich zu tun dachte, nicht das war, was die Kamera sah. Durch ihren Einsatz war ich jedoch schließlich in der Lage, die Technik korrekt auszuführen.

Teil 4 handelt von der Vorbereitung der Maschine für ni-veauvolles Fahren. Jedes der Kapitel beinhaltet sinnvolle Informationen, doch Kapitel 15 (Einstellen der Federung) ist das Wichtigste und sollte als Voraussetzung für alle Übungen betrachtet werden.

In Teil 5 geht es um die Vorbereitung des Fahrers auf all dies. Besonders wichtig ist Kapitel 20 (Fahrerausrüstung), das Empfehlungen enthält, die auf ausführlichen Tests von hunderten Kleidungsstücken beruhen, welche ich während meiner Zeit bei *Motorcycle Consumer News* sowie in 20 Jahren auf der Rennstrecke durchführte.

Die richtige Haltung

Obwohl die Informationen dieses Buches das Ergebnis gründlicher Tests sind, gibt es immer alternative Techniken, die ebenfalls funktionieren. Beispielsweise ist Larry Pegram, dessen Stil ich in mehreren Kapiteln dieses Buchs unbarmherzig kritisiere, ein wesentlich schnellerer Rennfahrer, als ich es jemals sein werde. Trotzdem glaube ich, dass du beim Ausprobieren die meisten – wenn nicht alle – Informationen als gute Hilfe zur Verbesserung deines Fahrstils ansehen wirst.

Ich bitte dich, die Techniken dieses Buches genauso »auszuprobieren« wie du es mit einem Kleidungsstück im Laden machst. Nur weil du es ausprobierst, musst du es nicht kaufen. Doch je mehr Stücke du ausprobierst, desto besser sind deine Chancen, genau das zu finden, das richtig passt. Mit dieser Haltung fährst du gut und musst dich nicht über die vorherigen Versuche ärgern. Denke daran, was du kannst, und du hast genug daran zu arbeiten. Wenn du bereit für mehr bist, kannst du den Text noch mal durchgehen. Du kannst nicht in einer Sitzung einen vollständigen Wechsel in allen Bereichen deiner Technik durchführen, also solltest du es auch nicht probieren.

Benutze dieses Buch wie ein Kochbuch. Nimm es aus dem Regal, wenn du ein spezielles Rezept für eine gute Technik vergessen hast. Und scheue dich nicht, es mit persönlichen Anmerkungen zu versehen, die du hilfreich findest. Wie jedes gute Kochbuch sollte es umso benutzter aussehen, je besser es ist. Natürlich spricht nichts gegen ein zweites tadelloses Exemplar, das du dann deinen Freunden zeigen kannst...

Schließlich solltest du auf deinem Weg zur perfekten Fahrtechnik nicht vergessen, den Verlauf zu genießen. Mein persönliches Mantra lautet: »Besser leben durch Motorradfahren«. Durch das Arbeiten an deinem Fahrstil wirst du nicht nur auf dem Motorrad sicherer und hast mehr Spaß, sondern du wirst deine Persönlichkeit auch durch deine unverwechselbare Interpretation der Techniken ausdrücken; wie eine erfahrene Tänzerin, die die Grundschritte adaptiert hat und ihre Bewegungen mit einer persönlichen Signatur versieht. Wenn du deine Persönlichkeit vollständig ausdrücken kannst, wirst du natürlich glücklich und zufrieden sein. Trainiere also diese Techniken, und du wirst dein Leben verbessern.

1 Traktion

Das Fahren eines Motorrades ist eine Übung in Traktions-Management. Der Zweck nahezu jeder in diesem Buch diskutierten Fertigkeit handelt von der Maximierung der vorhandenen Traktion und dem Nutzen der begrenzten Menge, die einem Motorrad zur Verfügung steht. Hierzu ist zuerst das Verständnis dafür wichtig, was Traktion ist und wie sie funktioniert. Viele Dinge beeinflussen die Traktion; manche sind offensichtlich, andere sind es nicht.

Reifen

Die Reifen sind der kritischste Teil des Motorrades, weil sie – kurz gesagt – die Haftung sicherstellen. Sie entwickeln die Haftung, indem sie sich der Straßenoberfläche anpassen und eine »Kontaktfläche« erzeugen. Eine Kontaktfläche entsteht, wenn der untere Teil des Reifens abflacht und ein elliptisches Muster bildet, sobald er die Straße berührt. Größere und weichere Reifen bilden eine größere Kontaktfläche und stärkere Haftung. Das Gummi des Reifens passt sich auch den kleinen Hügeln und Tälern der Straßenoberfläche an und erzeugt so eine Reihe von mikroskopisch kleinen Verzahnungen, die das Motorrad auf der Straße halten.

Es gibt mehrere Faktoren, die die Kontaktfläche – und damit letztendlich die Traktion – beeinflussen. Der Reifendruck bestimmt, wie stark der Reifen beim Kontakt mit der Straße abflacht. Breite, weiche Reifen mit niedrigem Luftdruck erzeugen größere Kontaktflächen und stärkere Haftung als schmale, harte Reifen mit hohem Luftdruck. Bei manchen Wettbewerben

wie dem Trialsport oder bei Dragsterrennen werden die Reifen nur sehr wenig aufgepumpt, um eine maximale Kontaktfläche und Traktion zu ermöglichen.

Das Problem beim Fahren mit gering aufgepumpten Reifen ist, dass die Belastungskapazität reduziert ist und die innere Reibung sich erhöht, was wiederum Wärme erzeugt. Die Temperatur steigt – manchmal in gefährliche Bereiche. Rennfahrer erhöhen manchmal geringfügig den Luftdruck – etwa um 0,05 bar – um die Reifentemperatur auszugleichen. Für Straßenfahrer ist es sehr wichtig, nicht allzu weit von den Angaben des Herstellers abzuweichen, da Reifen konstruiert worden sind, um bei gegebener Last und vorgeschriebenem Luftdruck die korrekte Kontaktfläche und Flexibilität zu bieten.

Die Temperatur eines Reifens hilft auch bei der Bestimmung der Traktion, die er bietet. Wird der Reifen wärmer, so wird auch das Gummi nachgiebiger und hat eine größere Fähigkeit, sich mit dem Asphalt zu verzahnen, um bessere Traktion zu bieten. Diese erhöhte Traktion hält so lange an, bis das Gummi die konstruktiv vorgegebene Temperatur übersteigt, darüber hinaus sinkt sie wieder. Jetzt beginnt der Reifen, Öl auszuschwitzen, oder sein Profil löst sich von der Karkasse – oder beide Zustände treten gleichzeitig auf. Wie oft hast du einen Rennfahrer in einem Interview sagen hören, seine Reifen seien

Die Straßenoberfläche hat eine große Wirkung auf die zur Verfügung stehende Traktion, und sie ändert sich ständig durch Wetter, Temperaturen, Schmutz usw. Du solltest nicht an die Grenzen gehen, wenn du dir über den Zustand der Straßenoberfläche nicht absolut im Klaren bist.

schmierig geworden oder haben Blasen geschlagen? Er meinte in Wirklichkeit, dass seine Reifen zu heiß geworden waren.

Umgekehrt wird bei kalten Reifen das Gummi hart und kann sich nicht so gut den Bergen und Tälern des Asphalts anpassen, wie es bei warmen Reifen möglich ist, sodass die Haftung deutlich reduziert ist. Dies trifft besonders stark bei Reifen mit Rennmischungen zu. Kalte Reifen zu hart ranzunehmen, hat mich und fast jeden mir bekannten Rennfahrer mindestens einmal zu Fall gebracht. Dieser Fehler ist auch für viele Stürze auf der Straße verantwortlich, besonders wenn Motorräder mit straßenzugelassenen Sportreifen ausgerüstet sind, die sich ähnlich verhalten wie Rennreifen.

Reifen reichen in ihrer Zusammensetzung von superklebrigen »Qualifikations«-Gummis bis zu steinharten Tourenreifen, die eine extrem lange Lebensdauer bieten. Nicht so offensichtlich ist jedoch, dass die Zusammensetzung und Haftfähigkeit eines Reifens sich mit der Zeit ändern. Wenn Reifen durch das Fahren und Parken aufheizen und abkühlen, werden sie härter. Rennfahrer sprechen bei diesem Prozess von »Wärmezyklen«, und sie machen sich besonders stark bei weichen Rennreifen bemerkbar. Reifen werden bereits durch das Lagern beim Händler oder in der Garage härter. Dies sollte berücksichtigt werden, wenn Schnäppchen locken. Diese Reifen mögen gut aussehen, doch durch ihre lange Lagerzeit sind sie vielleicht schon zu Stein geworden. Auf den Reifen findet sich eine drei- oder vierstellige Zahl, die für das Herstellungsdatum steht. »259« steht für die 25. Woche des Jahres 1999; seit dem Jahre 2000 stehen die letzten zwei Ziffern für das Jahr. Von Reifen, die älter als fünf Jahre sind, sollte man die Finger lassen.

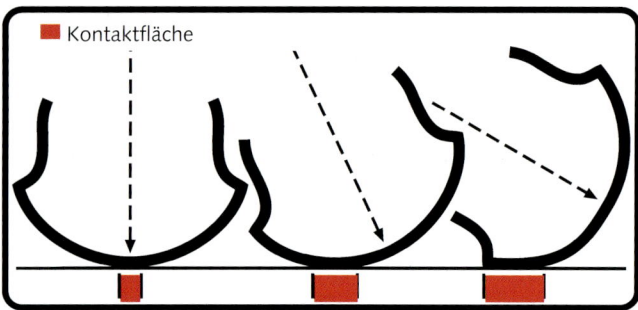

Moderne Reifen haben einen »multiplen Profilbogen« (der Radius der Oberfläche variiert über den Reifen), um den senkrecht auf einer schmalen Kontaktfläche laufenden Reifen besser einlenken zu lassen und gleichzeitig bei voller Schräglage viel Traktion zu bieten. Beachte, wie die Kontaktfläche mit steigender Schräglage wächst.

Reifenkonstruktionen hängen stark vom Einsatzzweck ab. Sportreifen (links) sind für maximale Haftung bei trockener Umgebung konstruiert, indem sie, besonders an den Rändern, sehr wenig negatives Profil haben. Sie ähneln bei Schräglage stark einem Slickreifen, doch dieser muss sehr heiß werden, um gut zu funktionieren – was auf der Straße oft gar nicht möglich ist. Für die maximale Traktion auf nasser Straße gibt es »Regen-Slicks« (Mitte), die mit extrem weichen Gummimischungen und vielen Profilnuten Wasser und Schmutz von der Kontaktfläche ableiten sollen. Würde man sie auf trockener Strecke einsetzen, würde das Gummi sehr schnell verbrennen oder sich lösen. Ein Tourenreifen (rechts) besitzt ebenfalls reichlich Profil, um Wasser abzuleiten, doch er ist aus härterem Gummi gefertigt, das länger hält und auch bei niedrigen Reifentemperaturen ausreichend haftet.
(Fotos: Avon)

Die Wölbung eines Reifens bestimmt, wie viel Traktion bei einer vorgegebenen Schräglage vorhanden ist. Beispielsweise hat ein Reifen mit einer relativ runden Wölbung bei jeder Schräglage eine etwa gleiche Traktion. Andererseits bietet ein Reifen mit einem mehr dreieckigen Profil weniger Traktion beim Geradeausbeschleunigen, aber mehr, wenn man in der Kurve liegt.

Ein Nachteil von Motorradreifen liegt darin, dass sie nicht gleichmäßig über das gesamte Profil verschleißen. Wenn du hauptsächlich auf Autobahnen fährst, wird sich die Reifenmitte stärker abnutzen als die Ränder. Fährst du auf der Rennstrecke oder viel und schnell in kurvigen Gegenden, verschleißen deine Reifenkanten zuerst. Aufgrund dieses ungleichmäßigen Verschleißes ändert sich die Wölbung des Reifens mit der Zeit und Traktion und Handling verschlechtern sich.

Wenn Traktion die einzige Größe bei der Beurteilung von Reifen wäre, wären die größten Reifen die besten. Doch leider beeinflusst die Größe eines Reifens nicht nur die Traktion, sondern auch die Handhabung der Maschine. Wenn du ein Motorrad mit breiteren Reifen ausrüstest, wird die Haftung ansteigen. Allerdings wird sich die Lenkbarkeit verschlechtern. Die korrekte Reifengröße bietet den besten Kompromiss zwischen Traktion und Handling. Bedenke, dass die Reifengröße, die das beste Handling bietet, nicht immer die Seriengröße ist. Manchmal montieren Hersteller breite Hinterreifen einzig aus stilistischen Gründen – denn breite Hinterreifen sehen cool aus. Als beispielsweise Triumph seine Daytona 955 im Jahre 2002 aufpolierte, wechselte man auch von einem 190er Hinterreifen zu einem 180er, denn dieser schmalere Reifen bot ein agileres Handling. Leider verlangte die Kundschaft das Aussehen eines breiteren Reifens, sodass Triumph das bessere Handling zugunsten eines 190er Reifens opferte. Und Triumph ist nicht die einzige Firma, die so handelt.

Straßenzustand

Der Zustand der Straße ist genauso wichtig wie die Reifen, wenn es um die Bestimmung des Traktionswertes geht. Nasse Straßen, Schmutz, Öl oder weiße Linien können die Traktion drastisch reduzieren. Beim Verarbeiten solcher Umstände vergeben manche Reifen mehr als andere. Allgemein haben Tourenreifen mehr, größere und tiefere Profile als Sportreifen. Die Profile sind dazu konstruiert, Wasser, Öl und Schmutz von der Kontaktfläche abzuleiten. Manche Sportreifen haben kein Profil an den Rändern, sodass sie sich bei voller Schräglage (die sowieso nur auf sauberen trockenen Strecken erreicht werden sollte) wie Slicks verhalten.

Es ist ebenso wichtig anzumerken, dass die Traktion sich abhängig vom Straßenbelag ändert. Asphalt bietet generell bessere Traktion als Beton, aber auch das kann von seiner Struktur abhängen. Ich bin beispielsweise auf glattem Beton gefahren, der rutschiger als Schmutz war. Ich bin auch auf grobem

Ein Motorrad schnell zu fahren, erfordert exzellente Erfahrungen in Traktions-Management. Es ist kaum vorstellbar, dass nur wenige Quadratzentimeter Gummi (Kontaktfläche) dich und dein Motorrad auf der Straße halten.

Beton Rennen gefahren, der wie Klebstoff wirkte, aber auch die Reifen nur halb so lange leben ließ wie Asphalt.

Federung

Der Zustand, die Qualität und die Feineinstellung deiner Federung haben eine starke Wirkung auf die vorhandene Traktion. Tatsächlich liegt die wichtigste Aufgabe der Federung nicht darin, dich vor Unebenheiten der Straße zu schützen, sondern sie muss die Reifen fest auf die Straße drücken, indem sie ständig gleichmäßigen Druck auf sie ausübt. Liegt zu wenig Druck an, wird der Reibungskoeffizent nicht ausreichen, um die nötige Traktion zu gewährleisten. Wenn andererseits zu viel Druck anliegt, kann sich das Gummi vom Reifen lösen und die Maschine wegrutschen lassen.

Wenn die Federung schlecht gewartet oder falsch eingestellt ist (siehe Kapitel 15), werden sich die Räder zu schnell oder langsam auf und ab bewegen, um gleichmäßigen Druck auf die sich ständig ändernde Straßenoberfläche ausüben zu können. Dies kann leicht zu einem Kontaktverlust mit der Strecke führen. Egal, wie gut deine Reifen sind: Wenn sie den Asphalt nicht berühren, können sie keine Haftung bieten.

»Pizza Traktione«

Man muss sich nicht nur um die Stärke der Traktion sorgen, sondern diese auch gut managen können. Um sich das Konzept besser zu vergegenwärtigen, kann man sich die Traktion als eine in Stücke geschnittene Pizza vorstellen. Sagen wir, unsere Pizza besteht aus zehn Stücken möglicher Traktion. Wenn du alle Stücke Herrn Kurvenfahrer gibst, wirst du keines für Herrn Beschleuniger und Herrn Bremser übrig behalten. Dies mag in Ordnung sein, wenn du die Hilfe von Bremser nicht brauchst. Wenn du natürlich dem Kurvenfahrer acht Stücke gibst und vom Bremser verlangst, dass er rasch verzögert, wirst du deinen Pizzateller verlassen und stürzen. Die Moral von der Geschichte lautet: Halte immer genügend Ersatz-Pizzastücke für unerwartete Gäste bereit.

In Wirklichkeit sind die Dinge etwas komplizierter, als dass man sie mit einer zehnteiligen Pizza darstellen könnte. Jeder Reifen muss sich die Pizza mit dem anderen Reifen teilen, und die Reifen können sich gegenseitig Pizzastücke vom Teller stehlen. Hierbei können auch die besten Fahrer ins Rutschen kommen und mehr Pizza benötigen, als vorhanden ist.

Bremsen

Reifen produzieren allgemein mehr Haftung, wenn ihre Belastung ansteigt. Und deswegen ist besonders an einer Sportmaschine die Vorderradbremse so wichtig. Das vom Vorderrad getragene Gewicht steigt beim Bremsen an. Kürzere Radstände und höhere Schwerpunkte machen diesen Effekt ausgeprägter. Weil das vom Vorderrad beim Bremsen aufgenommene Gewicht ansteigt, kann die Vorderradbremse stärker genutzt werden, als dies ohne eine Gewichtsverlagerung möglich wäre. Als Resultat wird bei den meisten Sportmaschinen die Hinterradbremse nahezu nutzlos, wenn beim harten Betätigen

Während die Profilnuten des Reifens einerseits die Oberfläche reduzieren, die im Kontakt mit der Straße steht, sorgen sie andererseits für die wichtige Funktion des Wasserableitens von der Kontaktfläche, sodass die Gefahr des Aquaplanings verringert wird.

der Vorderradbremse das Hinterrad stark entlastet wird oder gar abhebt.

Kurven fahren

Die Dinge werden noch etwas komplizierter, wenn Kurven ins Spiel kommen. Beim harten Einlenken verlangt Herr Kurvenfahrer einen großen Teil der Pizza. Wenn du hart beschleunigen oder verzögern willst, musst du sicherstellen, dass Herr Kurvenfahrer genügend Pizzastücke für Herrn Beschleuniger oder Herrn Bremser übrig gelassen hat, ansonsten geht dir die Pizza aus, was so viel bedeutet, dass du bald Bekanntschaft mit Mr. McAdam machen wirst – dem Erfinder des Asphalts.

Es ist tatsächlich möglich, beim Eintritt in die Kurve die Kontrolle über das Vorderrad zu verlieren. Dies kann passieren, wenn man schnell, vielleicht aus Angst, das Gas schließt. Hierbei fungiert der Motor als eine Art Bremse (Motorbremse genannt) und verzögert das Hinterrad, sodass das Motorrad nach vorne kippt. Jetzt drückt mehr Gewicht auf das Vorderrad, was normalerweise für verbesserte Traktion sorgt. Doch in dieser Situation muss das Vorderrad einen größeren Teil der Kurvenlast tragen. Unglücklicherweise ist die Erhöhung der Traktion durch den stärkeren Druck geringer als die auf dem Reifen lastende Kurvenbelastung. Dies resultiert in einem Nettoverlust an Traktion, was der Grund für das wegrutschende Vorderrad ist. Der Appetit des Vorderreifens ist also größer geworden, als die vorhandenen Pizzastücke stillen konnten. Zu viel Einsatz der schleifenden Hinterradbremse (siehe Kapitel 11) hat die gleiche Wirkung.

Beschleunigung

Wenn man beschleunigt, wird Gewicht vom Vorderrad auf das Hinterrad verlagert. Wird das Gewicht rasch genug verschoben, produziert das Motorrad mit abgehobenem Vorderrad einen »Wheelie«, wie man es oft beim Motorsport beobachten kann.

Wird mit einer kraftvollen Maschine aus einer (langsameren) Kurve heraus beschleunigt, ist es einfach, mit dem Gasgriff nach mehr Pizza zu fragen, als vorrätig ist. Wenn dies geschieht, dreht das Hinterrad durch, und das Motorrad beginnt, um die Hochachse zu drehen. Die natürliche Überlebensreaktion, diesen Vorgang zu stoppen, liegt darin, das Gas zu schließen. Obwohl diese Tätigkeit die Traktion des rutschenden Hinterrades wieder herstellt, passiert es leider nur zu schnell, sodass der Fahrer nun über die hohe Seite seines Motorrades geschleudert wird. Ein »Highsider« ist grundsätzlich die Umwandlung von Vorwärts-Tempo in Rotations-Tempo, was wie ein Katapult wirkt und den Fahrer abwirft. Mit anderen Worten ist ein Highsider der schnellste Weg, jemanden zu treffen, den der Gonzo-Journalist Hunter S. Thompson »Mr. Würstchen-Kreatur« nennt.

Schräglage

Auch Schräglage beeinflusst die Haftung – aber nicht aus dem Grund, den du dir vielleicht denkst. Bei tieferer Schräglage wird die Federung des Motorrades weniger wirkungsvoll, weil die bewegten Teile nicht mehr senkrecht zur eingelenkten Kraft stehen. Im Wesentlichen wird die Federrate progressiv steifer und die auf die gegeneinander gleitenden Teile wirkenden Seitenkräfte sorgen für zusätzliche Reibung. Um dieser Ineffizienz zu begegnen, konstruieren Motorrad-Ingenieure eine abgestimmte Flexibilität des Fahrwerks und der Reifen. Dies ist hilfreich, denn bei maximaler Schräglage stehen der Rahmen und die Seitenwände der Reifen in einem Winkel, der Unebenheiten besser ausgleichen kann als es das Federsystem vermag. Unglücklicherweise wird trotz der Bemühungen der Ingenieure der Bestand an Pizzastücken kleiner, wenn die Schräglage zunimmt.

Der gemeinsame Schwerpunkt von Fahrer und Maschine beeinflusst ebenfalls die Schräglage. Je weiter der Fahrer seinen Schwerpunkt in die Kurve verlagert, desto geringer muss die Schräglage bei gegebenem Radius und Tempo sein. Dies ist der Grund, warum sich Rennfahrer so weit von der Maschine hängen. Grundsätzlich kann der Fahrer die Traktion verstärken, indem er die Schräglage der Maschine verringert. Und man kann die Schräglage verringern, indem man den Schwerpunkt versetzt (siehe Kapitel 12) sowie den Zeitraum verringert, in dem man in voller Schräglage fährt (siehe Kapitel 8).

Traktionsmanagement

Wie du siehst, gibt es viele Dinge, die die Traktion beeinflussen. Zu erlernen, alles managen zu können, klingt zunächst überwältigend. Wenn du allerdings die folgenden Kapitel liest, kannst du genau lernen, was du wissen musst, ohne dich in übermäßig anspruchsvollen akademischen Theorien zu verheddern. Konzentriere dich dabei auf die jeweilige Übung, und die Traktion wird sich um sich selbst kümmern.

2 Lenkung

Weil Motorräder Einspurfahrzeuge sind, fehlt ihnen die statische Balance, und sie müssen in die Kurve geneigt werden. Deswegen ist das Lenken eines Motorrades auch ein wesentlich komplexerer Prozess, als es bei einem Mehrspurfahrzeug wie dem Auto der Fall ist. Um verstehen zu können, wie ein Motorrad gelenkt wird, muss man zunächst die Lenkgeometrie verstehen.

Lenkkopfwinkel und Nachlauf

Wahrscheinlich hast du in Zeitschriftenartikeln schon etwas davon gelesen, dass bei einem neuen Motorrad ein so und so großer »Lenkkopfwinkel« und »Nachlauf« gemessen wurde. Aber was bedeuten diese Zahlen wirklich?

Lenkkopfwinkel und Nachlauf sind zueinander in Beziehung stehende Werte, die das Spurhalten des Vorderrades definieren. Um den Nachlauf zu verstehen, schaut man sich die Räder eines Einkaufswagens oder Bürostuhls an. Du wirst feststellen, dass die Lenkachse jedes Rades versetzt zur Radachse steht. Egal, wohin du den Einkaufswagen oder Bürostuhl schiebst, die Räder werden immer der Lenkachse folgen. Dieser Effekt wird Nachlauf genannt.

Gegenlenken ist das Bewegen des Lenkers in die entgegengesetzte Richtung der Kurve, um das Motorrad in die Kurve zu neigen. Allerdings bedeutet dies in langsamen Kurven nicht notwendigerweise, dass das Vorderrad über die Mittellinie des Motorrades hinaus gelenkt wird, wie man an diesem Foto erkennen kann.

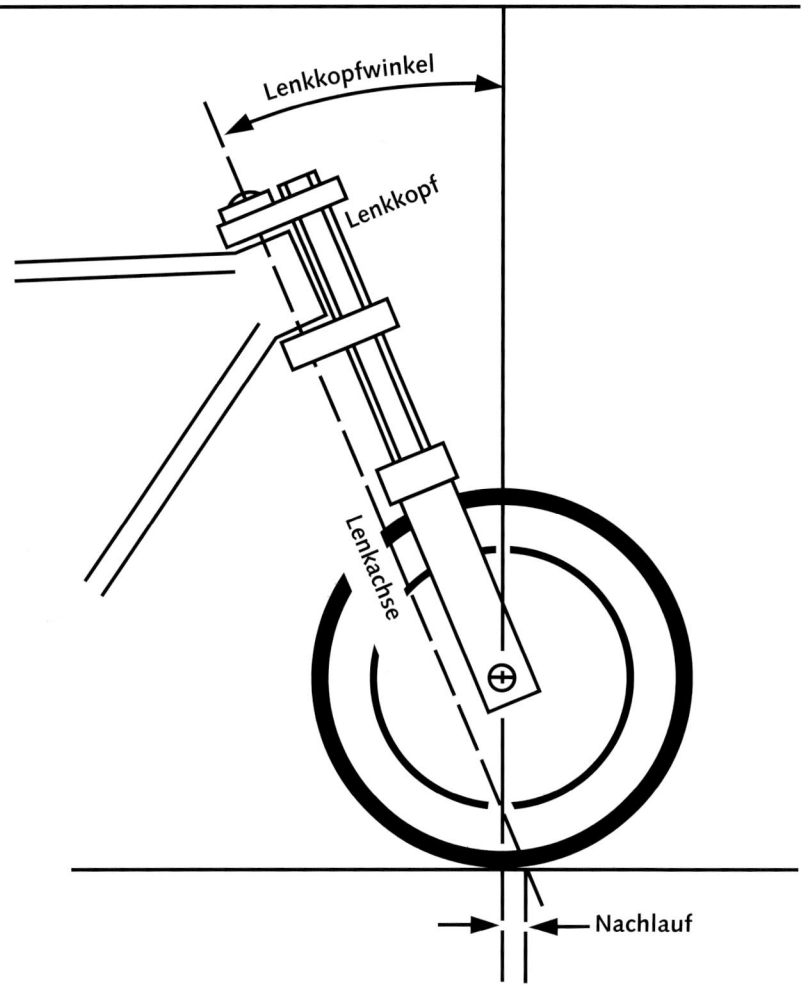

Wenn du eine imaginäre Linie durch die Lenkachse zeichnest, wird sie kurz vor der Kontaktfläche des Reifens auf den Boden treffen. Der Abstand zwischen diesem Punkt und dem Zentrum der Kontaktfläche ist der Nachlauf. Das Zentrum der Kontaktfläche liegt dort, wo eine von der Radachse senkrecht nach unten gezogene Linie auf den Boden trifft. Der Nachlauf ist das, was dafür sorgt, dass ein eingelenktes Rad wieder in die Geradeaus-Stellung zurückkehrt. Wird der Nachlauf verlängert, erhöht sich die Stabilität, doch die Lenkung wird langsamer und schwieriger.

das Rad aus der Spur gerät, zwingt es der Nachlauf wieder zurück.

Bei einer gegebenen Gabelbrücken-Geometrie haben Lenkkopfwinkel und Nachlauf eine positive Wechselwirkung – je größer der Lenkkopfwinkel, desto größer ist auch der Nachlauf. Im Allgemeinen haben Sportmaschinen und Geländemotorräder steilere Lenkkopfwinkel und entsprechend kürzere Nachläufe, um leichter lenkbar zu sein, wogegen Tourer und Cruiser flachere Lenkkopfwinkel und dementsprechend längere Nachläufe besitzen, um eine bessere Geradeauslauf-Stabilität zu gewährleisten.

Gegenlenken contra Körpersteuerung

Solange ich Motorrad fahre, tobt eine Debatte zwischen den jeweiligen Befürwortern des Gegenlenkens und der Körperverlagerung oder Körpersteuerung. Nach meiner Erfahrung kann man zwar feine Lenkkorrekturen in der Mitte einer Kurve durch die Gewichtsverlagerung des Fahrers erreichen. Allerdings taugt die Gewichtsverlagerung nicht für rasche Richtungswechsel. Dieses wurde wissenschaftlich durch Kenny Codes »No Body Steering Bike Trainer« belegt. Dieses Gerät besaß einen zweiten Satz Lenkergriffe samt Gasgriff, die jedoch am Rahmen befestigt waren. Die Testfahrer fanden heraus, dass es alleine durch die Gewichtsverlagerung unmöglich war, rasche oder akkurate Lenkimpulse auszuführen. Die Körpersteuerung mag eine feine ergänzende Lenktechnik sein, aber sie ist niemals die primäre Kraft für Richtungswechsel.

Lenkkopfwinkel und Nachlauf bestimmen die Lenkfähigkeit eines Motorrades. Der Lenkkopfwinkel ist das in Grad gemessene Verhältnis der Lenkachse zur Senkrechten. Der Nachlauf ist ein Abstand. Wenn man die Lenkachse vom Lenkkopf des Rahmens zum Boden verlängert und eine senkrechte Linie von der Radachse nach unten zieht, ist der am Boden gemessene Abstand zwischen den beiden Auftreffpunkten der Nachlauf.

Stelle dir den Nachlauf wie einen Korrekturhebel vor, der das Vorderrad wieder in die Fahrtrichtung zieht. Der Reifen will immer genauso der Lenkachse folgen, wie sich die quer stehenden Räder des Einkaufswagens ausrichten, sobald man ihn in eine Richtung schiebt. Mehr Nachlauf hat die gleiche Wirkung wie ein verlängerter Hebel. Mit anderen Worten: Wenn

Wie das Gegenlenken funktioniert

Gegenlenken ist einfach das Drücken des kurveninneren Lenkergriffs nach vorne, um das Motorrad in diese Richtung zu bewegen. Dies erscheint zunächst widersprüchlich, denn man drückt das Vorderrad ja in die entgegengesetzte Richtung, als man fahren möchte. Diese Lenkbewegung lässt jedoch das Motorrad nach innen (in die Kurve) kippen. Dies ist das Resultat der durch das Lenken erzeugten Zentrifugalkraft.

Viele Leute vermuten beim Wort Gegenlenken, dass das Vorderrad dazu die Mittellinie des Motorrades kreuzen muss. Obwohl das Rad tatsächlich am Anfang des Lenkmanövers aus aufrechter Position heraus die Mitte kreuzt und in die entgegengesetzte Richtung zeigt, wird das Rad in langsamen und

Bei einer gegebenen Geschwindigkeit sind die Position des Fahrers und die Einstellung des Motorrades die zwei wichtigsten Faktoren, die das Lenkverhalten der Maschine beeinflussen.

engen Kurven niemals die Mittellinie kreuzen. Autos (oder Gespanne oder Trikes) kippen nicht, wenn sie in eine Kurve gelenkt werden, weil sie Mehrspurfahrzeuge sind. Die zweite »Spur« Räder, die außerhalb des Fahrzeugschwerpunktes liegt, wirkt der Zentrifugalkraft entgegen, indem sie Gewicht aufnimmt. Wenn man ein Auto scharf einlenkt, kann man die Wirkung der Zentrifugalkraft fühlen, wenn der Körper im Fahrzeug nach außen gezogen wird, während man versucht, gerade sitzen zu bleiben.

Zu viel Zentrifugalkraft wird das Fahrzeug eventuell sogar überschlagen lassen, wenn sein Schwerpunkt sehr hoch liegt und die Reifentraktion es am Rutschen hindert (»Elchtest«). Ein Motorrad besitzt dagegen kein äußeres Rad, das das durch die Zentrifugalkraft nach außen wandernde Gewicht aufnimmt, sodass ein Motorrad sich in die entgegengesetzte Richtung des Lenkens neigt.

Ein Motorrad (oder Fahrrad) zu lenken, ist ein Balanceakt. Wenn du dich in die Kurve neigst, versucht die Erdanziehungskraft das Zweirad nach unten zu ziehen. Durch die Bewegung des Körpers in die Kurve hinein, wie es Rennfahrer beim »Han-

ging-Off« machen, unterstützt man die Gravitation noch zusätzlich. Deine Körperverschiebung reduziert die nötige Gegenlenkkraft, um eine gegebene Linie aufrechtzuerhalten. Deswegen sieht es bei guten Rennfahrern immer so leicht aus, wenn sie um Kurven fahren. Es ist auch leichter, denn sie geben der Gravitationskraft einen längeren Hebel, um der Zentrifugalkraft entgegenzuwirken.

Wie du gelernt hast, bringt das Gegenlenken das Motorrad zum Neigen und letztendlich zum Einlenken. Je härter man innen am Lenker drückt, desto schneller neigt sich das Motorrad; je länger du drückst, desto tiefer wird es sich neigen. Wenn du den gewünschten Schräglagenwinkel erreicht hast, wirst du einfach den Druck am Lenker teilweise oder ganz lösen, und das Motorrad wird eine bestimmte Schräglage und einen bestimmten Radius um die Kurve halten.

Nachdem du deine gewünschte Schräglage erreicht hast, werden die selbstkorrigierende Wirkung des Nachlaufs und die durch die Kreiselkräfte bewirkte Rückstellung die Maschine auf der gewünschten Spur halten. An diesem Punkt wird die Physik allerdings etwas komplizierter.

Wenn du deinen Körper weiter nach unten und weiter in die Kurve hinein positionieren kannst, wird das Motorrad weniger Schräglage benötigen, um die Kurve zu nehmen. Dieses Bild wurde während eines Rennens im Kurvenscheitel aufgenommen, als drei von uns einen ähnlichen Bogen bei ähnlichem Tempo fuhren. Beachte, wie mein Motorrad (die Nummer 311) weniger Schräglage benötigt als die anderen beiden Maschinen. Der Grund dafür ist, dass ich meinen Schwerpunkt näher an die Innenseite der Kurve gebracht habe. Und dies erlaubt eine frühere und stärkere Betätigung des Gasgriffs am Kurvenausgang. Weil ich weiter in die Kurve hineinsah, war ich auch in einer besseren Position, um meine Schräglage zu maximieren, meine Ausgangsstrategie zu formulieren und mich auf mögliche Gefahren auf der Strecke vorzubereiten.

Gyroskopische Präzession

Wenn das Motorrad die Straße entlangfährt, bewegt es sich tatsächlich in einer nahezu unmerklichen langsamen Schlangenlinie, auch wenn der Fahrer denkt, er fährt einfach geradeaus. Dies passiert aufgrund vielfältiger Faktoren wie unebenem Straßenbelag, Reifenkonturen, den elastischen Eigenschaften des Reifengummis, der ständig wechselnden Gewichtsverlagerung des Fahrers sowie den Bewegungen der Federung.

Wenn eine solche Störung des theoretischen Gleichgewichts geschieht, beginnt das Motorrad zu einer Seite zu fallen, und ein Phänomen, das »gyroskopische Präzession« genannt wird, sorgt dafür, dass das Vorderrad in die Richtung des Fallens lenkt. In diesem Moment drückt unser alter Freund Zentrifugalkraft das Motorrad in die entgegengesetzte Richtung. Dieser Prozess wiederholt sich ständig und erzeugt so die langsamen Schlangenlinien.

Zusammen mit der gyroskopischen Präzession arbeitet das gyroskopische Moment, das durch die drehenden Räder des Motorrades erzeugt wird. Um diese Phänomene zu verstehen, muss man ein einfaches Experiment durchführen. Halte ein Rad eines Fahrrades an den Enden der Achse fest und lasse einen Freund das Rad so drehen, dass sich die Oberseite von dir weg bewegt. Versuche jetzt, das Rad zu lenken. Beachte, wie es deinem Impuls widersteht und versucht, in seiner Rotationsebene zu verbleiben. Halte als Nächstes deine Arme gerade nach vorne und lasse deinen Freund das Rad erneut drehen. Neige jetzt das Rad, als würde es in eine Kurve gehen. Beachte, wie das Rad dazu tendiert, in die Richtung der Neigung zu lenken. Dieser Einlenk-Effekt ist die gyroskopische Präzession.

Das gyroskopische Moment erhöht sich mit dem Gewicht des Rades, einer Gewichtsverteilung an den Felgenrand und der Drehzahl. Das ist der Grund, warum das Lenken bei höherer Geschwindigkeit schwieriger wird und warum Rennfahrer leichte Räder benutzen, um besser um Kurven zu kommen. Auf der Plusseite verbessert eine höhere Rad-Drehzahl die Stabilität des Fahrwerks, sodass man bei hohem Tempo seine Hände vom Lenker nehmen kann, dies bei Schritttempo jedoch unmöglich ist.

Lenkungs-Technik

Es ist mein fester Glaube, dass du beim Kurvenfahren nur deinen kurveninneren Arm zum Lenken benutzen sollst. Dies erfordert nötigenfalls Drücken und Ziehen. Ich empfehle dies, weil es für beide Arme extrem schwierig ist, in präzisem Gleichklang entgegengesetzte Impulse in beide Lenkerenden einzugeben, während sie gleichzeitig der Lenkung genügend Elastizität belassen müssen, damit die gyroskopische Präzession ihre Arbeit erledigen kann.

Dieser Rat mag heftig klingen, aber in meinen Fortgeschrittenen-Seminaren liegt das größte Hindernis meiner Schüler beim Halten einer festen Linie darin, dass beide Arme um die Kontrolle der Lenkung kämpfen. Das Problem ist leicht zu beobachten, wenn man sieht, wie sich die Arme der Fahrer anspannen, und wie weit sie sich vom Tank abheben.

Obwohl mir diese Theorie ursprünglich vorschwebte, als ich ein Video meiner Schüler in Aktion sah, bewies ich ihre Gültigkeit auf die harte Weise, als ich in einer von Freddy Spencers High-Performance Riding Schools trainierte. Als ich eine Kurve erreichte, die mir Schwierigkeiten machte, weil sie mich immer außen fahren ließ, entschied ich, meine Hypothese zu testen und dem kurveninneren Arm die ganze Arbeit zu überlassen. Und es funktionierte! Tatsächlich ging ich die Kurve am exakt gleichen Punkt der Fahrbahn an, sogar mit deutlich weniger Einsatz am Lenker. Ich lenkte so viel rascher ein, dass ich die Strecke innen verließ und tatsächlich stürzte. Entschuldige nochmals, Freddy, es war offensichtlich etwas dran an meiner Theorie...

Seitdem schließe ich die »Lenken nur mit dem Innenarm«-Technik in meinen Lehrplan ein, und meine Schüler haben erstaunliche Durchbrüche gemacht. Sobald sie damit aufhören, mit sich selbst um die Lenkerkontrolle zu kämpfen, verwandeln sich ihre Motorräder in wesentlich effizientere Kurven-Maschinen.

Befreit von den kollidierenden Impulsen der beiden Arme, wird dem Motorrad das erlaubt, zu was es konstruiert wurde – bei gegebenem Tempo sanfter und viel schneller zu lenken. Tatsächlich will das Motorrad in dem Moment, wo die Schüler den Druck des äußeren Arms zurücknehmen, unverzüglich die Fahrbahn auf der Innenbahn verlassen. Viele Schüler enden mit einem gewaltigen Schlenker, um das Motorrad daran zu hindern, die Kurve innen zu verlassen, wenn sie ihre neu gefundene Lenkfähigkeit ausgleichen müssen. Wenn sie die Technik trainieren und geschickter werden, lernen sie, den Gasgriff einzusetzen, um durch Beschleunigen oder Verzögern die Schräglage zu beeinflussen. Zusätzlich werden ihre Linien sanft und ihr Fahren wird müheloser. Schließlich erreichen sie die »Zone«, auf die wir später in diesem Buch noch zu sprechen kommen werden.

Ich hatte tatsächlich professionelle Autorennfahrer in meinen Seminaren, die mir erzählten, dass sie bei Regenrennen ähnliche Dinge machen. Wenn nur eine Hand die Lenkung dominiert, kann sie dem Fahrzeug ermöglichen, selbstkorrigierende Schlenker durchzuführen, die beim Ringen um die Traktion auf nasser Fahrbahn nötig sind.

Um die Kurve zu verlassen, wird der Prozess einfach umgekehrt und in die entgegengesetzte Richtung gegengelenkt. Wird beispielsweise eine Rechtskurve verlassen, zieht man am rechten Lenkerende oder drückt am linken. Du wirst feststellen, dass sich die Maschine aufrichtet. Die gleiche Wirkung kann durch Beschleunigen erzielt werden, weil du zusätzliche Zentrifugalkraft erzeugst, die dich hochdrückt. Generell funktioniert eine Kombination aus beidem am besten.

Wie du siehst, wirken viele Kräfte auf den Lenkungsprozess ein. Glücklicherweise passen einige von ihnen selbst auf sich auf, so wie die Räder am Einkaufswagen. Das Wichtigste, an was man beim Lenken denken muss, ist Folgendes: Je geschickter du dein Körpergewicht als Hebel nutzt, desto weniger Kraft brauchst du zur Betätigung des Lenkers und desto präziser wird dein Lenken. Die Techniken in diesem Buch sind so konzipiert, dass sie dich genau dies lehren.

3 Federung

Das Federungssystem deines Motorrades hat eine bedeutende Wirkung auf Traktion und Handling. Jede Bewegung auf dem Motorrad beeinflusst deine Federung, und was die Federung betrifft, betrifft auch dich. Verbesserte Kontrolle, bessere Traktion und besseres Handling führen zu mehr Sicherheit, mehr Komfort und mehr Spaß am Fahren. Und obendrauf kommt, dass du auf der Rennstrecke kürzere Rundenzeiten erreichen wirst. Lass uns einen theoretischen Überblick erarbeiten, was Federung ist und wie sie funktioniert.

Warum Federung?

Warum brauchen wir überhaupt eine Federung? Immerhin fahren Go-Karts auch ohne jegliche Federung und nur mit der Elastizität der Reifen und des Chassis ziemlich schnell. Beim Versuch, hierauf eine Antwort zu geben, ist natürlich zu berücksichtigen, dass Go-Karts über eine ziemlich ebene Strecke bewegt werden, während Motorräder es mit Bodenwellen und Schlaglöchern zu tun bekommen. Und hier macht eine Federung den Unterschied. Der Zweck einer Federung ist dreifach: Schläge minimieren, Traktion maximieren und Kontrolle gewährleisten. Die ideale Einstellung wird von einer Anzahl von Faktoren bestimmt, darunter der Fahrstil (z.B. Rennen oder Straße) und persönliche Präferenzen (manche mögen es straffer, andere plüschiger).

Stell dir die von einer perfekten Federung unterstützte perfekte Fahrt vor. Die Federung ist beständig gegen Durchschlagen und bietet ein gutes Gefühl für die Straße, trotzdem ist sie gleichzeitig weich und komfortabel. Jeder Fahrertyp kann sich mit dieser idealen Einstellung anfreunden: Festigkeit für das Gefühl der Kontrolle – und Weichheit, weil niemand während der Fahrt durchgeschüttelt werden will. Die Begriffe Festigkeit und Weichheit scheinen sich gegenseitig auszuschließen, aber tun sie das wirklich? Ist eine bestimmte gelungene Einstellung straff oder ist sie weich? Nun, die Antwort lautet: beides – straff, um übermäßiges Eintauchen zu vermeiden und Durchschlagen zu verhindern; und weich über Schlaglöcher. Obwohl es zuerst nicht logisch klingt, müssen sich Festigkeit und Weichheit nicht ausschließen. Für die perfekte Fahrt müssen sie sich sogar gegenseitig ergänzen.

Kräfte

Es gibt drei unterschiedliche Kräfte, die die Federung beeinflussen: die Federkraft, die Dämpfung und die Reibung. Es gibt auch Kräfte, die durch die Beschleunigung der beteiligten Massen (Gewicht der Bauteile) entstehen, doch diese wollen wir hier

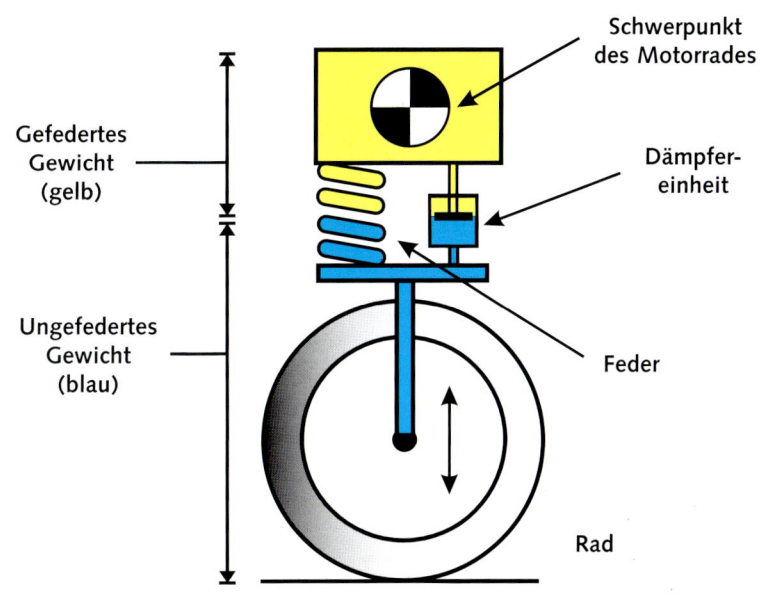

Vorder- und Hinterradfederung eines Motorrades haben die gleichen Grundbauteile.

ignorieren. Der erste Kraft-Typ ist die Federkraft. Was man sich zur Federkraft merken sollte, ist, dass sie nur von ihrer Position bezüglich des gesamten Federwegs abhängt. Sie wird nicht dadurch beeinflusst, wie schnell die Feder zusammengedrückt wird oder sich entspannt.

Dämpfungskräfte entstehen, wenn Flüssigkeiten durch irgendwelche Widerstände gepresst werden. Hierbei muss man sich merken, dass die Dämpfungskraft von der Bewegung der Flüssigkeit abhängt. Die Geschwindigkeit des sich durch die Dämpferpatrone oder Plättchen bewegenden Öls erzeugt die Dämpfungskraft. Dies bedeutet auch, dass ein Stoßdämpfer keine Dämpfungskraft erzeugt, solange er nicht komprimiert oder entspannt wird. Die Dämpfung wird nicht durch die Bewegung oder das Tempo des Motorrades beeinflusst, sondern nur durch die Geschwindigkeit des sich auf und ab bewegenden Rades.

Der dritte Krafttyp ist die Reibungskraft. Diese hängt von der senkrecht auf die in Frage kommende Oberfläche wirkenden Last und dem beteiligten Material einschließlich der gegebenenfalls vorhandenen Schmierung ab. Je höher die Last, desto größer die Reibung etwa zwischen dem Standrohr und der Buchse sowie dem Dichtring im Tauchrohr.

Ein anderer die Reibung betreffender Faktor gibt an, ob zwischen den Oberflächen Bewegung besteht oder nicht. Diese beiden Zustände sind bekannt als Haft- oder Ruhe-Reibung sowie Gleitreibung. Haftreibung tritt auf, wenn sich die Flächen

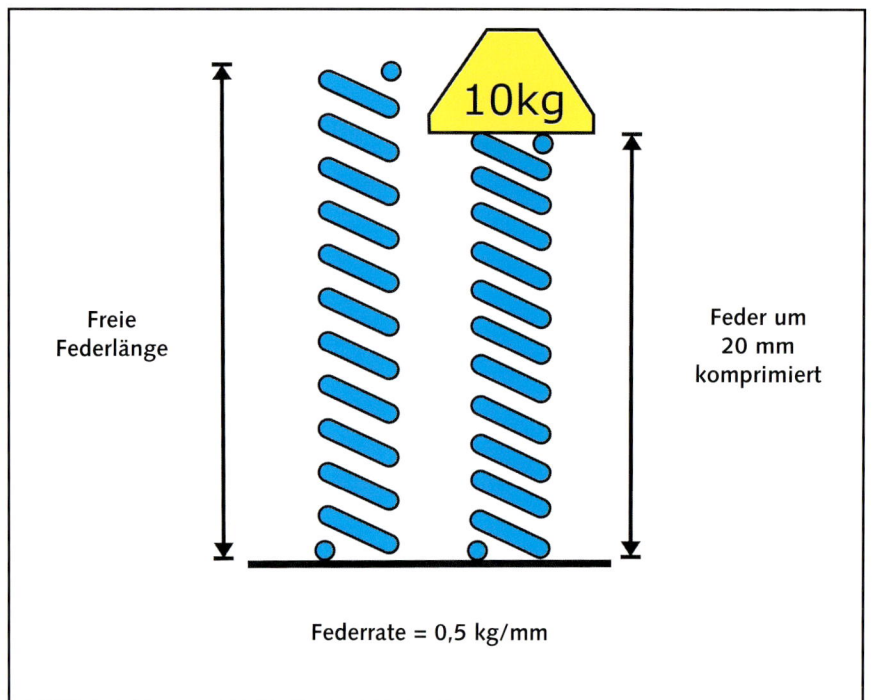

Freie
Federlänge

10kg

Feder um
20 mm
komprimiert

Federrate = 0,5 kg/mm

Die Federrate kann durch Messen der Kraft ermittelt werden, die zum Komprimieren der Feder nötig ist. Man misst die Verkürzung oder Verlängerung der Feder bei einer bestimmten Belastung.

nicht gegeneinander bewegen, das Wort Gleitreibung erklärt sich selbst. Der Unterschied ist spürbar, wenn man z.B. mit beiden Händen den Lenker herunterdrückt. Die Haftreibung ist höher und macht sich als »Losbrechmoment« bemerkbar, bevor sie in die weichere Gleitreibung übergeht.

In manchen Fällen können die Reibungskräfte das größte Federungsproblem darstellen – größer als die Dämpfer- und Federkräfte zusammen. Reibungsarmes Material, bessere Oberflächenbearbeitung, weniger Schmutz, verfeinerte Schmiermittel und eine bessere Konstruktion können die Reibung minimieren. Soweit es die Reibungskräfte betrifft, stimmt die Aussage, dass weniger einfach besser ist.

Energie

Federn speichern Energie, wenn sie zusammengedrückt sind. Sie geben diese Energie frei, wenn sie sich entspannen. Die Dämpfung verwandelt dagegen mechanische Energie in Wärme und gibt diese dann an die Umgebungsluft ab. Reibung verwandelt ebenfalls mechanische Energie in Wärme. Warum ist dieses Wissen über Energie wichtig? Es gibt eine Vielzahl von Gründen. Zunächst sorgen sich Motorradfahrer immer sehr darum, wenn ihre Dämpferelemente warm werden. Wenn man jedoch verstanden hat, dass es genau die Aufgabe des Dämpfers ist, mechanische Energie in Wärme zu verwandeln,

wird man dies nicht mehr als Problem für die Komponenten betrachten. Allerdings ist es unerwünscht, dass die Wirkung der Dämpfer mit steigender Temperatur schwächer wird. Ein gut konstruierter Stoßdämpfer mit einer hochwertigen Dämpferflüssigkeit kann warm werden, ohne dass ein Nachlassen bemerkbar wird.

Wenn ein Reifen Kontakt mit einer Bodenwelle hat, wird die Federung komprimiert. Dabei speichert die Feder einiges der Energie, während der Dämpfer die verbleibende Energie in Wärme verwandelt. Die Einfederung wird langsamer, stoppt die Kompression, ändert die Richtung und die Feder beginnt mit dem Ausdehnen oder dem Ausfedern. Die Feder gibt ihre Energie wieder ab, und im Dämpfer beginnt die Zugdämpfung zu arbeiten, was wieder mechanische Energie in Wärme verwandelt. Wenn alles perfekt funktioniert, folgt der Schwerpunkt des Motorrades einer geraden Linie, während seine Räder sich auf und ab bewegen. Und so wird ein perfekter Kontakt zur Straßenoberfläche aufrechterhalten. So funktioniert die Federung im Idealfall, aber dies ist einfacher gesagt als getan. In Abbildung 1 ist ein Motorrad-Federsystem skizziert. Beachte, dass der Schwerpunkt der Maschine durch die Feder und die Dämpfereinheit vom Rad ge-

trennt ist. Jede dieser Komponenten hat Masse oder Gewicht. Alle Teile oberhalb der Feder gehören zur »gefederten Masse«, während Bauteile unterhalb der Feder zur »ungefederten Masse« zählen. Die Feder ist zur Hälfte gefedert und ungefedert. Der Dämpfer teilt sich ebenfalls in die gefederte und ungefederte Masse auf, je nachdem, wo seine Bauteile befestigt sind. Wir rollen jetzt bei unserer gedachten Fahrt über eine Serie von Bodenwellen. Der Schwerpunkt unserer gefederten Masse verfolgt eine gerade Linie, während sich die ungefederte Masse auf und ab bewegt, um den Kontakt mit der Straße sicherzustellen und dadurch Traktion zu gewährleisten.

Verschiedene Arten von Federn

Jeder weiß, was eine Feder ist, doch nur wenige verstehen, wie sie funktioniert und wie sich die verschiedenen Federtypen voneinander unterscheiden. Definieren wir zuerst, was Federrate und Vorspannung bedeuten. Die Federrate ist die »Steifheit« der Feder, die hier in Kilogramm pro Millimeter gemessen wird. Eine der Methoden, sie zu messen, besteht darin, zuerst die freie Federlänge der nicht installierten Feder zu messen. Dann wird sie mit einem bestimmten Gewicht belastet und daraufhin ermittelt, wie weit sich die Feder zusammengedrückt (oder auseinander gezogen) hat (siehe Abbildung 2). Durch das Belasten der Feder mit immer schwereren Gewichten und entsprechenden Messungen kann eine Grafik erstellt werden, auf der der Zusammenhang zwischen Kraft und Kompression sichtbar wird.

Die Federrate wird definiert als Änderung der Kraft geteilt durch die Änderung der Federlänge. Algebraisch lautet dies: Federrate (K) = (Änderung der Kraft)/(Änderung der Federlänge). Was dies bedeutet, zeigt die Kurve oder Gerade, die entsteht, wenn die Kraft im Verhältnis zur Federlänge dargestellt wird. Diese Linie drückt die Federrate aus. Eine lineare Feder (Abb. 3) bietet über den gesamten Federweg eine konstante Federrate und wird oft zu Rennzwecken verwendet. Eine Feder mit geknickt-linearer oder progressiver Federrate (Abb. 4) ändert dagegen während des Arbeitsweges das Verhältnis der Kraft zu Kompression.

Abbildung 3: Hohe gegen niedrige Federrate

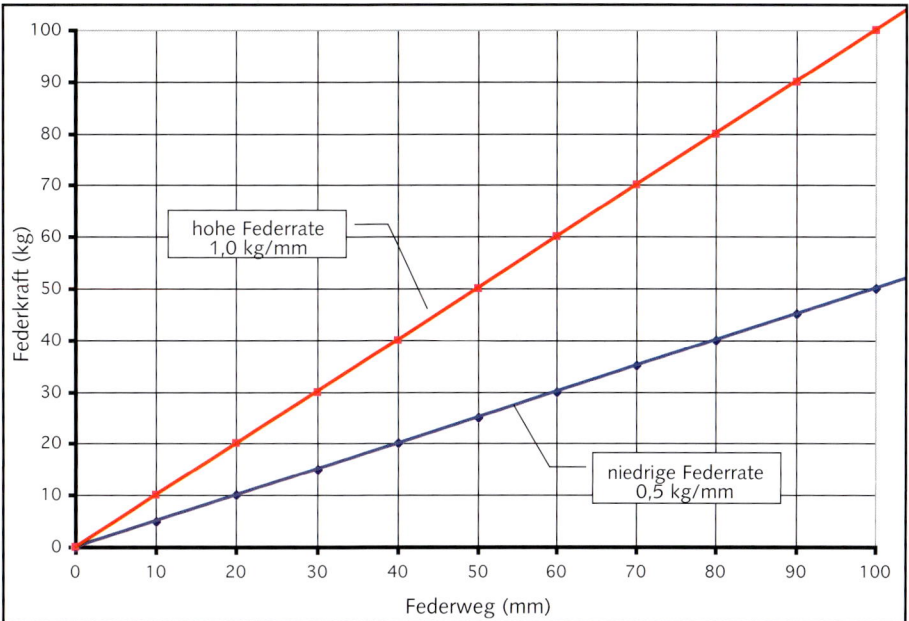

Die Feder mit der blauen geraden Linie erfordert jeweils die Gewichtskraft von 5 kg Masse, um sie über den gesamten Bereich um 10 mm zu komprimieren. Die rote Feder ist doppelt so steif und benötigt 10 kg, um 10 mm zusammengedrückt zu werden.

Abbildung 4: Geknickt-lineare gegen progressive Federrate

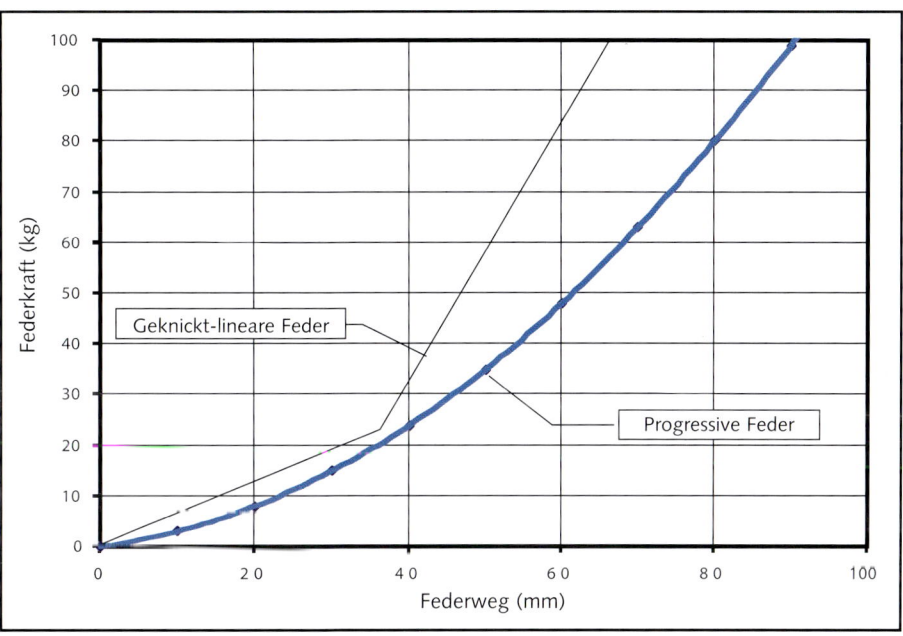

Andere Federtypen haben geknickt-lineare und progressive Federraten. Progressive Federn benötigen mit steigender Kompression immer mehr Kraft, während geknickt-lineare Federn wie zwei getrennte Federn arbeiten, die in einer Wicklung sitzen.

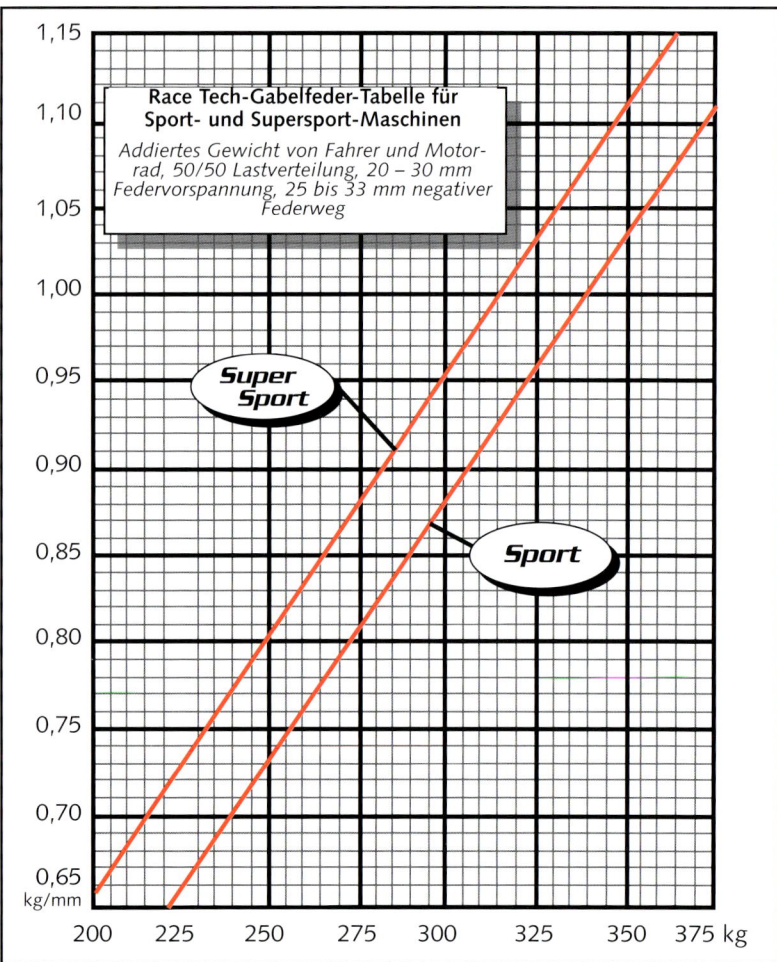

Benutze diese Tabelle, um die für das optimale Handling deiner Maschine beste Federrate herauszufinden. Die Marke der Gabelfedern ist dabei egal. (Abb. Race Tech)

Während des Einbaus wird eine Feder stets etwas komprimiert. Diese Kompression wird als Vorspannung bezeichnet. Die Vorspannung ist die Differenz zwischen der entspannten und der zum Einbau komprimierten Feder, die normalerweise in Millimetern gemessen wird. Alle Motorräder mit gefederten Fahrwerken haben eine Federvorspannung; dies gilt auch für Motorräder ohne eine Verstellmöglichkeit dieser Vorspannung. Gabeln, die mit externen Einstellern ausgerüstet sind, haben auch eine Federvorspannung, wenn sie auf die minimale Position gestellt sind. Es ist also unkorrekt zu vermuten, dass die Gabel keine Federvorspannung hat, nur weil der/die Einsteller vollständig herausgedreht ist/sind. Beispielsweise reicht der Bereich der Federvorspannung von 20 bis 35 mm, während der Einsteller nur einen Arbeitsweg von 15 mm hat. Beachtenswert ist, dass bei allen Gabeltypen die Federvorspannung auch durch unterschiedliche Distanzstücke geändert werden kann; eventuell werden spezielle Distanzstücke nötig.

Die Vorspannungskraft, die sich von der Vorspannungslänge unterscheidet, ist die anfängliche Kraft, die von der Feder bei völlig entspannter Gabel gegen das Ende des Gabelrohres ausgeübt wird. Für eine einzelne Feder bedeutet die Verstärkung der Vorspannung (durch ein Distanzstück) die Erhöhung der Vorspannungskraft.

Wenn du zur Erhöhung der Vorspannung am Stoßdämpfer den Einstellring verdrehst oder die Distanzstücke der Gabel tauschst, erhöhst du tatsächlich die anfänglich von den Federn angewandte Kraft. Dies verringert den negativen Federweg, hindert das Motorrad also am Einsacken. Der durch dieses Einsacken erzeugte »negative Federweg« ist die Differenz zwischen einem vollständig ausgefederten Fahrwerk und einem mit Fahrer (und Beifahrer und Gepäck) belasteten Fahrwerk. Die verstärkte Vorspannung erhöht allerdings nicht die Federrate. Bei Telegabeln kann man beispielsweise bei einer zu leichten Feder einen speziellen negativen Federweg erzeugen, wenn man viel Vorspannung gibt. Bei einer schwereren Feder kann man die gleiche Wirkung mit weniger oder ganz ohne Vorspannung produzieren.

Die Qualität des Fahrens wird schlechter, wenn eine Feder entweder zu weich oder zu hart ist. Die weiche Feder wird eintauchen und zu leicht durchschlagen, weil sie gegen eine weitere Kompression nicht genug Federkraft aufbieten kann. Auf der anderen Seite fühlt sich eine zu straffe Feder vielleicht so hart an, als hätte sie in ihrem Arbeitsweg einen Anschlag.

Durch wenige Messungen kann man ermitteln, ob die Federraten des eigenen Motorrades im grünen Bereich liegen (Abbildung 5). Die meisten Straßenmotorräder sind mit Gabelfedern ausgerüstet, die für eine sportliche Fahrweise zu weich sind. Rennmaschinen haben generell höhere Federraten mit weniger Vorspannung als Straßenmaschinen. Allerdings kommen beim Einstellen einer Federung wie gesagt auch persönliche Präferenzen, Umstände und Fahrweisen (Straße oder Strecke) ins Spiel. Begehe nicht den Fehler, deine Straßenmaschine wie eine Rennmaschine einstellen zu wollen, da sie dir sonst auf einer schlechten Straße die Zahnfüllungen herausschlägt. Konsultiere im Zweifelsfall einen Federungs-Spezialisten.

Fassen wir noch einmal zusammen: Das statische Durchsacken wird also einzig durch die Federrate und die Federvorspannung bestimmt. Progressive Federn sind positionsempfindlich und werden dadurch beeinflusst, wo sie sich im Federweg befinden und nicht durch die Geschwindigkeit der Kompression. Dämpfereinstellungen sind dynamische Kräfte, was bedeutet, dass sie nur entstehen, wenn sich die Federung bewegt. Die Einstellung der Dämpfer beeinflusst also nicht den negativen Federweg, der ohne eine Bewegung der Federung gemessen wird.

Ich möchte noch einige Anmerkungen zu Luftdruck und Ölstand ergänzen. Bei Motorrädern mit luftunterstützten Telegabeln hat die Zugabe von Luft eine große Auswirkung auf den negativen Federweg und die Federhärte. Ich empfehle die Verwendung von Luft als Tuningmaßnahme nicht, weil der relativ kleine Vorteil des Durchschlagswiderstandes durch viel Härte erkauft wird. Die Zufuhr von Luft ist fast das Gleiche wie die Erhöhung der Federvorspannung statt der Federrate. Beispielsweise ist eine Luftunterstützung bei Tourenmaschinen ziemlich effektiv, um vorübergehend die Ladekapazität für eine Reise mit Passagier und Gepäck zu erhöhen. Es ist keine großartige Lösung, aber bei einem Motorrad, das nicht für das Fahren im Grenzbereich konstruiert wurde, reicht sie aus.

Die Änderung des Ölstandes beeinflusst die gesamte Federkraft, doch die Wirkung ist innerhalb der ersten Hälfte des Federweges vernachlässigbar. Sie macht sich erst in der zweiten Hälfte der Einfederung bemerkbar, wenn die Gabel sich dem Punkt des Durchschlagens nähert. Also beeinflusst ein geänderter Ölpegel auch nicht den negativen Federweg.

Zugdämpfung

Wenn es um die allgemeinen Fahr- und Handling-Charakteristiken geht, betrachten viele professionelle Tuner die Dämpfung als den entscheidenden Faktor. Das ist ein komplexes Thema, also beginnen wir mit den Grundlagen. Dämpfung ist eine Art zähe Reibung. Sie verwandelt mechanische Energie in Wärme und ist nur von der Bewegungsgeschwindigkeit der Federung beeinflusst, nicht aber von ihrer Position. Dies unterscheidet sie grundsätzlich von Federn, die Energie aufnehmen und von der Position der Federung beeinflusst werden. Die Dämpfung moderner Motorradfederungen wird auf verschiedene Weisen erreicht, aber immer ist Flüssigkeit im Spiel. Der Aufbau kann so einfach sein, dass Öl durch eine Bohrung gepresst wird – wie es bei altertümlichen Dämpferstangen-Gabeln der Fall ist. Oder er kann so raffiniert sein wie ein mehrstufiger Lamellensatz, der mit einem intern oder extern einstellbaren Ableitkreis kombiniert ist. Es gibt zwei Haupttypen der Dämpfung: Druckdämpfung und Zugdämpfung.

Die Druckdämpfung oder Kompressionsdämpfung setzt ein, wenn das Rad eine Bodenwelle berührt und die Federung zusammendrückt. Die Zugdämpfung oder Entspannungsdämpfung tritt ein, wenn die Federkraft den Stoßdämpfer oder die Gabel wieder ausdehnt und das Rad so an den Boden drückt. Die meisten modernen Sportmaschinen sind sowohl mit externen Einstellern für beide Dämpfungsarten wie auch für die

Die Federung beschäftigt sich nicht nur mit den Veränderungen der Straßenoberflächen, sondern sie muss auch die durch die Beschleunigung, das Bremsen oder das Bewegen des Fahrers entstehenden Gewichtsverlagerungen ausgleichen. Auch der mit einer beneidenswert sanften Fahrtechnik gesegnete Matt Mladin lässt die Gabel seiner Suzuki beim harten Bremsen fast durchschlagen.

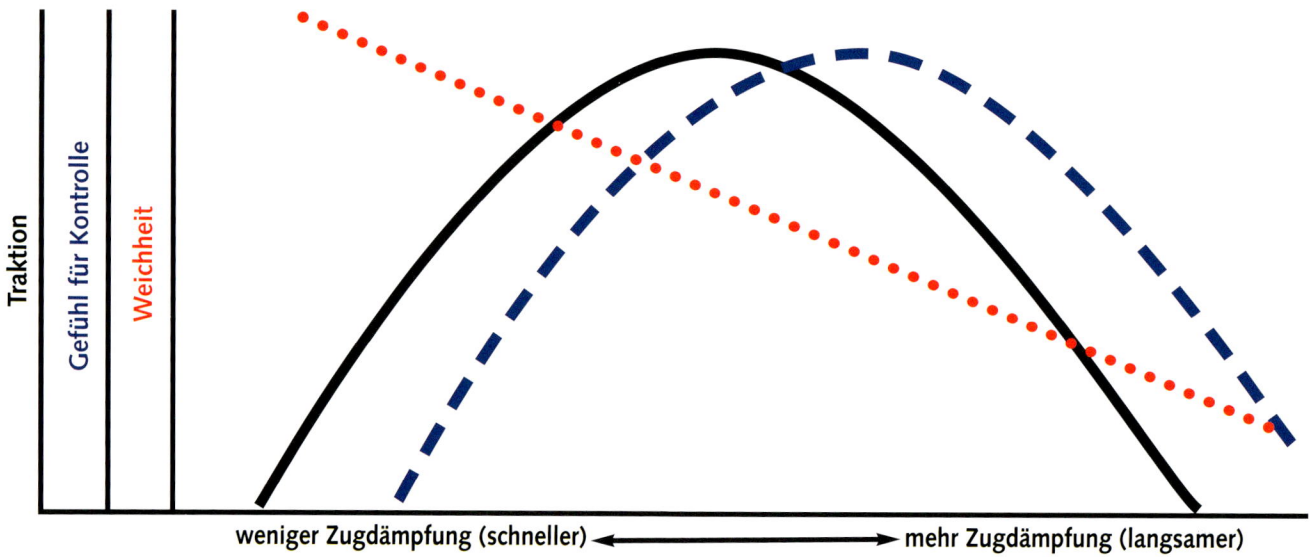

Abbildung 6: Einstellbereich der Zugdämpfung

Traktion

Gefühl für Kontrolle

Weichheit

weniger Zugdämpfung (schneller) ⟵⟶ mehr Zugdämpfung (langsamer)

Wie du die Zugstufe auch einstellst, du erhältst immer einen Kompromiss zwischen Traktion, Kontrolle und Weichheit.

Federvorspannung ausgerüstet. An Gabeln, die oben eine Schraube für die Zugdämpfung besitzen, darf diese nicht mit dem umgebenden Einsteller der Federvorspannung verwechselt werden. Am unteren Ende der Gabel findet sich in der Nähe der Achse die Schraube für die Druckdämpfung. Bei Stoßdämpfern liegt die Schraube für die Druckdämpfung am Ausgleichsbehälter, und diejenige für die Zugdämpfung an der Stoßdämpferaufnahme. Diese Einsteller haben trotz vieler Abstufungen ihre Grenzen und beeinflussen üblicherweise nur einen kleinen Teil des gesamten Dämpfungsbereichs. Man kann mit anderen Worten selbst mit äußeren Einstellmöglichkeiten keine schwache interne Ventilkonstruktion ausgleichen. Dämpfereinsteller können niemals extrem verschlissene Dämpfer ausgleichen. Wenn deine Maschine schwimmt wie ein 1963er Cadillac mit kaputten Stoßdämpfern, musst du deine Dämpferelemente überholen oder austauschen, bevor du den Rest deines Lebens damit verbringst, die Einsteller zu verdrehen.

Wir wollen nun die Zugdämpfung näher betrachten. Änderungen an der Zugstufe beeinflussen die Traktion. Wenn du dir die Abbildung 6 ansiehst, wirst du erkennen, dass all diese Faktoren abgedruckt sind. Es finden sich an der Y-Achse keine Zahlen, weil es sich um sehr subjektive Werte handelt – die Diskussion geht also um das Fahr-»Gefühl«. Du wirst bemerken, dass die Traktion mit sehr leichter – oder schneller – Zugdämpfung schwach beginnt, sich auf ein Maximum erhöht und dann wieder abfällt. Warum passiert dies? Bei sehr geringer Zugdämpfung ist das Fahrwerk nicht unter Kontrolle zu halten. Wenn das Rad über eine Bodenwelle rollt, wird der Stoßdämpfer komprimiert. Dann federt das Rad unkontrolliert wieder aus

– und zwar zu schnell, weil sich die gefederte Masse des Fahrwerks nach oben bewegt. Diese Aufwärtsbewegung sorgt dafür, dass das Rad wieder vom Boden hochgezogen wird, sodass es an Traktion verliert.

Schau dir die Kurve der Traktion gegen die Zugdämpfung an (Abbildung 6). Beachte, dass die Traktion bei starker (oder langsamer) Zugdämpfung leidet. Die Federung drückt sich bei der Bodenwelle zusammen. Wenn du die Welle hinauffährst und den höchsten Punkt erreichst, versucht die Federung, dem Straßenbelag auf der abschüssigen Seite wieder zu folgen. Das Rad ist aber nicht in der Lage, der Straße zu folgen, weil es einfach nicht schnell genug reagieren kann, um die Traktion zu gewährleisten. Nimmt dieses überhand, wird von Blockieren gesprochen, denn die Federung arbeitet nur noch in einem wesentlich kürzeren Bereich. Eine maximale Traktion entsteht irgendwo zwischen diesen beiden Zugdämpfungs-Extremen.

Deine eigene Fahrpraxis hat dir vielleicht gezeigt, dass bei minimaler Zugdämpfung das Gefühl für das Fahrzeug schwindet. Das Motorrad fühlt sich schwammig und hüpfend an. Wenn du die Zugstufe verstärkst, steigt das Gefühl von Kontrolle, und das Fahrwerk bewegt sich nicht mehr so stark, sodass sich das Motorrad »bodenständiger« und stabil anfühlt. Wird die Zugdämpfung auf die stärkste Stufe gestellt, bedeutet dies, dass es eine Menge Dämpfung gibt und die Federung sich nur langsam entspannt, die Traktion ist schwach und das Gefühl für die Straße lässt nach. Auch hier ist das Optimum zwischen den beiden Extremen angesiedelt.

Es gibt zwischen der maximalen Traktion und der besten Kontrolle einen Kompromiss. Beachte, dass die maximale Traktion nicht unbedingt dort entsteht, wo das maximale Gefühl der Kontrolle stattfindet. Hierin liegt ein gängiges Problem. Viele Fahrer denken, je schneller sie sind oder werden wollen, desto mehr Dämpfung bräuchten sie. Nichts könnte weiter von der Wahrheit entfernt sein. Tatsächlich werden nach dem Erreichen einer bestimmten Ebene der verstärkten Zugdämpfung sowohl die Traktion als auch die Kontrolle und ebenfalls die Fahr-Qualität oder Weichheit geopfert. Selbst mit zwischen diesen beiden Extremen liegenden Zugdämpfungs-Einstellungen existiert immer noch ein Kompromiss.

Ich möchte hier eine Warnung aussprechen: Während eines Tests wirst du nur herausbekommen, ob du bei einer speziellen Einstellung der Federung mehr oder weniger Traktion hast, wenn du dich an die Grenzen der Traktion heranwagst. Dies ist für den Fahrer eine sehr delikate Position. Ohne an dieser Grenze zu sein, wo der Reifen zu rutschen beginnt, kannst du den Unterschied der Traktion zwischen der einen und anderen Einstellung nicht fühlen. Wie du dir vorstellen kannst, kann man – auch als kenntnisreicher Fahrer – sehr leicht zu weit gehen und stürzen, wenn man am Rande der Traktion fährt. Der Trick beim Testen liegt darin, diesen Zusammenhang zu bedenken und eine unverzügliche Reaktion einzuplanen.

Der Job sowohl des Federungsingenieurs als auch des Fahrwerktuners liegt darin, die beiden Spitzen der Traktion und des Gefühls für das Motorrad so nahe wie möglich zusammenzubringen. Dies wird durch das Umformen der Dämpfungskurve innerhalb der Gabel und des Stoßdämpfers erreicht. Das erfordert sowohl ein Verständnis für schnelles und langsames

Dämpfen als auch für das Design der Ventilkolben. Der Zusammenhang zwischen Dämpfung, Federkraft, Gewichtsverteilung und vielen anderen Faktoren, die ein Motorrad handlich machen, ist ebenfalls wichtig. Weil diese Komplexität so schwer zu überschauen ist, ist es sehr sinnvoll, nur eine Einstellung oder nur einen Klick zur Zeit vorzunehmen.

Eine andere von der Zugdämpfung abhängige Größe ist die Weichheit der Dämpfung. Bei sehr leichter Zugdämpfung bewegt sich das Rad sehr schnell, und die Fahrqualität wird schwammig oder weich. Wenn die Zugdämpfung stärker wird, bekommt die Bewegung immer mehr Widerstand. Bei maximaler Dämpfung blockiert das Rad so stark, dass das Fahrwerk beim Bewegen einsackt und den nächsten Schlag nicht aufnehmen kann. Wenn du auf die nächste Unebenheit triffst, muss die Federung die durch diese Kompression oder Blockade verstärkte Federkraft überwinden. Das Resultat ist ein heftiger Stoß ins Fahrwerk.

Druckdämpfung

Die Druckdämpfung ist eine der entscheidendsten, jedoch schnell missverstandenen Komponenten der Federungseinstellung. Das Verständnis darüber, wie die Druckdämpfung die Fahrqualität beeinflusst, ist ein großer Schritt in die Richtung, die Funktion einer Motorradfederung zu entzaubern.

Zwischen den Geschwindigkeitsprofilen der Druck- und Zugdämpfung existieren grundsätzliche Unterschiede. Das Tempo der Druckdämpfung hängt von dem eingeleiteten Schlag ab, während die Geschwindigkeit der Zugdämpfung in

Abbildung 7: Einstellungsbereich der Druckdämpfung

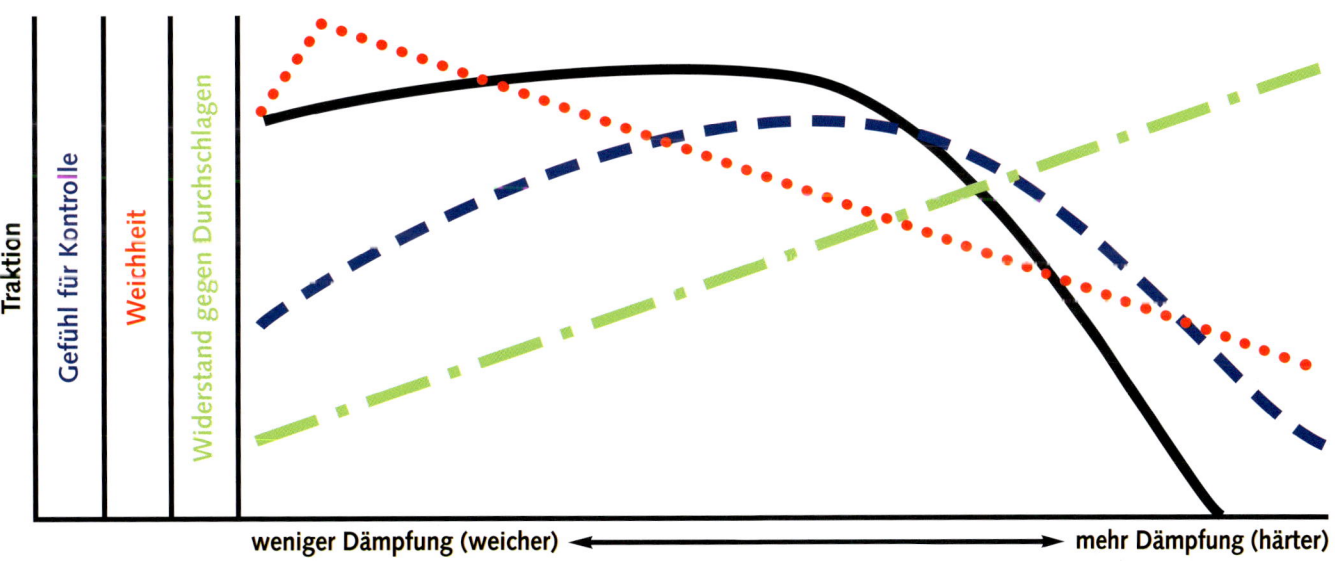

Wie alle Einstellungen der Federung ist auch die Druckdämpfung ein System von Kompromissen. Abhängig vom Einsatzzweck wird der beste Kompromiss entsprechend der Prioritätenliste ausgesucht.

Das Optimieren der Federungseinstellung kann das Handling eines Motorrades vollständig verwandeln.

erster Linie durch die Federkraft bestimmt wird. Dies bedeutet, dass die Form der Unebenheit für die Druckdämpfung wesentlich wichtiger ist als die Größe. Eine rechtwinklige Kante resultiert in extrem hohem Tempo der Einfederung, während eine Bodenwelle mit einer allmählichen Steigung zu niedrigerem Tempo führt. Zugegeben, wenn du mit der doppelten Geschwindigkeit auf eine Bodenwelle triffst, wird auch das Tempo des einfedernden Rades steigen, doch bleibt die Form der Unebenheit der entscheidende Faktor.

In der Vergangenheit wurde die Druckdämpfung häufig als ein notwendiges Übel betrachtet. Grundsätzlich nahm man an, dass weniger hier mehr sei. Diese Einschätzung gründete auf den Beschränkungen der altmodischen Dämpferstangen-Gabeln oder Bohrungs-Dämpfer, die gleichzeitig zu hart und zu weich sein konnten. Dies hängt zum Teil davon ab, wie viel

Flüssigkeit bei unterschiedlichen Geschwindigkeiten durch eine gegebene Bohrung gepresst werden kann. Mit der Einführung der Dämpferpatronen-Gabeln, die sich heute an den meisten Sportmaschinen finden, und entsprechenden Umbaumöglichkeiten für Dämpferstangen-Modelle hat sich die Möglichkeit, die Dämpfungskurve kontrollieren zu können, dramatisch verändert.

Um die Wirkung veränderter Dämpfereinstellungen studieren zu können, ist es wichtig, sich die Dämpfung als Ganzes anzusehen. Ignorieren wir zunächst die Form der Dämpfungskurve. Die Stärke der Druckdämpfung beeinflusst die Traktion, die Weichheit, den Widerstand gegen Durchschlagen und den Schwung des Eintauchens. Betrachten wir den Widerstand gegen Durchschlagen: Beachte in Abbildung 7, dass bei höherer Druckdämpfung auch mehr Widerstand gegen Durchschlagen herrscht. Dies erscheint offensichtlich, aber man muss den richtigen Wert der Druckdämpfung haben – nicht zu wenig und nicht zu viel. Die Kraft der Druckdämpfung wird zur Federkraft hinzugezählt, um das Durchschlagen zu verhindern. Wenn der Widerstand gegen das Durchschlagen ansteigt, verringert sich gleichzeitig das Gefühl von Weichheit. Auf der anderen Seite ist es so, dass die Verringerung der Druckdämpfung normalerweise das Gefühl von Weichheit erhöht. Dies ist so lange richtig, wie man eine extrem leichte Druckdämpfung nutzt. Bei sehr wenig Dämpfung kann die Weichheit tatsächlich nachlassen. Dies passiert nur an großen Unebenheiten, wenn die Federung durchschlägt und sich deswegen hart anfühlt. Bei kleinen Unebenheiten bedeutet weniger Dämpfung weiterhin mehr Weichheit.

Lass uns jetzt die Wirkung einer langsamen Druckdämpfung auf die Traktion untersuchen. Stell dir vor, du fährst alleine und triffst auf eine Bodenwelle. Wenn zu wenig Druckdämpfung vorhanden ist, wird die Federung nicht genügend Widerstand haben, wenn sie zusammengedrückt wird. Dies bedeutet, dass am Gipfel der Bodenwelle immer noch Energie vorhanden ist, die umgewandelt werden muss. Das Rad wird sich deshalb weiterhin nach oben bewegen, wenn es den höchsten Punkt erreicht hat. Dies liegt daran, dass das Rad selbst eine Masse hat. Solange diese Masse sich nach oben bewegt, will sie in Bewegung bleiben, weiter ansteigen und die Federung mehr zusammendrücken, als zur Überwindung des Hindernisses nötig wäre. Dies sorgt für eine Entlastung des Reifens und möglicherweise den Verlust des Bodenkontaktes am höchsten Punkt der Bodenwelle, was einen kurzfristigen völligen Traktionsverlust bedeutet.

Wenn die Druckdämpfung erhöht wird, verringert sich dieses Phänomen, und die Traktion verbessert sich. Wird die Druckdämpfung extrem verstärkt, wird es einen zu hohen Widerstand gegen die Bewegung geben, wodurch der Schwerpunkt des Motorrades oder die gefederte Masse selbst nach oben gedrückt werden. Dies kann nicht nur für eine unbequeme oder harte Fahrt sorgen, sondern diese Aufwärtsbewegung des Fahrwerks kann auch wieder die Räder entlasten und so zu einem Traktionsverlust führen. In extremen Fällen wird das Rad vollständig vom Boden abheben und über die Bodenwellen fliegen. Dies ist einer der Gründe, warum du in welligen Kurven bei extremen Schräglagen Schwierigkeiten hast, die innere Kurvenbahn zu halten. Das Motorrad wird dazu neigen, aufgrund dieses Traktionsverlustes an die Außenseite der Kurve zu driften.

Die letzte Kurve der Grafik zeigt den maximalen Schwung des Eintauchens oder den Widerstand gegen das Durchschlagen. Dies unterscheidet sich deutlich vom statischen Einsacken, das ohne eine Bewegung der Maschine gemessen wird. Der maximale Schwung des Eintauchens ist der Wert, um den die Federung beim Auftreffen auf Hindernisse oder beim Bremsen zusammengedrückt wird. Der maximale Wert des Eintauchens wird von einer Kombination aus der Federkraft und der Druckdämpfungskraft bestimmt, die sie daran hindern. Wenn es überhaupt keine Dämpfung gäbe, würde die Maschinenfront eintauchen und beginnen, auf und ab zu oszillieren. Wenn du für einen längeren Zeitraum bremst, wird die Reibung das Auf- und-Abschwingen schließlich stoppen, und du wirst feststellen, dass die Gabel bei weiterhin betätigter Bremse komprimiert ist. Dieses wird die dynamische Fahrhöhe genannt. Da keine Dämpfung existiert, wenn sich die Federung nicht bewegt, wird die Kompression der Gabel alleine durch die Federkraft festgelegt. Allerdings wird der maximale Schwung des Eintauchens, dessen Wert über die dynamische Fahrhöhe hinausschießt, die Druckdämpfung beeinflussen. Der Einsatz von mehr Druckdämpfung macht die Gabelkompression langsamer und hält das Fahrwerk oben.

Wenn du mit zu viel Druckdämpfung auf eine Reihe von Bodenwellen triffst, wird sich die Federung tatsächlich immer weiter entspannen, wenn die Räder nacheinander auf die einzelnen Wellen treffen. Dies ist das Gegenteil des zuvor diskutierten Blockierens.

Es gibt offensichtlich Kompromisse zwischen den beiden Extremen der Druckstufeneinstellungen. Wenn der Widerstand gegen Durchschlagen ansteigt, nehmen Weichheit und das maximale Eintauchen ab. An manchen Bereichen zwischen diesen Extremen wird die Traktion maximiert. Straßenmaschinen ergeht es besser, weil sie mit weniger Druckdämpfung ausgerüstet sind als Sportmaschinen. Denk daran, dass du den Preis für zu viel oder zu wenig Druckdämpfung zu zahlen hast – erwarte nicht gleich zu viel, wenn du eine Einstellung verändert hast. Eines der größten Missverständnisse über Druckdämpfung liegt darin, dass man mit steigendem Tempo mehr davon bräuchte. Die richtige Herangehensweise ist die Bestimmung der richtigen Federrate und der Einsatz von so viel Druckdämpfung, wie nötig ist, um das Durchschlagen und Eintauchen unter Kontrolle zu halten. Auf Seite 26 siehst du eine Tabelle mit der korrekten Federrate für Straßenmaschinen. Merke dir, dass die Druckdämpfung von der Bewegung der Federung abhängt. Bewegt sich nichts, gibt es auch keine Dämpfung. Sei dir auch bewusst darüber, dass die Form der Dämpfungskurve entscheidend ist und nicht nur widerspiegelt, wie viel Dämpfung du hast, sondern auch, wie progressiv sie ist.

Nachdem du nun die Grundlagen von Traktion, Lenkung und Federung kennen gelernt hast, ist es an der Zeit, dass wir uns mit den Einflüssen der Psyche auf die Fahrtechnik beschäftigen. Damit ist das Erlernen neuer und fortgeschrittener Fahrtechniken einfacher als man gemeinhin annimmt.

4 Angst

Angst ist das größte Einzelhindernis, dem wir Motorradfahrer beim Versuch, unsere Fähigkeiten zu verbessern, gegenüberstehen. Leider beschäftigen sich nur sehr wenige Fahrer ernsthaft damit. Um die Sache noch schlimmer zu machen, wird in Zeitschriften oder Büchern nur selten darüber geschrieben und das Thema in Fahrschulen und Lehrgängen nur dürftig behandelt. Wenn ich eines in den fünf Jahren, die ich meine Fahrerseminare leite, gelernt habe, dann ist es, dass mit der Beseitigung der Angst auch die Barrieren des Lernens fallen. Schließlich kann jeder einer Schritt-für-Schritt-Anweisung folgen. Es ist Angst, die Fahrer von der Veränderung ihrer Fahrweise abhält.

Dr. Susan Jeffers, die Autorin von *Feel The Fear And Do It Anywhere* (dt.: »Selbstvertrauen gewinnen – Die Angst vor der Angst verlieren«), führt aus, dass alle Ängste vom Glauben, dass man etwas nicht schafft, angetrieben werden. Wenn du fürchtest, du könntest etwas nicht hinbekommen (etwa mit 15 km/h schneller in die Kurve zu gehen, als du es normalerweise machst), wird dein innerer Überlebensmechanismus dich daran hindern, diese Barriere zu durchbrechen. Obwohl dein Bewusstsein den Gasgriff etwas weiter öffnen will, wird das Unterbewusstsein dein Handgelenk davon abhalten. Dies ist für Fahrer, die ernsthaft ihr Können verbessern wollen,

Nur wenige Dinge verursachen so viel Angst in den Herzen professioneller Rennfahrer wie eine Ölspur. Hier bläst eine gigantische Turbine nach einem Unfall das Öl von der Daytona International Speedway-Strecke. Jeder Fahrer muss für sich selbst entscheiden, wie viel Vertrauen er in den Zustand der Strecke oder seine Reifen hat, wenn die grüne Flagge wieder eingeholt wird. Diejenigen, die Vertrauen haben, weil sie über Wissen aus ähnlichen Erfahrungen verfügen, haben einen echten Vorteil.

aber nicht wissen, was sie an ihrem Fortschritt hindert, eine frustrierende Situation.

Zuerst muss angemerkt werden, dass Angst eine gute Sache ist. Wir müssen allerdings lernen, mit ihr zu arbeiten statt gegen sie zu kämpfen, um ihren positiven Einfluss auf unser Fahren nutzen zu können. Klar ist, dass Angst überlebenswichtig ist. Würden wir uns vor nichts (wie z.B. einem Sturz) fürchten, wären wir sicher bald tot, weil wir irgendwelche gefährlichen dummen Dinge täten. Würde ich zum Beispiel versuchen, die gleichen Rundenzeiten wie Valentino Rossi zu fahren, so würde ich wahrscheinlich stürzen, da ich weder über die nötige Fahrkenntnis noch über die körperliche Kraft oder die Reflexe verfüge, um ihn herauszufordern. Insofern ist Angst ein wirksamer Schutzreflex.

Angst kann deinen Adrenalinausstoß verstärken, der dir in Notsituationen zusätzliche Kraft verleiht. Doch Angst kann auch dein schlimmster Feind sein, wenn du nicht lernst, sie zu kontrollieren. Zu viel davon kann auch auf den geschicktesten Fahrer eine lähmende Wirkung haben.

Angstschwelle

Jeder Motorradfahrer hat etwas, was ich Angstschwelle nenne. Hierbei handelt es sich um einen Punkt, an dem die Angst so stark wird, dass das Gehirn des Fahrers keine weiteren Informationen mehr verarbeiten kann. Dies ist nichts anderes, als zu versuchen, ein zu umfangreiches Computerprogramm auf einem alten Rechner laufen zu lassen. Er kann nur die vorgegebene Anzahl von Schritten pro Sekunde durchführen, und wenn du versuchst, zu viele Informationen zu schnell abzurufen, wird er wahrscheinlich abstürzen. Genauso ist es, wenn du versuchst, dein Motorrad schneller zu fahren, als dein Gehirn die Sinneseindrücke verarbeiten kann – du wirst abstürzen.

Vor vielen Jahren sah ich mich auf einem Motocross-Übungsgelände dieser Realität ausgesetzt. Tatsächlich ging ich so weit über meine Angstschwelle hinaus, dass mein Geist seinen eigenen Reset-Knopf drückte, sodass ich nicht mehr überblickte, was mit mir geschah.

Mein Freund Dave war eines dieser glücklichen Kinder, deren Vater auf dem Hof der Familie eine eigene Motocross-

Angst	**Zuversicht**
• *Zu überwinden mit zusätzlichem Wissen und Glauben.* • *Wird immer präsent sein, sobald du neue Dinge ausprobierst.* • *Jeder hat mit Angst zu tun.*	• *Das Gegenteil von Angst.* • *Ein wünschenswerter Standpunkt des Geistes, der auf Wissen und Glauben zurückzuführen ist.* • *Gemeinsame Qualität aller geübten Straßen- und Rennfahrer.*
Ignoranz	**Wissen**
• *Wir nehmen verschiedene Situationen als Probleme wahr, anstatt sie einfach als Realität zu akzeptieren.*	• *Kommt von der Analyse der körperlichen und geistigen Erfahrungen.* • *Baut großes Geschick auf.*
Unsicherheit	**Glauben**
• *Die Grundlage jeglicher Angst.* • *Menschen fühlen sich mit unbeantworteten Fragen oft ungemütlich.*	• *Die entscheidende Zutat zum Vertrauen.* • *Glauben funktioniert, und mehr Glauben funktioniert besser als weniger Glauben.*

Sich von einem Standpunkt der Angst zu einem Standpunkt der Zuversicht zu bewegen, ist der mit Abstand wichtigste Faktor, um neue Fähigkeiten zu erlernen und Unfälle zu vermeiden. Das Geheimnis liegt darin, zu akzeptieren, was dir dein Leben bietet.

strecke anlegte. Als ich eines Tages dort mit meiner RM 80 herumfuhr, nahm ich eine Kurve etwas zu schnell, um den nächsten Hügel mit meiner schlecht gefederten Maschine noch kriegen zu können, also entschied ich mich, einen Umweg um den Hügel zu fahren. Unglücklicherweise merkte ich zu spät, dass meine geplante Umgehungsstrecke in der Mitte einen 1,50 Meter tiefen Graben aufwies.

Wie sich herausstellte, hatte Dave den für die Erbauung der Sprunghügel nötigen Erdboden einfach daneben ausgehoben. Sobald ich erkannte, was auf mich zukam, wurde ich während der Fahrt fast ohnmächtig. Mein Gehirn schaltete sich regelrecht ab, um das folgende Blutbad nicht bewusst miterleben zu müssen. Wie es schien, wusste ich, dass ich in den nächsten Sekunden reichlich Ärger bekommen würde, also schaltete ich in den Schlaf-Modus, um mich davor zu schützen, den Horror bewusst zu erleben.

Als ich erwachte, lag ich kopfüber mit einem brummenden Schädel im Graben und das Motorrad lag auf mir drauf. Ich hatte absolut keine Erinnerung an den Sturz, und im Nachhinein betrachtet denke ich, dass dies auch gut war.

Oft sagt ein Fahrer kurz vor einen Sturz zu sich selbst: »Ich denke, ich werde stürzen.« Tatsächlich ist dies genau das, was passieren wird. Die Faustregel lautet, dass du stürzen wirst, wenn du denkst, dass du es wirst – und du oben bleibst, wenn du denkst, du schaffst es. Mit anderen Worten heißt dies, dass deine Einstellung der sich entwickelnden Situation gegenüber diese tatsächlich Wirklichkeit werden lässt. Der Grund hierfür ist die Kraft des Glaubens.

Die Kraft des Glaubens

Das Gegenteil von Angst ist Zuversicht oder Gewissheit. Zuversicht ist ein geistiger Standpunkt, eine auf Wissen und Glauben basierende Haltung. Wissen kommt aus der Analyse der körperlichen und geistigen Erfahrungen. Glauben ist ein Vertrauen in dein Wissen.

Der viermalige AMA-Meister Mike Baldwin prophezeite Wayne Rainey noch vor seinem Eintritt in die Weltmeisterschaft einen großen Erfolg – anschließend wurde er dreimal Weltmeister. »Ich konnte niemals vollstes Vertrauen in den Vorderreifen setzen«, sagte Baldwin. »Doch Wayne hatte die Fähigkeit, sich direkt vor dem Start dafür zu entscheiden, dem Reifen zu vertrauen und anschließend so zu fahren, als würde er unbegrenzt haften.« Diese Sorte von Vertrauen kommt aus der Zuversicht. Rainey hatte einfach absolutes Vertrauen darin, dass der Vorderreifen kleben würde. Und Glauben ist die stärkste Kraft des Universums.

Die beste Definition von Glauben, die ich jemals gehört habe, wurde mir von einer Bekannten erzählt. Sie sagte, dass Glauben »eine Stärke der Vorstellung« sei. Wenn du darüber nachdenkst, ergibt dies absolut Sinn. Durch Glauben haben Millionen von Menschen aller Religionen der Welt große Dinge erreicht, auch wenn sie unterschiedliche und oftmals entgegengesetzte Anschauungen hatten. Dies liegt daran, dass das, was du glaubst, nicht so wichtig ist wie die Tatsache, dass du überhaupt etwas glaubst. Die wirklich kreative Stärke ist die Fähigkeit deines Geistes, sich Möglichkeiten vorzustellen.

Bei der Arbeit mit Partikel-Beschleunigern in physikalischen Laboren haben Quantenmechanik-Physiker festgestellt, dass es unmöglich ist, subatomare Phänomene zu beobachten, ohne tatsächlich das zu verändern, was beobachtet wird. So erstaunlich dies klingt, auch du kannst nicht etwas beobachten – einschließlich dir selbst und deiner Umgebung – ohne gleichzeitig eine neue Realität zu erzeugen. Und deswegen betont jeder gute Sportpsychologe, wie wichtig es ist, Visualisierungstechniken einzusetzen. Durch die Vorstellung eines speziellen Ereignisses erzeugst du tatsächlich die Möglichkeit seiner Existenz.

Je stärker man glaubt, desto stärker beeinflusst man seine Umgebung. Ein ausreichend starker Glaube in die Reifenhaftung wird sich tatsächlich in zusätzlichem Grip manifestieren. Dies ist kein Märchenstoff. Ich habe es in der Praxis gesehen und es half mir wirklich beim Gewinn der US-Straßenmeisterschaften. Umgekehrt kann eine schreckliche Angst, die Traktion zu verlieren, sich in einem echten Ausrutscher äußern. Und deswegen haben alle guten Rennfahrer ein solches Vertrauen in ihre Fähigkeiten. Es ist keine Sache des Egos, es ist eine Sache des Überlebens!

Wie oft hast du gesehen, dass zwei Fahrer auf identischen Maschinen und Reifen mit dem gleichen Tempo durch eine Kurve fuhren, und nur einer von ihnen ist gestürzt? Manchmal liegt es daran, dass ein Fahrer einen Fehler macht, doch manchmal kommt es auch durch ein unterschiedlich hohes Vertrauen. Je mehr Zuversicht du hast, desto selbstsicherer bist du. Dies ist einer der Gründe dafür, warum Motorradfahren so oft als eine religiöse Erfahrung bezeichnet wird.

Obwohl manche Leute einen nur zu gern zu der Einstellung führen wollen, dass es nur eine Anschauung gibt, die funktioniert, hat die Geschichte deutlich demonstriert, dass jeder mit genügend Glauben in seine Anschauung eine starke Kraft sein kann. Es gibt mit anderen Worten nicht so etwas wie guten oder schlechten Glauben, sondern nur mehr oder weniger Glauben. Und mehr ist besser.

Kein Problem

Im *Tao Te King* sagt Laotse, dass »derjenige, der sich nicht fürchtet, immer sicher ist.« Dieser Spruch wird unterschiedlich interpretiert. Wenn es allerdings ums Motorradfahren geht, habe ich eine Interpretation gefunden, die eine tiefere Bedeutung hat. Sie kann mit einer Untersuchung dessen, was passiert, wenn dein Motorrad zu rutschen beginnt, erklärt werden. Die meisten Motorradfahrer sind bereits einmal oder mehrmals mit beiden Rädern durch eine Kurve gerutscht. Dies passiert normalerweise, wenn eine Kurve mit zu viel Motorkraft verlassen wird, oder wenn die Straße nass ist. Wie ist deine Reaktion, wenn dies geschieht? Ein überragender Fahrer lässt das Rutschen einfach geschehen, als wenn er es erwartet hätte. Wenn du in der Lage bist, deine Fassung zu behalten, wird sich dein Motorrad normalerweise selbst korrigieren, wenn nichts Weiteres passiert. Dies ist die Aufgabe des Nachlaufs im Fahrwerk. Er sorgt dafür, dass sich die Maschine wieder richtig ausrichtet, wann immer sie krumme Wege gegangen ist.

Das Problem, dem die meisten von uns gegenüberstehen, ist allerdings, dass wir meist denken, dass das gerade passiert, was nicht passieren darf; wir nehmen es als ein Problem wahr und erschrecken uns. Und wenn man sich erschreckt, verspannt sich der Körper und der Geist wird überlastet. In dieser Situation verhält man sich wie ein Anfänger und ist nicht mehr in der Lage, alle Impulse zu verarbeiten. Du hast die Verbindung zur Umgebung verloren und dich auf deine innere Angst konzentriert. An diesem Punkt haben sich die Chancen zu stürzen deutlich erhöht. Zu lernen, wie man dieses Szenario vermeidet, erfordert eine spezielle Praxis.

Nur durch Rutsch-Training wirst du ruhig genug werden, um nicht über deine Angstschwelle gedrückt zu werden, wenn es passiert. Weil das Rutschen auf Straßen, besonders auf schweren Tourenmaschinen, gefährlich werden kann, ist es besser, dies mit einem Crosser oder einer Enduro zu trainieren. Das geringe Gewicht der Maschine und die rutschige Oberfläche des lockeren Bodens lehren dich die Dynamik des Rutschens in einer sicheren Umgebung. Am besten nimmst du an einem Geländesport-Lehrgang teil.

Während du im Gelände fährst, wirst du lernen, dass es für die Maschine normal ist, zu rutschen, und dass du es geschehen lassen kannst, ohne dagegen zu kämpfen. Schließlich wird dir klar sein, dass du sowieso nichts dagegen unternehmen kannst. Und wenn es dann auf der Straße passiert, wirst du in der Lage sein, es ohne eine Überdosis Angst handhaben zu können.

Aktions-Muskel

Eine weitere wichtige Fähigkeit bei der Beschäftigung mit der Angst ist das, was Tony Robinson »die Anwendung deines Aktionsmuskels« nannte. Dies lässt sich vielleicht als der mentale Mumm bezeichnen, angesichts der Angst körperliche Aktion zu zeigen. Beispielsweise war ich mein Leben lang ein Sänger, dennoch bekomme ich immer noch Lampenfieber, wenn ich auftreten soll. Bei einem Rennen wurde ich einmal gebeten, vor 24 000 Zuschauern die Nationalhymne zu singen. Obwohl ich die Hymne schon viele Male vor kleinerem Publikum gesungen hatte, machte mich die große Masse so nervös, dass meine zitternden Hände fast nicht das Mikrofon halten konnten. Obwohl ich vor Angst fast gelähmt war, war ich doch in der Lage, meine Augen zu schließen und tief einzuatmen und zu singen. Es waren meine bisherigen Erfahrungen, die es mir ermöglichten, dies zu tun. Glaube mir, es waren nicht meine Gesangsstunden, die mich vorbereiteten, sondern mein Durchführen-trotz-Nervositäts-Training.

Über viele Jahre hatte ich mir angewöhnt, meine Angst als ein Signal anzusehen, dass es Zeit wurde, zur Tat zu schreiten. Ich war tatsächlich dankbar, dass sie meinen Adrenalinpegel steigen ließ und mir erlaubte, laut und deutlich zu singen. Hätte ich nicht die Durchführung unter Angst so oft zuvor trainiert, wäre ich niemals in der Lage gewesen, all die Nervosität zu handhaben. Ich kann die Wichtigkeit des Übens gar nicht oft genug betonen.

Der beste Weg, krisenfest zu werden, ist jahrelanges Training. Wann immer du gegen deine Angstschwelle stößt, wird dein Körper das tun, was er trainiert hat. Du wirst mit anderen Worten im Falle eines Problems das tun, was du weißt. Wenn du Angst als ein Signal zur Erhöhung deiner Aufnahmefähigkeit interpretierst, wirst du in der Lage sein, sie zu deinem Vorteil zu nutzen. Beim Erlernen neuer Fähigkeiten ist es das Beste, dich so weit vor zu wagen, dass du etwas Angst verspürst – und dir dann angewöhnst, damit zu leben. Auf diese Weise wirst du im Falle einer unerwarteten Überraschung Angstgefühle handhaben können, ohne dichtzumachen.

Tapferkeit

Tapfere Leute sind nicht deshalb tapfer, weil sie mehr Angst überwinden können. Die Leute sind in der Lage, die Ebene anzuheben, auf der Angst die Kontrolle über den Geist gewinnt. Mick Doohan könnte beispielsweise nicht schneller als du fahren, wenn er die gleichen Ängste wie du spüren würde, die du empfindest, wenn du dein Tempo fährst. Der Unterschied zu dir liegt darin, dass die Geschwindigkeit, bei der er Angst bekommt, viel höher liegt als deine.

Wenn er einmal diese Angstschwelle erreicht hat, kann er sie genauso wenig durchbrechen, wie wir dies bei unserer können. Es ist aber seine Denkweise, die den Unterschied ausmacht. Sobald dein Geist diesen Punkt der »Informationsüberlastung« erreicht, musst du dich so schnell wie möglich wieder konzentrieren. Hoffentlich bist du dazu in der Lage, bevor du die Kontrolle verlierst. Und hierzu musst du wissen, wie du dich darauf konzentrieren kannst.

In einem Notfall ist dein Körper darauf programmiert, das zu machen, was du kennst. Wenn du das Fahren mit etwas Angst nicht trainiert hast, wirst du wahrscheinlich Panikreaktionen zeigen, sobald du einem unerwarteten Ereignis ausgesetzt bist.

5 Konzentration

Bei der Suche nach der maximalen Kontrolle über das Motorrad ist deine geistige Fähigkeit, in jedem Moment vollständig präsent zu sein, genauso wichtig wie dein tatsächliches fahrerisches Geschick. Weil die Strafen für Unaufmerksamkeit beim Fahren so streng sind, zwingt einen das Motorradfahren zu einer fast totalen Aufmerksamkeit. Deswegen wird unser Sport auch »Zen für Faule« genannt, da er die gleiche Art geistiger Wachheit (Achtsamkeit) produziert wie tiefe Meditation. Angst und Ablenkung sind die Feinde der Achtsamkeit – und Konzentration ist das Heilmittel.

Hast du jemals bemerkt, wie schwierig es ist, mit jemandem in einem überfüllten Raum zu reden? Wenn viele Leute durcheinander sprechen, ist es schwierig, sich auf einen Einzelnen zu konzentrieren. Ähnlich ist es beim Motorradfahren, denn es gibt reichlich Ablenkung, die die Konzentration auf die Straße behindert. Die Fähigkeit eines Motorradfahrers, sich zu konzentrieren, ist wahrscheinlich seine wichtigste Überlebenstechnik, dennoch haben nur wenige Fahrer gezielt trainiert, wie man sich wirkungsvoll konzentriert. Wir benutzen das Wort oft, aber was meinen wir wirklich, wenn wir über Konzentration reden?

Der dreimalige US-Karatemeister und Motorradfahrer Ken Marena definiert richtige Konzentration als »entspannte Aufmerksamkeit«. Konzentration bedeutet also mit anderen Worten,

Einen Moment lang die Konzentration zu verlieren, kann zu katastrophalen Ergebnissen führen. Das Verstehen und Trainieren von Konzentrationstechniken ist genauso wichtig für deine Sicherheit wie dein körperliches Geschick.

sich über seine Umgebung im Klaren zu sein, ohne seinen Körper anzuspannen. Weil wir alle nach ausdauernden Aktivitäten schließlich ermüden, betont Marena die Wichtigkeit, vor und nach langen Perioden intensiver Konzentration angemessene Pausen zu machen, um eine optimale Leistungsfähigkeit zu erhalten.

Laut Lexikon ist geistige Konzentration ein »hoher Grad der Aufmerksamkeit und der geistigen Anspannung, die auf eine bestimmte Tätigkeit oder ein Ziel gerichtet ist«. Während wir diese Definition als Ausgangspunkt nehmen, wollen wir beobachten, wie Konzentration funktioniert und darüber diskutieren, wie man seinen Grad an Fertigkeit darin verbessern kann.

Wie es funktioniert

Um etwas meistern zu können, muss man es zuerst identifizieren. Oft wird dies dadurch erreicht, indem man herausfindet, was es nicht ist. Nach und nach ziehst du die Möglichkeiten ab, bis du eine Ahnung von dem hast, was dir gegenübersteht. Jetzt kannst du entscheiden, wohin du gehen willst und deine Aufmerksamkeit darauf richten. Dies ähnelt dem Ignorieren der Stimmen in einem überfüllten Raum, bis man in der Lage ist, mit nur einer Person Konversation zu treiben.

Ein Meister der Konzentration ist jemand, der frei von geistigen Ablenkungen ist. Obwohl jedermanns Geist von Zeit zu Zeit abschweift, variiert die Fähigkeit, sich zu konzentrie-

ren, von Mensch zu Mensch. Ein Meister ist einfach jemand, der in diesem Prozess sehr geschickt ist.

Friedrich Nietzsche betont den Wert des »unhistorischen« Lebens. Hierbei geht es darum, für den Augenblick vollständig präsent zu sein, indem man vorübergehend vergangene Ereignisse vergisst, welche die Konzentration behindern können. Er sagt, dass der Mann der Aktion »die meisten Dinge vergisst, um eines zu tun. Er ist ungerecht gegen das, was hinter ihm liegt und erkennt nur ein Gesetz an – das Gesetz des Seins.«

Neurowissenschaftler glauben, dass das menschliche Gehirn seine Aufmerksamkeit auf bis zu sieben Dinge gleichzeitig richten kann, bevor es die Fähigkeit der Konzentration verliert. Keith Code beschreibt in seinem bahnbrechenden Buch *The Twist Of The Wrist* (dt.: »Der richtige Dreh«) diesen Prozess am Beispiel des Geldausgebens. Er schreibt: »Aufmerksamkeit und die Frage, wo du sie beim Fahren eines Motorrades einsetzt, ist ein Schlüsselelement dafür, wie gut du sein wirst. Aufmerksamkeit hat seine Grenzen. Jeder Mensch hat eine bestimmte Menge davon, und diese Menge unterscheidet sich individuell. Du hast eine bestimmte Menge Aufmerksamkeit, so wie du über eine bestimmte Menge Geld verfügst. Sagen wir, du hast für zehn Dollar Aufmerksamkeit. Wenn du fünf Dollar davon für einen Aspekt des Fahrens ausgibst, bleiben dir nur noch weitere fünf Dollar für alle weiteren Aspekte. Gib neun Dollar aus, und es bleibt dir nur einer, und so weiter.« Weil die Realität von allen Seiten auf dich zukommt, musst du ständig auswählen, welchen Dingen du Aufmerksamkeit widmest, und welche du ignorieren willst. Du kannst dies machen, indem du das Notwendige aufnimmst und das Unwesentliche außen vor lässt. Bei dieser Entscheidung hilft dir deine Erfahrung. Und deswegen sollten Anfänger die in diesem Buch beschriebenen Fortgeschrittenen-Techniken nicht ausprobieren. Für sie ist es zu risikoreich, Fortgeschrittenen-Techniken zu trainieren, denn sie haben zu wenig Erfahrung damit, die Warnsignale eines Motorrades zu erkennen, das zu stürzen droht.

Wenn es richtig läuft, ist Konzentration die Beseitigung der äußeren und inneren Ablenkung. Wenn dich nichts ablenkt, bist du für diesen Moment vollständig anwesend. Im Zen heißt dies *mu shin,* was wörtlich »kein Geist« bedeutet. Zu diesem Zeitpunkt ist alles möglich. Bei Motorradfahrern ermöglicht dieser Zustand die Fähigkeit, ohne zu zögern auf alle Umstände zu reagieren. Rennfahrer nennen es »in der Zone sein«.

»In der Zone sein«

Bevor du bei irgendeiner Aktivität »in die Zone« gehst, musst du zuerst deine Techniken immer wieder trainieren. Deine Fähigkeiten müssen dir in Fleisch und Blut übergegangen sein und du solltest nicht mehr an sie denken müssen. Deine Aktionen werden scheinbar automatisch ablaufen, und du kannst unverzüglich auf jede Situation reagieren. So wie du auch nicht an das Atmen oder beim Gehen an das Voreinander-Setzen der Füße denken musst, werden beim Fahren in der Zone die korrekten Impulse auf ganz natürliche Art und Weise ausgeführt. In diesem Stadium ist all dein Bewusstsein darauf ausgerichtet, auf Dinge zu reagieren, und nicht wie dies oder jenes zu tun ist.

Bewusstsein ist der Prozess der Informationsintegration; es ist deine Fähigkeit, im Fluge die Schlüsselelemente der Informationen zu erkennen, die auf einer wesentlich größeren hereinkommenden Datenmenge basieren. Jede gegebene Fahr-Situation erfordert eine spezielle Kenntnis, um sie bewältigen zu können. Erst wenn du dein Geschick auf einer hohen Ebene verfeinert hast, wirst du bemerken, dass es immer weniger Aufmerksamkeit erfordert, ein bestimmtes Ziel zu erreichen. Natürlich kann dies auch eine gefährliche Situation werden. Es ist verlockend, für eine gegebene Situation nur eine minimale Menge Bewusstsein einzusetzen, damit man seine überschüssige Verarbeitungskapazität für andere Aktivitäten nutzen kann. Beispielsweise kannst du während der Fahrt darüber nachdenken, was du in der nächsten Pause essen möchtest... Ich glaube aber fest an den »Bewusstseins-Overkill«. Richte also mit anderen Worten all deine Aufmerksamkeit auf das, was du gerade machst. Dies gibt dir eine Reserve dafür, auch mit dem Schlimmsten, wie einem auf der eigenen Spur entgegenkommenden Auto, noch fertig werden zu können.

Du kannst diesen Bewusstseinszustand daran erkennen, dass du keine anderen Gedanken aus diesem Geist ausblenden musst. Werner Erhard schrieb: »Wem du dich widersetzt, das wird weiter bestehen.« Wenn du damit aufhörst, Dingen wie Angst und Unsicherheit zu widerstehen, und ihnen einfach erlaubst, durch dich hindurchzugehen, werden sie verschwinden, und deine Aktionen werden makellos.

Im tatsächlichen Training weißt du nicht, dass du »in der Zone« bist, während du dich darin befindest. In dem Moment, in dem du bewusst über deine Leistungsfähigkeit nachdenkst, hast du sie bereits verlassen. Du erkennst sie nur, wenn du sie verlässt, indem du sie mit dem Fehlen der bewussten Reflexion im vorherigen Moment vergleichst. Dies unterscheidet sich stark vom Schlaf, weil wir im Schlaf kein Bewusstsein von unserer Umgebung haben. Wenn wir in der Zone sind, besitzen wir das absolute Bewusstsein von unserer Umgebung, kommentieren diese jedoch nicht innerlich.

Verbesserte Konzentration

Das Geheimnis der Verbesserung der Konzentration ist Training. Doch dies ist eine andere Art Training, als die meisten Leute sie anwenden, weil es eine Nicht-Aktivität einschließt. Diese Art Training wurde am besten von einem alten Chinesen beschrieben, der einst als der älteste Mensch der Erde bezeichnet wurde. Gefragt, was das Geheimnis seines langen Lebens sei, antwortete er: »Innere Ruhe«. Weil deine größte Ablenkung die innere Unterbrechung durch deinen Geist ist, ist das Trainieren innerer Ruhe entscheidend für überragende Konzentration. Das Ergebnis ist ein klareres Bewusstsein und schließlich bessere Kontrolle.

Um die innere Ruhe zu erreichen, die der Buddhismus als den »stillen Geist« bezeichnet, müssen alle bewussten Gedanken über Dinge gestoppt werden. Ein stiller Geist ist jedoch kein dummer Geist. Stattdessen ist es ein Geist, der für alles bereit ist, was ihm präsentiert wird. Es ist kein Ausgrenzen, wie wir es von Zeit zu Zeit machen möchten, sondern ein Eingrenzen. Wenn du keine Gedanken hast, die dich ablenken können, stehen dir deine gesamten Fähigkeiten und Möglichkeiten zur Verfügung.

Viele Faktoren können dich vom Erreichen innerer Ruhe ablenken. Wie wir im letzten Kapitel gelernt haben, sind Angst und Unsicherheit zwei von ihnen. Weiterhin musst du in der Lage sein, deinen Geist unter Kontrolle zu halten, um ihn vom Abschweifen abzuhalten. Um dies alles zu erlernen, ist es nötig, mit den Grundlagen zu beginnen. Erinnerst du dich, wie schwierig das Betätigen der Kupplung war, als du angefangen hast? Jetzt kannst du es ohne nachzudenken. Das Erreichen der inneren Ruhe ist ein ähnlicher Prozess.

Meditationstraining

Meditation ist wahrscheinlich der beste Weg, innere Ruhe zu trainieren und Stress zu reduzieren. Wir haben hier nicht genügend Platz für eine komplette Erklärung von Meditationstechniken, aber es gibt eine Übung, die jeder machen kann und die ich besonders hilfreich finde.

Du kannst das Erreichen der inneren Ruhe alleine in einem Raum, beim Gehen, Liegen oder auch auf der Straße trainieren. Versuche einfach, an nichts zu denken. Irgendwann wirst du entdecken, dass du an etwas denkst. Sobald du einen Gedanken bemerkst, musst du ihn wieder loslassen, sodass du ohne innere Kommunikation verbleibst. Dies ist viel schwieriger als es sich anhört. Du wirst erstaunt sein, wie viel »Lärm« in deinem Kopf herrscht. Dein Gehirn kann mit allen möglichen Dingen bombardiert werden – von »Schau mal, die Blondine dort« bis »Vergiss nicht, Butter zu kaufen«.

Der Geist kann nur sieben Dinge zurzeit handhaben. Sei in der Lage, in kritischen Situationen Wichtiges von Unwichtigem zu unterscheiden. In der Korkenzieher-Kurve von Laguna Seca haben es die Fahrer mit Richtungs-, Tempo- und Höhenunterschieden zu tun, während sie gleichzeitig ihre Maschine und die Aktionen anderer Fahrer beobachten müssen. Das ist ebenso eine mentale wie eine körperliche Aufgabe.

Eine zurückblickende Analyse deiner Erfahrungen hilft dir für die nächste Fahrt. Rede mit deinen Freunden darüber, was funktioniert hat und was nicht. Denk daran, dass eine Besprechung Konzepte wesentlich realer macht, als wenn du nur darüber nachdenkst.

Ständige Gedanken sind nichts anderes als das Stimmengewirr in dem mit Menschen überfüllten Raum. Es ist kein Wunder, dass wir durcheinander und furchtsam sind, wenn während der Fahrt im Kopf eine Party abgeht. Bitte die Gäste einzeln, zu gehen. Wenn du hieran arbeitest, kannst du sie schließlich alle dazu bringen, dich zu verlassen. Der Prozess kann sehr therapeutisch sein, besonders beim Fahren. Durch dieses Training wird dein Geist ruhiger und deine Konzentration wird sich verbessern.

Warnhinweise

Konzentration kann durch viele körperliche Zustände beeinflusst werden. Niedriger Blutzucker, nicht genügend Erholung und verschiedene Substanzen haben schädliche Wirkungen auf deine Fähigkeit, dich zu konzentrieren. Ebenso wichtig ist es, regelmäßig eine Selbstdiagnose durchzuführen, um sicherzustellen, dass dein Stress-Level nicht außer Kontrolle gerät. Die Symptome sind leicht zu erkennen, da mentaler Stress sich rasch im Körper manifestiert. In der westlichen Kultur wappnen wir uns gegen den sprichwörtlichen Schlag in die Magengrube, indem wir unsere Mägen, Schultern, Arme und Hände anspannen. Dies ermüdet nicht nur unnötigerweise unsere Muskeln, sondern es behindert auch eine richtige Atmung.

Tiefes, lockeres Atmen hilft, Sauerstoff in den Körper zu bringen. Dies erlaubt es den Muskeln, frei und mit höchster Effizienz zu arbeiten, was dir wiederum ermöglicht, dich auf deine Umgebung zu konzentrieren und nicht von deinem Stress abgelenkt zu sein. Gutes Atmen erfordert eine Bauchatmung und keine Brustatmung. Als Säuglinge tun wir dies noch von Natur aus, doch mit der Zeit werden wir sozialisiert, Stress und Angst in uns zu behalten, indem wir kürzer und gezwungener atmen. Wenn du im Liegen deine Hand auf den Bauch legst, solltest du ohne jegliche Muskelanspannung die ein- und ausströmende Luft am Auf und Ab der Bauchdecke spüren. Wenn dein Brustkorb die meiste Arbeit erledigt, wird es Zeit, deine Aufmerksamkeit auf die Atmung zu richten, bis sie wieder leicht und natürlich ist. Denk daran, dass es wahre Konzentration ist, zu versuchen, sich nicht zu konzentrieren.

6 Die richtige Haltung

V or dem Ausprobieren neuer Techniken ist es wichtig, sicherzustellen, dass du wirklich in einem mentalen Stadium bist, Erlerntes aufnehmen zu können. Wenn du wie die meisten eingefleischten Motorradfans an die Sache herangehst, wird es egal sein, wie viele Bücher oder Zeitschriftenartikel über Fahrtechniken du gelesen oder wie hart du trainiert hast – irgendwann wirst du über deinen Fortschritt frustriert sein. Das Geheimnis zur Beendigung dieser Frustration liegt darin, die richtige geistige Haltung zu finden.

Anfänger-Geist

Die entscheidende Komponente für die richtige Einstellung ist das Aufrechterhalten dessen, was in Japan *shoshin* genannt wird und so viel wie Anfänger-Geist bedeutet. Dies ist die Haltung eines Kindes während seiner prägenden Jahre, wenn die Mehrheit des Erlernten im menschlichen Gehirn aufgenommen wird. Zen-Meister Shunryu Suzuki sagt: »Im Geiste eines Anfängers gibt es viele Möglichkeiten, in dem eines Experten nur wenige.«

Es wird nicht überraschen, dass das Kennzeichen eines Anfänger-Geistes Bescheidenheit ist. Bescheiden zu sein ist der Schlüssel des Lernens, weil es unser Ego ist, das unseren Geist für neue Ideen verschließt. Je mehr du denkst, du wüsstest über das Fahren Bescheid, desto weniger wirst du für neue Techniken offen sein. Deswegen ist die beste Voraussetzung für das Erlernen neuer Dinge die Einstellung eines aufmerksamen Anfängers.

Ein Anfänger-Geist kann auch beschrieben werden als ein Leben in Möglichkeiten, im Gegensatz zu einem Leben in Erwartungen. Die Wirklichkeit hat eine Art, sich Erwartungen anzupassen, also solltest du ihr nicht die Möglichkeit geben, dein Lernen zu begrenzen, indem du dir einbildest, dass du bereits weißt, wie etwas gemacht wird. Mein bevorzugtes Beispiel für das Leben in Möglichkeiten ist die TV-Figur McGuyver. Sein Charakter ist so unwiderstehlich, weil er sein Wissen nicht zur Behinderung des Sehens neuer Möglichkeiten einsetzt. Statt populäre Anschauungen zu akzeptieren, betrachtet er alles mit kindlicher Unbefangenheit. Ich sage nicht, dass du ausprobieren sollst, wie man ein Motorrad in ein Flugzeug verwandelt. Ich lade dich lediglich ein, dein Fahren aus einer erfrischend neuen Perspektive zu betrachten, die von vergangenen Ideen darüber, wie Dinge getan werden müssen, entlastet ist.

Beim Beobachten der sehr unterschiedlichen Fahrstile der besten Rennfahrer wird deutlich, dass es mehrere Herangehensweisen gibt, die effektiv sein können. Manchmal muss ein Rennfahrer seinen Stil sogar von einer Strecke zur nächsten ändern. Die Fahrer, die einen Anfänger-Geist pflegen und ihren Stil an die aktuellen Umstände anpassen können, sind auch die Erfolgreichsten. Die Gefahr besteht jedoch beim stärkeren An-

Verärgert oder frustriert zu fahren ist immer gefährlich, da du dich so nicht auf die Straße konzentrieren kannst. Wenn du dich selbst in diesem Zustand findest, solltest du eine Pause machen und deinen Geist von diesen Emotionen befreien.

wenden dieser Praxis darin, dass dein Geist immer mehr dazu neigen wird, dem zuvorzukommen, was als Nächstes passiert. Dies macht es wahrscheinlicher, dass du dich langweilst oder die Langeweile durch zu hartes Fahren kompensierst. Durch das Herausfinden eines angemessenen Lern-Tempos wirst du deine Beziehung mit der Straße genießen und motiviert bleiben.

Motivation

Die zweite Komponente der richtigen Haltung ist Motivation. Du musst motiviert sein, um etwas Neues auszuprobieren. Wenn du zum Beispiel schlecht gelaunt bist, wird es schwieriger, neue Dinge zu erlernen, da dein Geist mit Gedanken durchsetzt ist, die dich von ungetrübter Achtsamkeit abhalten. Je klarer dein Geist ist, desto leichter sind neue Informationen zu verstehen. Und je leichter dies ist, desto schneller wirst du lernen. Wenn du alleine an deinem fahrerischen Geschick arbeitest, ist es leicht, frustriert zu werden, doch die Frustration

Visualisierung ist eine wichtige Technik beim Entwickeln einer positiven Beziehung zur Straße. Durch die Vorstellung, dass du und dein Motorrad eins seien, kannst du dem Straßenverlauf so feinfühlig folgen, wie eine Plattenspieler-Nadel mühelos auf jede Feinheit einer Platte reagiert.

Dein Motorrad zu fahren, wenn der Geist nicht klar ist, ist ein guter Weg, mit der Ordnungsmacht in Konflikt zu kommen.

selbst ist ermutigend. Es ist die Methode deines Geistes, dir zu signalisieren, dass du die richtige Haltung verloren hast, und dass es Zeit wird, dich wieder zu konzentrieren.

Mit einem Freund zu trainieren, ist einer der besten Wege, die ich kenne, um motiviert zu bleiben. Er kann nicht nur sehen, was du tust und dir ein wertvolles Feedback liefern, sondern er kann dich auch ermutigen, wenn du müde oder träge wirst. Dies ist entscheidend, wenn du dich auf eine nahe liegende Aufgabe konzentrieren sollst. Wenn dein Geist abzuschweifen beginnt, wirst du nicht nur nichts lernen, sondern du erhöhst auch die Wahrscheinlichkeit, einen Fehler zu machen, der zu einem Unfall führen kann.

Beziehung zur Straße

Die dritte Komponente der richtigen Haltung ist deine Beziehung zur Straße. Als Motorradfahrer verbringen wir viel Zeit auf der Fahrbahn, doch nur wenige von uns haben jemals wirk-

lich ihre Beziehung zu ihr analysiert. Egal, ob du schnell oder langsam fährst, du hast immer eine ungeschriebene Vereinbarung mit der Straße unter dir.

So wie eine Familien- oder Geschäftsbeziehung kann auch deine Beziehung zur Straße drei grundsätzliche Formen annehmen: gleichgültig, feindlich oder ergänzend. Eine gleichgültige Beziehung ist etwa so wie diejenige zur Kassiererin in einem Schnellimbiss. Es geht nicht darum, dass du diesen Menschen magst, sondern du befasst dich mit dieser Person nur, um ein Ziel zu erreichen, einen Hamburger zu bestellen oder die Pommes zu bezahlen. Die meisten Motorradfahrer haben ein gleichgültiges Verhältnis zur Straße. Sie denken kaum an sie und haben keinen wirklichen Bezug zu ihr, außer es wird eine Gefahr wahrgenommen, die mit Vorsicht und Misstrauen angegangen werden muss. Dies ist eine normale Überlebensreaktion, doch sie kann dir auch Probleme bereiten, wenn du nicht lernst, mit ihr zurechtzukommen.

Eine andere verbreitete Beziehung zur Straße ist die feindliche Variante. Sie wird oft bei Sportlern beobachtet und ist von der Vorstellung geschürt, dass sie die Straße unterwerfen müssen. Die Straße wird zum Feind und sie nehmen sich vor, sie zu bekämpfen. Ein berühmter Rennfahrer-Instruktor empfiehlt: »Du schlägst nicht deine Konkurrenten. Du kämpfst nur besser gegen die Straße als sie.« Das Problem bei dieser Haltung liegt darin, dass es genauso schwierig ist, mit jemandem zu kommunizieren, den man ablehnt, wie auf kleine Änderungen der Oberfläche zu reagieren, wenn man die Straße nicht mag.

Der dankbarste Typ der Beziehung zur Straße ist die ergänzende. Bei dieser Art der Beziehung arbeitest du *mit* der Straße anstatt *gegen* sie. Sich mit seiner Angst zu befassen und seine Konzentration zu maximieren, sind beides Fähigkeiten, die zum Erreichen der richtigen Haltung nötig sind. Sie sind notwendig, um Fähigkeiten zu erlernen und den Fahrstil zu verbessern. Unglücklicherweise mangelt es vielen geschickten Fahrern an einer positiven Beziehung zur Straße. Obwohl du dir deine Verwandten nicht aussuchen kannst, kannst du entscheiden, welche Beziehung du zu ihnen haben willst. So ähnlich musst du entscheiden, welche Art der Beziehung du zur Straße haben willst.

Der legendäre Motorrad-Champion Bob Hannah ist ein großartiges Beispiel für jemanden, der weiß, wie er sich gegenüber der Straße verhalten muss. Hannah liebte Regenrennen. Dies lag nicht etwa daran, dass er es genoss, nass und schmutzig zu werden, sondern weil er wusste, dass alle anderen es hassten. Er hatte erkannt: Wenn er die Sache mit der richtigen Haltung anging, hatte er einen großen Vorteil gegenüber vielen seiner Konkurrenten. Nach mehreren Meisterschaftstiteln ist es schwierig, seinen Gedankengang zu bestreiten.

Wie kannst du nun eine positive Beziehung zur Straße gewinnen? Der vielleicht beste Weg ist der Einsatz der Visualisierungstechnik, um dich in die richtige Geisteshaltung zu bringen. Bevor ich fahre, denke ich über positive zurückliegende Erfahrungen nach – Zeiten, als ich großartige Fahrten hatte und alles wunderbar zu klappen schien. Ich schließe meine Augen und erinnere mich, wie die Straße und die Szenerie aussahen, wie die Luft roch und welche Geräusche ich hörte. Ich tauche vollständig in mein Gedächtnis ein, bis ich fühle, dass ich tatsächlich dort angekommen bin. Während der Reise durchs Innere finden physiologische Veränderungen statt, die meinen Geist frei machen und meinen Körper sich automatisch entspannen lassen. Nachdem ich mein Gedächtnis beschworen habe, sage ich meine liebsten positiven Bestärkungen laut auf. Ich spreche – und denke nicht nur – Phrasen wie: »Ich bin eins mit dem Motorrad« und »Der kosmische Rhythmus fließt durch mich«. Ich gebe zu, dass dies etwas merkwürdig klingt, aber es ist ein erstaunlich effektiver Weg, sich auf das Hier und Jetzt zu konzentrieren, was dir natürlich eine positive Beziehung zur Straße bringt. Wenn ich zum Beispiel sage, »Ich bin eins mit dem Motorrad«, stelle ich mir eine solch enge Verbindung zur Maschine vor, dass ich nicht weiß, wo sie aufhört und ich anfange.

Eine positive Beziehung zur Straße schließt auch das Wissen darüber ein, wie man mit dem Straßenverkehr umgeht. Im südlichen Kalifornien, wo Motorräder im zähen Verkehr legal zwischen Autos vordrängeln dürfen, ist es unumgänglich, dass deren Fahrer die richtige Einstellung haben. Als ich 1992 nach Kalifornien zog, war ich erschrocken von diesem engen Fahrbahn-Teilen. Ich dachte bei Autos eher an Feinde und hatte mehrere Beinahe-Unfälle, die mich ziemlich ängstlich werden ließen. Doch mit der Zeit begann ich meine Haltung zum Verkehr zu ändern, und ich fühlte mich eher in einem Ausweich-Spiel. Jetzt habe ich selten Beinahe-Zusammenstöße, und wenn doch, flippe ich nicht aus oder gerate in Panik. Ich mache einfach das, was nötig ist, um einen Unfall zu vermeiden. Dies macht mich zu einem wesentlich sichereren Fahrer, denn ein momentaner Konzentrationsausfall kann immer fatal enden.

Genuss

Der letzte Faktor beim Finden der richtigen geistigen Einstellung ist die Fähigkeit, das zu genießen, was man macht. Du musst das Trainieren der Fähigkeiten genießen. Diejenigen, die wie ich einen gewissen Kampfgeist besitzen, können ihn in ihr Training einbringen. Denke nur daran, den Wettbewerb nicht zu ernst zu nehmen, sonst wirst du deine Motivation zum Training schließlich verlieren. Es ist schön, gegen andere oder auch nur gegen die Stoppuhr anzutreten, aber mache es im Geiste eines Spiels. Wenn ich dir zum Beispiel sage, 3 Meter nach vorne, dann 5 Meter nach links und danach 6 Meter zurück zu laufen, wirst du denken, dies sei eine reichlich langweilige Übung. Wenn ich dir jedoch einen Tennisschläger in die Hand drücke und dir Bälle zuwerfe, wird die gleiche Aktivität eine Menge Spaß bereiten. Dies ist die Kraft des Spiels. Denke dir Wege eines spielerischen Motorradfahrens aus, indem du Übungen entwirfst, die Tempo, Zeit und Positionen zum Ziel haben.

Wenn du mit einem Freund zusammen lernst, darfst du dich nicht so sehr in den Zweikampf ziehen lassen, dass du vergisst, dass du zum Trainieren unterwegs bist. Weil verschiedene Leute mit unterschiedlichem Tempo lernen, ist es wichtig, andere nicht zu zwingen, schneller zu werden als sie lernen können. Diskutiert im Voraus eure Ziele, und seid euch beide darüber im Klaren, was ihr macht und warum ihr es macht.

Der Buchautor Herb Cohen hat die beste innere Einstellung so beschrieben: »Ich gebe mir Mühe, aber nicht zu viel.« Bemühe dich mit anderen Worten beim Trainieren, die besten Leistungen zu erzielen, aber nicht so viel, dass es dich ärgert, wenn du nicht den erwarteten Fortschritt machst.

Wenn du die richtige Haltung hast, wird alles leicht, und du bist in der Lage, deine Erfolge genauso wie deine Versäumnisse zu genießen. Auf die eine oder andere Art wirst du etwas Neues lernen. Sowohl Erfolge als auch Misserfolge sind wichtig, um den Geist daran zu hindern, übertrieben selbstbewusst und leichtsinnig oder zu unsicher und unschlüssig zu werden.

7 Sicht

Die Mehrzahl aller während einer Motorradfahrt getroffenen fahrerischen Entscheidungen basieren auf optischen Informationen. Grundsätzlich sollten deine Augen gut in Form oder mit entsprechenden Korrekturlinsen bestückt sein. Allerdings ist es genauso wichtig, wie du deine Augen benutzt. Die Augen geschickt einzusetzen, erfordert etwas Verständnis dafür, wie du auf etwas reagierst, was du siehst.

Suchscheinwerfer contra Flutlicht

Was du optisch wahrnimmst, hängt nicht nur von den vorhandenen Lichtverhältnissen, sondern auch davon ab, worauf du dich konzentrierst. Manche Leute entscheiden sich dafür, die Welt wie mit einem Suchscheinwerfer zu beleuchten, der jeweils einen kleinen Bereich detailliert hervorhebt, während andere sozusagen per Flutlicht einen größeren Bereich mit geringerer Intensität ausleuchten.

Im westlichen Bildungssystem wird viel Wert darauf gelegt, die Details des Lebens zu entdecken. Wir nutzen Mikroskope und Teleskope, um nahe und ferne Dinge zu begutachten. Wir nutzen Computer, um die Welt in digitale Informationen zu zerlegen und diese zu analysieren. Wir sind im Wesentlichen darauf konditioniert, uns auf den Suchscheinwerfer zu verlassen und das Flutlicht zu vergessen.

Als ich aufwuchs, war das einzige Flutlicht-Training, das ich genoss, die Fahrschule. In den Fünfzigern wurde in den USA das Smith Driving System entwickelt, unter dessen Lehrsätzen für gutes Fahren einer war, der »Verschaffe dir stets den Überblick« lautete. Tatsächlich hatte Smith Recht. Deine Wahrnehmung wie ein Flutlicht zu benutzen, entspannt dein »Geschwindigkeitsgefühl« und erlaubt dir, potenzielle Gefahren und Ausweichmöglichkeiten besser zu erkennen.

Gefühlte Geschwindigkeit

Es ist wichtig, eine Unterscheidung zwischen deinem tatsächlichen und deinem gefühlten Tempo zu machen. Dein Geist kann dir allerlei Tricks vorspielen, wenn du dich während einer Fahrt auf deine Suchscheinwerfer-Sicht verlässt. Wenn du beispielsweise auf dem fahrenden Motorrad direkt nach unten siehst, scheinst du mit einer Million Kilometer pro Stunde unterwegs zu sein. Wenn du dann deinen Fokus änderst und dir die Berge am Horizont anschaust, fühlt es sich an, als würdest du dich kaum bewegen, obwohl sich dein Tempo tatsächlich nicht geändert hat.

Keith Code erzählte mir einmal von einem Experiment, das er selbst durchgeführt hatte. Er nahm ein Stück Papier, schnitt zwei Augenlöcher hinein und versuchte, mit dem Auto zu fahren, während er nur durch diese kleinen Öffnungen sah. Er sagte, dass selbst geradeaus auf einer leeren Straße zu fahren schrecklich sei, wenn man nur durch die kleinen Löcher sehen kann, denn das gefühlte Tempo steigt so enorm an.

Wenn du schneller fährst als du es psychologisch bewältigen kannst, entwickelst du ein ähnliches Gefühl dafür, dass die Dinge sich zu schnell bewegen. Es wird Zielfixierung genannt,

unkorrekt

korrekt

Auch professionelle Rennfahrer schauen nicht immer in die Kurve, und sie sind genauso anfällig für Verspannungen wie jeder andere, wenn sie nicht sehen können, wo sie sind. Beachte, wie Miguel DuHamel (unten) in die Kurve schaut, während sein rechter Arm völlig entspannt ist. Kurtis Roberts (oben) schaut dagegen in der gleichen Kurve geradeaus, während sein rechter Arm angespannt ist und sein Ellbogen in Motocross-Manier nach oben zeigt.

und es entsteht, wenn du deine gesamte Perspektive auf den Suchscheinwerfer-Blick verengst. Als Resultat wirst du das Gefühl haben, Dinge würden sich viel zu schnell bewegen. Das Mittel gegen Zielfixierung ist das Erweitern der Perspektive zum Flutlicht-Blick, denn je größer der Blickwinkel ist, desto langsamer scheinen sich die Dinge darin zu bewegen. Das Erweitern deines Blickwinkels erfordert sicherlich Praxis. Aber es lohnt die Mühe, denn je weiter du in eine Kurve hineinschaust, desto besser kommst du heraus.

Der Blick durch die Kurve

Es gibt drei wichtige Gründe dafür, so weit wie möglich in die Kurve hineinzublicken. Für Anfänger gilt: Je weiter man schaut, desto eher wird man irgendwelche potenziellen Gefahren erkennen und desto eher ist man in der Lage, Möglichkeiten für früheres Beschleunigen zu erspähen. Der zweite Grund liegt darin, die empfundene Geschwindigkeit zu verringern, was langfristig dazu führt, die Beklemmung zu lösen, die man vor Kurven hat. Dies erlaubt deinem Körper, locker zu bleiben und

Vor dem Hineinfahren in eine Kurve ist es entscheidend, dass man so weit wie möglich in sie hineinblickt. Dies entspannt dein Geschwindigkeitsgefühl und bereitet dich auf das vor, was auf dich zukommt.

ermöglicht deinem Geist, den Überblick zu behalten. Der dritte Grund dafür, weit genug in die Kurve zu blicken ist der, dass dein Körper natürlicherweise in die Richtung gehen will, in die du schaust. Deswegen bewegen sich Fahrer auch oft genau dorthin, wohin sie schauen, wenn sie ein Ziel fixieren – egal was es ist. Du fährst also mit anderen Worten dorthin, wohin du schaust.

Natürlich musst du vor dem Blick in die Kurve zuerst entscheiden, wo dein Einlenkpunkt sein soll. Dies erfordert einen kurzen Fixier-Blick, dem ein Umschalten auf den Flutlicht-Blick in die Kurve folgt. Code nennt diesen schnellen Blickwechsel »die zwei Stufen«.

Das beste Training für den Blick durch Kurven ist, auf einem freien und sauberen Parkplatz einen Kreis zu malen und einen Freund in die Mitte zu stellen. Du solltest eine ganze Umrundung lang in der Lage sein, ihn anzusehen. Er wird in der Lage sein, dir zu sagen, ob du in Panik gerätst und nach vorne schaust, weil er deine Augen beobachtet. Dies ist anfangs wesentlich schwieriger als es klingt, aber es kann ziemlich schnell gelernt werden. Ich empfehle, es bei sehr niedrigem Tempo zu beginnen, bis du die Übung in Ruhe durchführen kannst. Es ist nicht nötig, schnell zu werden, da die wichtige Sache hier das Trainieren des Kopfes ist, sich weit genug zu drehen, um die Mitte des Kreises wahrnehmen zu können.

Nimm dir Zeit, die Übung zu trainieren, bis du sie mühelos beherrschst. Diese Fähigkeit ist eine Verbesserung jeder Kurventechnik, also solltest du sie dir erarbeiten, bevor du irgendetwas anderes ausprobierst. Die gute Nachricht ist, dass nach dem Beherrschen des Blicks durch die Kurve alles andere viel leichter erscheint.

8 Linienwahl

E s gibt keine perfekte Linie oder Bahn für jede Kurve. Geschwindigkeit, Straßenzustände, Gefahren und das Fahrergeschick spielen bei der Auswahl der Fahrlinie in einer speziellen Kurve eine Rolle. Nachdem ich Hunderte von Lehrgangsteilnehmern – ob Straßen- oder Rennfahrer – trainiert habe, fand ich heraus, dass es drei primäre die Fahrlinien betreffende Fehler beim Durchfahren von Kurven gibt. Alle können mit etwas Wissen und etwas Selbsteinschätzung leicht korrigiert werden.

Das erste Problem ist das zu frühe Einlenken. Nicht schnell genug am Kurveneingang einzulenken, ist das zweite Problem. Und das dritte liegt darin, während der Fahrt durch die Kurve zahlreiche Korrekturen durchzuführen. Ich werde jedes dieser verbreiteten Probleme ansprechen, die übrigens sowohl von Experten als auch von Anfängern begangen werden. Ich werde auch einige wirkungsvolle Linien beschreiben, die bei gegebenen perfekten Umständen funktionieren. Außerdem werde ich auf andere Möglichkeiten hinweisen, die bei der Ausführung alternativer Taktiken genutzt werden müssen.

Vorzeitiges Einlenken

Viele Fahrer werden ängstlich, wenn sie eine Kurve erreichen. Sie machen sich dann Sorgen um ihr Kurveneingangstempo, wie hart sie bremsen müssen, und ob ihre Reifen genügend Traktion haben werden. Hierbei wird in ihrem Kopf die Kurve enger und enger, und es wird schwierig für sie, die angemessene Zeit zu warten, um die Kurve zu beginnen, und sie enden damit, dass sie zu früh in die Kurve einlenken (Abbildung 1). Wie im letzten Kapitel angesprochen, ist es wichtig, vor dem Angehen einer Kurve diese möglichst weit zu durchblicken. Dies macht es leider sogar noch schwieriger, die nötige Zeit zu warten, weil der Körper dorthin gehen will, wohin die Augen schauen. Es erfordert etwas Praxis, sich selbst zu trainieren, geradeaus zu fahren, wenn man irgendwo anders hinschaut, aber es zahlt sich sehr aus, für den Kurvenausgang bereit zu sein.

Die gute Nachricht ist, dass bei einem weiten Blick in die Kurve hinein deine empfundene Geschwindigkeit abnimmt. Dies führt langfristig dazu, dass sich die Anspannung beim

Erreichen der Kurve verringert. Es hilft dir auch, dich zu entspannen und deiner gewünschten Kurvenbahn zu folgen. Wenn du das große Bild im Blick hast, anstatt dich auf einen kleinen Fleck zu konzentrieren, wirst du die Kurve besser überblicken und alle Möglichkeiten in Betracht ziehen können, sicher hindurchzukommen.

Zu frühes Einlenken tritt häufig dann auf, wenn der Fahrer auf die Innenseite der Kurve fixiert ist. Wenn dieses anvisierte Ziel näher kommt, wird es oft fälschlicherweise als Referenzpunkt für das Einlenken in die Kurve genutzt. Eine Konsequenz aus dem zu frühen Einlenken ist, dass du auf eine Linie festgelegt wirst, die dich an die Außenseite des Ausgangs bringt und dir nur wenige Möglichkeiten lässt, in der Mitte der Kurve die Richtung zu ändern, wenn dies nötig werden sollte. Früh einzulenken, zwingt dich am Kurvenausgang weit nach außen, weil dir innen der Raum ausgeht, um die Kurve mit genug Schräglage zu schaffen. Dies bedeutet, dass du hinter dem Scheitelpunkt der Kurve noch viel lenken musst, sodass du im verbleibenden Bereich bis zum Ausgangspunkt zur vollen Schräglage gezwungen bist.

Wenn du schon am Punkt der maximalen Schräglage bist und es wird eine Korrektur der Linie erforderlich, wirst du außerdem an die Grenzen der Schräglagenfreiheit kommen und mit verschiedenen Bauteilen aufsetzen. Dies betrifft besonders Maschinen mit geringer Schräglagenfreiheit wie Cruiser, aber auch andere Maschinen, die mit zu viel Speed in die Kurve kommen.

Ein spätes Einlenken hilft Rennfahrern, Kurven schneller zu durchfahren, aber für Straßenfahrer ist diese Technik sogar noch wichtiger. Durch den höheren Geländegewinn vor der tatsächlichen Kurve kriegst du einen besseren Blick in die Kurve, *bevor* du dich für eine Linie entscheidest und dich darauf festlegst. Wie in Abbildung 1 zu sehen, bietet dir deine Blicklinie einen besseren Winkel, um (besonders in unübersichtlichen Kurven) Dinge wie entgegenkommende Fahrzeuge oder Hindernisse zu erkennen. Als allgemeine Faustregel gilt: besser zu langsam in die Kurve und schneller heraus als andersherum.

Zu hohes Eingangstempo führt üblicherweise zu vielen Fehlern in rascher Folge, und es kann leicht eine Reihe von Ereignissen auslösen, die zu einem Sturz führen. Das Verringern des Eingangstempos und tiefer in die Kurve hineinzufahren bietet dir einen besseren Überblick darüber, was auf dich zukommt. In der Lage zu sein, weiter in die Kurve zu blicken, erlaubt dir, die richtige Schräglage für den Bogen einzuschätzen, mit dem du die ganze Kurve durchschneiden möchtest, außerdem eliminiert es den Zwang, innerhalb der Kurve Korrekturen durchführen zu müssen. Wenn die Kurve sich zum Ausgang hin weitet, kannst du eher und härter Gas geben. Zieht sich die Kurve zu, wie jene in Abbildung 4, bleibt dir immer noch Zeit, dich anzupassen.

Langsames Lenken

Zu langsam in eine Kurve einzulenken (Abbildung 2), wenn man mit hohem Tempo unterwegs ist, kann die gleichen Konsequenzen haben wie zu früh einzulenken. Ohne einen zweiten gewagten Lenkimpuls riskierst du, am Kurvenausgang den Straßenrand zu verlassen. Rasches Lenken fühlt sich schwierig an, bis man es ausreichend trainiert hat. Viele Fahrer fürchten, dass ihr Motorrad unter ihnen wegrutscht, wenn sie es mit zu viel Kraft in die Kurve »stürzen«. Doch ist es außer bei rutschigen Straßenverhältnissen wie Regen oder Rollsplitt sehr unwahrscheinlich, dass jemand ein Motorrad einzig durch zu rasches Einlenken in die Kurve stürzen lässt. Dies gilt auch für die meisten Cruiser, deren Mangel an Schräglagenfreiheit die Kurvengeschwindigkeit begrenzt.

Schnelles Einlenken erlaubt dir auch, eher wieder Gas zu geben, was wiederum hilft, das Fahrwerk in der Kurve zu stabilisieren. Durch das Blicken in die Kurve und schnelles Einlenken am korrekten Punkt der Fahrbahn hast du nicht nur die harte Arbeit früher hinter dir, sondern du erkaufst dir auch Zeit, deine geplante Fahrlinie den Umständen entsprechend ändern zu können.

Fifty Pencing

»Fifty Pencing« ist der Begriff, den britische Motorradfahrer für das Durchführen zu vieler Richtungskorrekturen in der Kurve verwenden (Abbildung 3), weil diese Münze eine vieleckige Form mit mehrfach abgeflachten Rändern hat, die der Bahn mancher Fahrer durch eine Kurve ähnelt.

Eine solche vieleckige Kurve ist ein deutliches Zeichen für einen Anfänger bei der Arbeit. Ein Anfänger hat nicht genügend Erfahrung, um zu wissen, wie weit sein Motorrad eingelenkt werden muss, um die Kurve zu vollenden, also führt er Korrekturen durch, wenn er erkennt, dass sein ursprünglicher Impuls unzureichend war. Ein Neuling vergisst häufig, in die Kurve zu blicken, um zu sehen, wo er sie beendet. Indem er nur sieht, wo er in der nächsten Sekunde sein wird, neigt er dazu, auf diesen imaginären Punkt der Kurve zuzulenken. Wenn er aufblickt, erkennt er, dass er weiter einlenken muss, um durch die Kurve zu kommen. Deswegen wird er eine weitere Korrektur einleiten, doch wieder blickt er nur auf den nächsten unmittelbaren Punkt der Kurve. Er befindet sich mitten in einem ständigen Korrektur-Prozess.

Meist sind Anfänger noch nicht locker genug, das notwendige Einlenken in einer Bewegung durchzuführen. Natürlich haben aber auch reichlich erfahrene Motorradfahrer in einem geringeren Maß die gleichen Probleme.

Wenn du ebenfalls Fifty-Pence-Probleme hast, musst du deinen Blick aufrichten. Es gibt keinen Grund, auf den Boden zu schauen – er wird immer noch dort sein, wenn du die Kurve beendet hast! Schau stattdessen so weit wie möglich in die Kurve. Dann verschwinden alle imaginären Einlenkpunkte in

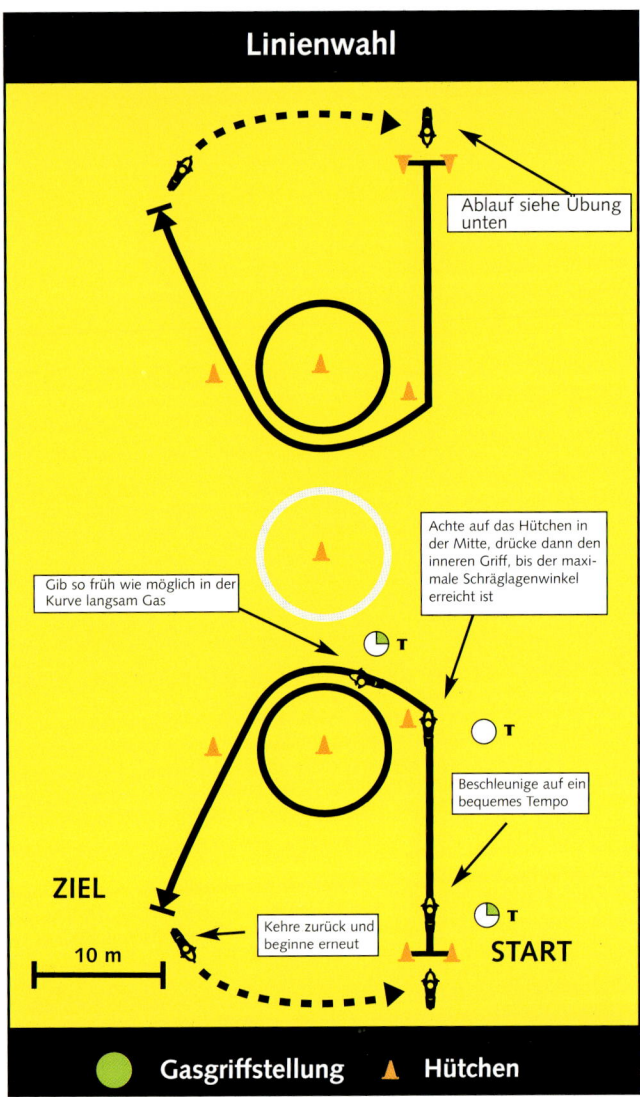

Linienwahl

Ablauf siehe Übung unten

Achte auf das Hütchen in der Mitte, drücke dann den inneren Griff, bis der maximale Schräglagenwinkel erreicht ist

Gib so früh wie möglich in der Kurve langsam Gas

Beschleunige auf ein bequemes Tempo

ZIEL

Kehre zurück und beginne erneut

10 m

START

🟢 Gasgriffstellung 🔺 Hütchen

---

eliminiert, kann man den Bogen durch die Kurve erweitern und sich so ein höheres Tempo oder mehr Sicherheit erlauben. Durch das Verzögern deines Eingangspunktes und schnelles Gegenlenken, um das Motorrad so rasch wie möglich in die maximale Schräglage zu bekommen, wirst du die Kurve effektiv »begradigen«, wie es in den Abbildungen zu sehen ist. Jedes Mal, wenn du einen Lenkimpuls durchführst, fügst du einige Grade Risiko hinzu. Also ist es am besten, die absolute Anzahl der Impulse in jeder Kurve zu minimieren. Wenn du durch die Kurve fährst, wird leichtes Gasgeben die Federung stabilisieren. Wenn sich die Kurve wieder öffnet, kannst du beim Herauslenken mehr Gas geben, um der Maschine beim Aufrichten zu helfen und dein Ausgangstempo zu erhöhen. Eine weitere Konsequenz des schnellen Einlenkens ist, dass die Zeit des Kippens minimiert wird. Jede Kurve benötigt ein bestimmtes Maß an Lenkung und Schräglage. Je schneller dies getan ist, desto schneller ist die gewünschte Fahrlinie erreicht. Je mehr Schräglage du hast, desto instabiler wird das Motorrad und desto schlechter lässt es sich handhaben. Bei starker Schräglage vom Gas zu gehen oder zu bremsen, wird das Motorrad aufrichten und aus der Kurve tragen. Solche Aktionen sind kombiniert mit zu viel Tempo die Vorboten eines Crashs.

Betrachte die Distanz, die du überbrückst, während du in voller Schräglage liegst, als »Gefahrenzone«. Je länger du in maximaler Schräglage bleiben musst, desto länger bist du gefährdet und desto weniger bist du vorbereitet, irgendwelche unerwarteten Komplikationen wie Hindernisse oder Gegenverkehr auf der eigenen Fahrbahn handhaben zu können.

Das Erzeugen der Ideallinie durch eine Kurve beginnt mit der Auswahl des Einlenkpunktes. Dies ist die Position auf der Fahrbahn, wo du mit dem Gegenlenken beginnst, um in die Kurve einzulenken. Sich bei jedem Erreichen einer Kurve einen Einlenkpunkt auszusuchen ist besser, als auf einen zu warten, der dir entweder durch zu hohe Geschwindigkeit oder die Unfähigkeit, weit genug in die Kurve hineinsehen zu können, aufgezwungen wird. Durch Vorausplanung behältst du deine Maschine unter Kontrolle.

Auf einer Rennstrecke sind Kurven etwas leichter zu prognostizieren, schließlich wiederholen sie sich dort ständig. Wenn man jedoch eine kurvige Bergstraße abfährt, werden deine Einlenkpunkte weniger exakt sein, als es auf der Rennstrecke möglich ist. Doch dies bedeutet nicht, dass sie unbestimmt sein müssen. Stattdessen sollten sie speziell für die Straßenzustände, dein Tempo und den erwarteten Radius der sich nähernden Kurve ausgewählt werden. Das Einrichten guter Einlenkpunkte ist eine Fähigkeit, die etwas Versuch-und-Irrtum sowie Training bei niedrigem Tempo erfordert. Eine unbekannte Gebirgsstraße entlangzurasen, ist nicht der beste Zeitpunkt, mit dem Ausprobieren verschiedener Einlenkpunkte zu beginnen. Das Auswählen eines Einlenkpunktes lehrt dich auch, langsame Lenkimpulse zu vermeiden, die innerhalb einer Kurve zu viel wert-

deinem Kopf. Der gewonnene Überblick versetzt dich in die Lage, einen durchgehenden Bogen durch die Kurve zu planen und diesem zu folgen. Als zusätzlichen Bonus wirst du in der Lage sein, das zu sehen, was im Voraus auf dich wartet, und dich vorbereiten können.

Bogen gleich Geschwindigkeit

Es gibt keine perfekte Linie, die bei jedem in einer gegebenen Kurve gleich gut funktioniert, aber man kann über ein Ideal nachdenken, wenn man eine Linie auswählt. Eines der wichtigsten Dinge, die man im Gedächtnis behalten sollte, ist die Gleichung Bogen = Geschwindigkeit. Der Bogen, oder sein Radius, einer speziellen Kurve ist direkt proportional zu der möglichen Geschwindigkeit, mit der man ihn durchfahren kann. Je größer der Bogen, desto schneller kann man also fahren. Ein Bogen ist per Definition immer noch eine Kurve. Wenn man allerdings die drei zuvor erwähnten schlechten Angewohnheiten

volle Strecke kosten. Selbst wenn sich deine Entscheidung nicht als ideal herausstellt, ist das Auswählen eines Einlenkpunktes immer ein besserer Plan, als keine Auswahl zu treffen.

Reelle Linien

Ideallinien finden sich üblicherweise auf Rennstrecken. Auf der Straße herrscht die Wirklichkeit, und sie bietet eine Vielfalt an Ablenkungen und Gefahren, mit denen Motorradfahrer konfrontiert sind. Selbst dir bekannte Straßen unterliegen ständigen und unerwarteten Änderungen. Du musst darauf vorbereitet sein, hinter einer unübersichtlichen Kurve Sand, ein neu entstandenes Schlagloch, eine Ölspur, ein Auto, das deine Fahrbahn blockiert, oder irgendetwas anderes zu entdecken, das dich zwingt, deine gewählte Linie zu überdenken.

Beim Fahren auf öffentlichen Straßen ist es immer sinnvoll, auf das Unerwartete vorbereitet zu sein. Um dich vor einem Aufenthalt im Krankenhaus oder Schlimmerem zu bewahren, musst du stets einige Fahrlinien in Reserve haben.

Abbildung 1: Vorzeitiges Einlenken

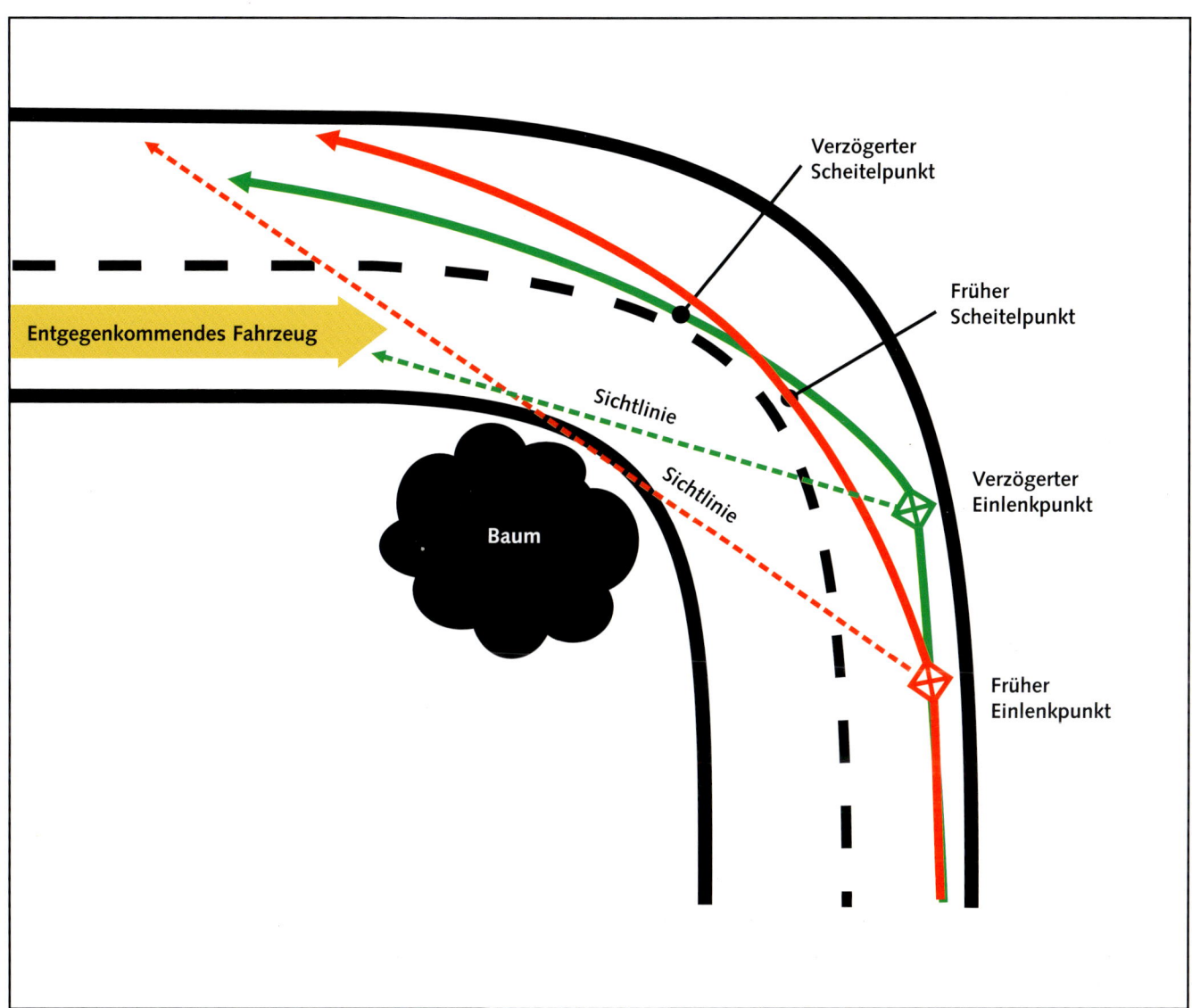

Der verbreitetste Fehler bei der Linienauswahl ist das zu frühe Einlenken. Es behindert nicht nur deine Möglichkeiten, um unübersichtliche Kurven herumzublicken, sondern es zwingt dich auch, am Kurvenausgang weit herauszuziehen; außerdem beschränkt es die Möglichkeiten von Korrekturen in der Kurvenmitte.

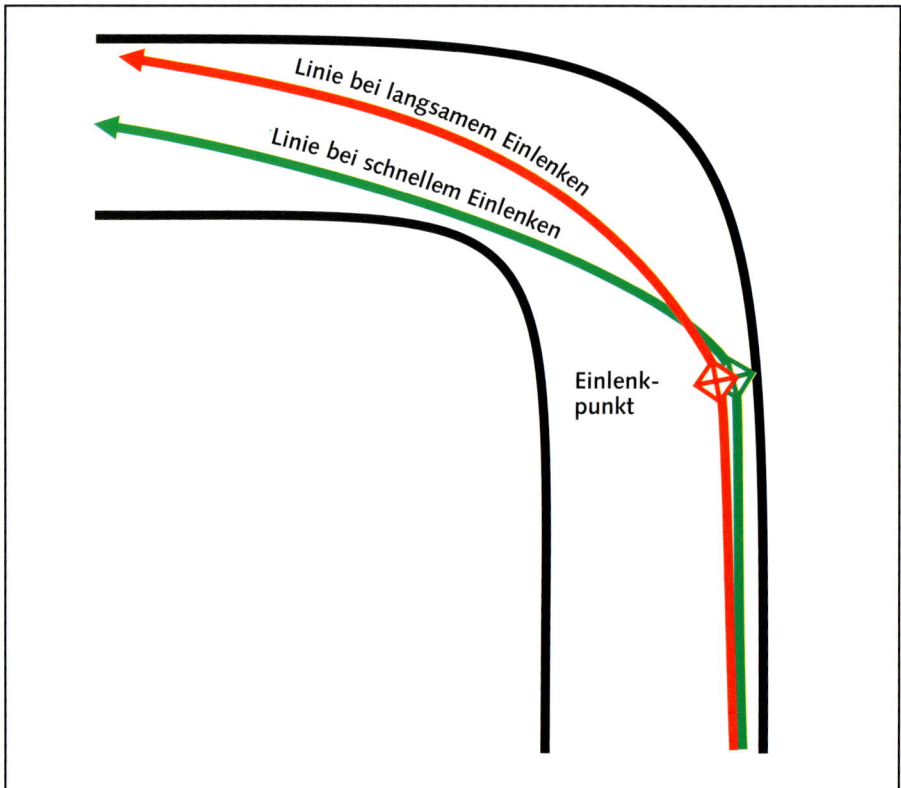

Ähnlich wie das vorzeitige Einlenken bewirkt langsames Einlenken in eine Kurve, dass du sie länger in maximaler Schräglage durchfahren musst.
Ein schneller Lenkimpuls kann einen Großteil des Lenkens früh in der Kurve erledigen.

Abbildung 3: Vieleckige Kurven

Das Ausführen mehrfacher Lenkkorrekturen in der Kurve ist das Erkennungszeichen eines Anfängers oder einer völlig falsch eingeschätzten Kurve.
Dieses Phänomen wird in England nach der vieleckigen Münze »Fifty Pencing« genannt.

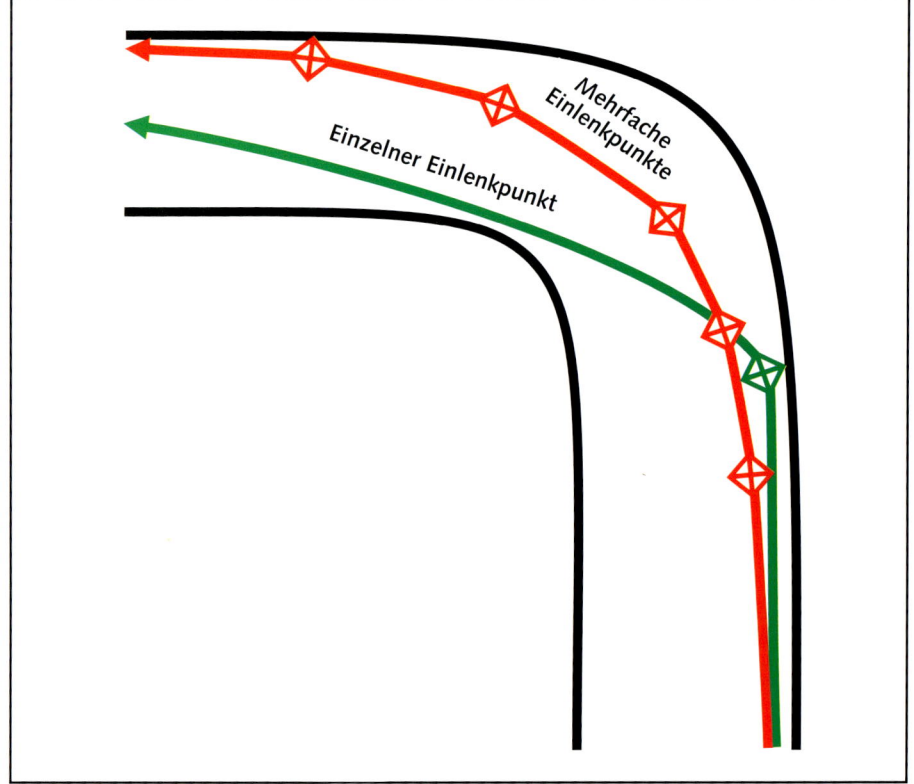

54

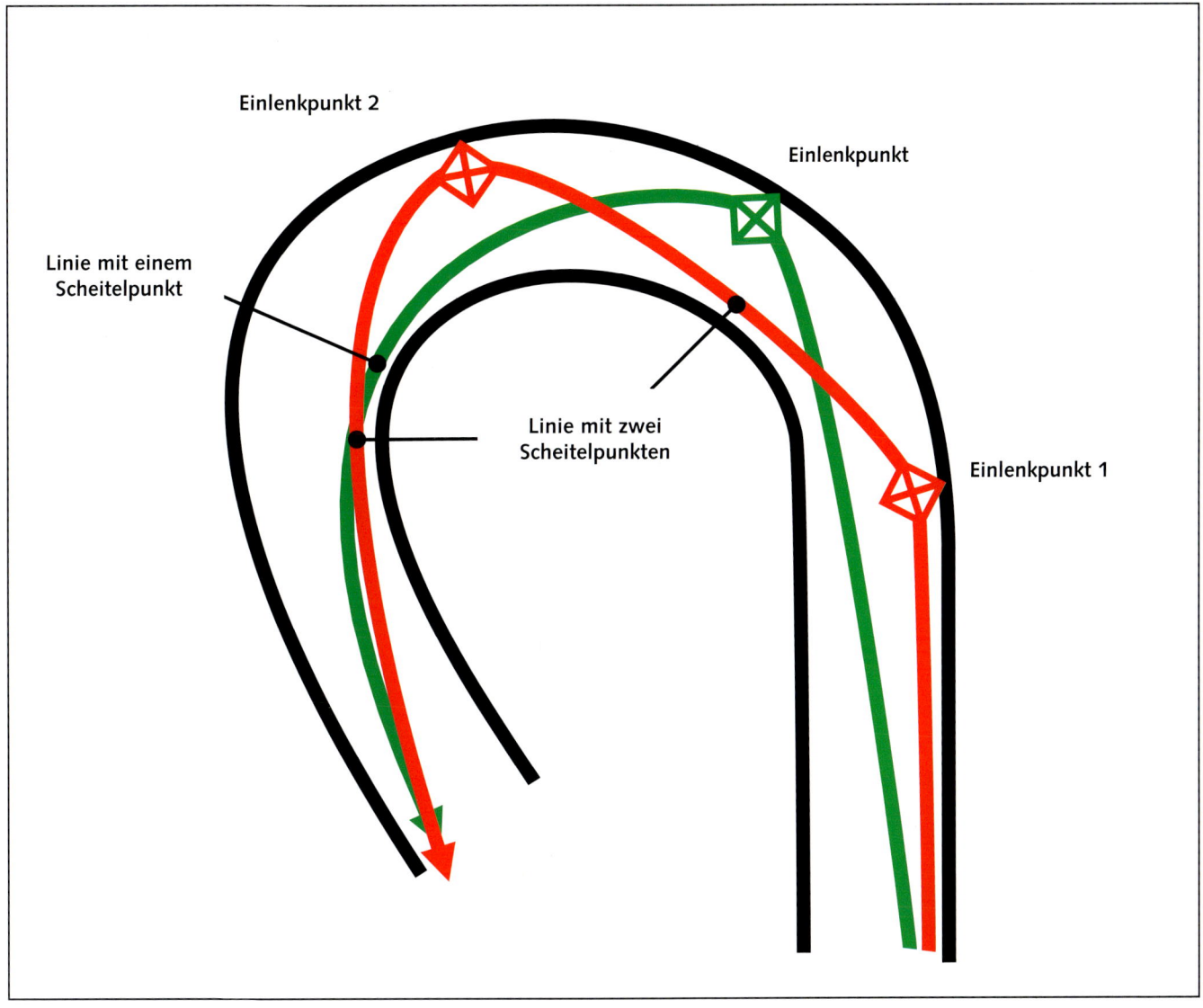

Die gefürchteten sich zuziehenden Kurven können auch einen erfahrenen Fahrer unter Druck setzen, wenn er nicht reichlich Schräglage in Reserve hat. Mithilfe eines verspäteten Einlenkpunktes können sie mit einem Einlenkpunkt sicher durchquert werden.

Keith Code bezeichnet dies als die »Schräglagen-Kreditkarte«. Wenn du zu viel Eingangs-Tempo hast, wirst du zu einem maximalen Schräglagenwinkel gezwungen, sodass Bauteile der Maschine auf der Straße schleifen und der Schräglagen-Kredit sein Limit zu überschreiten droht. Wenn außerhalb deiner Sichtlinie irgendeine Gefahr auftaucht, wird der Kredit überzogen. Um im Zweifel noch etwas tiefer gehen zu können, musst du einen gewissen Kreditspielraum einberechnen.

Ein langsameres Kurven-Eingangstempo erlaubt es dir, innerhalb der Kurve eine Lenkkorrektur zur Außenbahn vorzunehmen. Dies belässt noch etwas Schräglage in Reserve, sodass du Lenkkorrekturen zur Innenseite der Kurve vornehmen

kannst. Maximale Schräglagenwinkel und ein hohes Eingangstempo, um schnellstmöglich durch eine Kurve zu kommen, sind Dinge, die allerdings besser auf einer Rennstrecke trainiert werden sollten.

Andere Kurventypen

In der Realität gibt es viele trickreiche Kurven, die ein tieferes Verständnis von Fahrprozeduren erfordern, wenn du sie richtig nehmen willst. Eine der schwierigsten Typen ist eine Kurve mit sich verringerndem Radius (Abbildung 4). Beim Einfahren in eine unübersichtliche Kurve besteht immer die Möglichkeit, dass sie sich zuzieht. Zwei Trainingsmethoden helfen, diesen

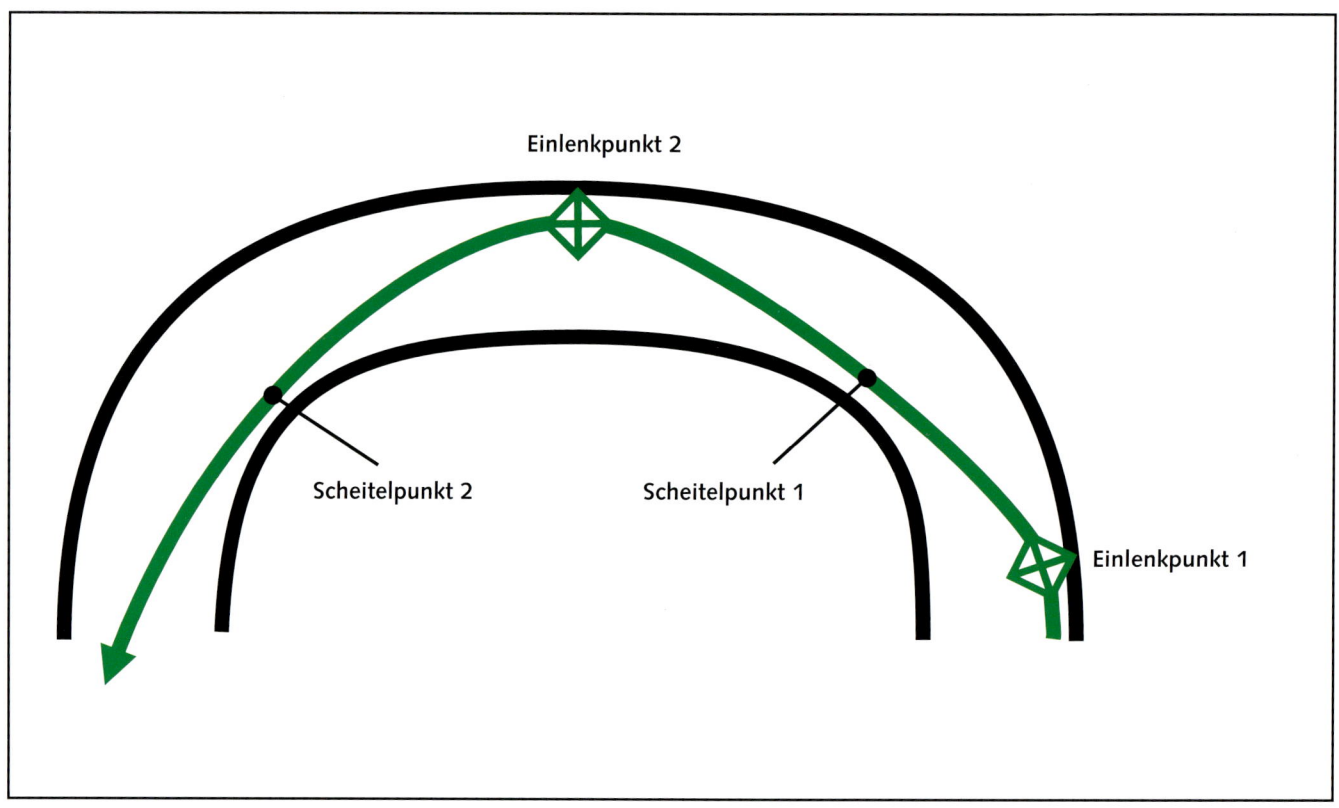

Kurven, die zwei oder mehrere Scheitelpunkte zum Durchfahren erfordern, gibt es in verschiedensten Formen und Größen. Der Schlüssel für eine gute Durchquerung liegt darin, die Einlenkpunkte so weit wie möglich im Voraus zu planen, bevor sie dir aufgezwungen werden, wenn du sie am wenigsten erwartest.

Kurventyp zu nehmen: der Einsatz eines langsameren Eingangstempos und die Wahl eines späten Einlenkpunktes.

Als Faustregel gilt, dass beim Durchfahren einer Kurve, deren Innen- und Außenränder zusammenzulaufen scheinen, sich deren Radius verengt. Wenn die Fahrbahnränder auseinander laufen, beginnt die Kurve sich zu öffnen. Dies bedeutet, dass sich der Radius vergrößert und du in der Lage bist, das Gas früher und weiter zu öffnen.

Ein anderer nicht normgerechter Kurventyp ist derjenige, der einen doppelten Scheitelpunkt erfordert (Abbildung 5). Eine Kurve mit doppeltem Scheitelpunkt erfordert per Definition während der Durchfahrt mindestens eine Korrektur. Du kannst deine Bahn durch erhöhten Druck am inneren Lenkerende oder ein leichtes Öffnen des Gasgriffs korrigieren. Wenn du stark bremsen musst, ist dies wahrscheinlich das Resultat von zu hohem Eingangstempo oder einer unübersichtlichen Kurve, in der du nicht genügend Schräglagenwinkel-Reserve für das Unerwartete gelassen hast.

Linien trainieren

Du kannst immer etwas über die Fahrlinien lernen, wenn du eine Kurve einfach durchfährst. Eine deutliche Verbesserung deiner persönlichen Erfolgskurve wird sich jedoch nur einstellen, wenn du eine überlegtere Herangehensweise wählst. Die sicherste und billigste Methode bleibt es, auf einem verlassenen Parkplatz mit guter Traktion Hütchen aufzustellen. Durch das Ausprobieren mehrerer unterschiedlicher Einlenkpunkte und Linien durch deine Trainingskurve wirst du schnell sehen, was mit deinem Motorrad und bei deinem Fahrstil am besten funktioniert. Benutze Hütchen, um die Punkte zu markieren, an denen du zu bremsen beginnst und die Bremse wieder löst, außerdem um anzuzeigen, wo du das Gas wieder öffnest. Das Trainieren derselben Kurve mit unterschiedlichen Geschwindigkeiten wird dir helfen, deine Schwächen zu finden und diese mit etwas Geschick zu eliminieren.

Beginne mit einer Kurve, die einen konstanten Radius hat, und trainiere, nur einen Einlenkimpuls zu nutzen. Wenn du dich

Die Auswahl einer richtigen Linie erfordert mentale Vorbereitung und einen guten Blick dafür, wo du einlenken sollst.

in dieser »Standard-Kurve« wohl fühlst, legst du eine mit einem sich zuziehenden Verlauf oder einem doppelten Scheitelpunkt fest. Beginne mit langsamem Tempo und experimentiere mit verschiedenen Einlenkpunkten, bis du dich wohl fühlst.

Versuche schrittweise dein Eingangstempo zu erhöhen, indem du zwar die gleichen Einlenkpunkte beibehältst, aber einen stärkeren Einlenkimpuls ausführst, mit dem du dann in der Lage bist, das höhere Tempo zu kompensieren.

9 Gasgriff-Kontrolle

Das wichtigste Bedienungselement deines Motorrades ist der Gasgriff, denn er hat Einfluss auf sehr viele Aspekte der Maschinen-Handhabung – darunter Traktion, Federung, Gewichtsverlagerung, Lenkung, Stabilität, Bodenfreiheit und natürlich die Geschwindigkeit. Das Wissen über seinen richtigen Einsatz macht einen der Unterschiede zwischen einem guten und einem großartigen Fahrer aus.

Die Wirkung des Gasgriffs

Für ein gutes Verständnis für die Bedeutung des Gasgriffeinsatzes musst du dir bewusst darüber sein, was mit dem Motorrad geschieht, wenn der Gasgriff in die eine oder andere Richtung gedreht wird. Zuerst bewirkt der Gasgriff natürlich eine steigende Motordrehzahl, die das Motorrad nach vorne treibt. Während dies stattfindet, kommen weitere Ereignisse hinzu.

Sei gegrüßt, mächtiger Gasgriff. Kein anderes Bedienungselement hat mehr Einfluss auf das Motorrad als diese simple kleine Vorrichtung.

Weil Motorradreifen variable Wölbungen haben, hängen deine Gangwechsel auch von der Schräglage ab. Wenn sich das Motorrad in die Kurve lehnt, wandert die Kontaktfläche an den Außenrand des Reifens, wo der Umfang kleiner ist – und dies ist das Gleiche, wie in einem niedrigeren Gang zu fahren, der die Motorumdrehung ansteigen lässt. Allerdings wird ein fixierter Gasgriff in dieser Situation nicht notwendigerweise die Drehzahl beschleunigen. Tatsächlich kann das Motorrad in manchen Kurven aufgrund des Geschwindigkeitsverlustes durch Luftwiderstand und Reifenhaftung langsamer werden, wenn du nicht ständig mehr Gas gibst. Dies gilt besonders für Hochgeschwindigkeits-Kurven, wo das Aufrichten der Maschine so viel virtuelle Übersetzung hinzufügt, dass selbst bei Vollgas ein Herunterschalten nötig wird.

Obwohl du vielleicht denkst, dass die Hinterradfederung in die Knie geht, wenn das Gewicht beim Beschleunigen nach hinten verlagert wird, hebt es sich tatsächlich an. Dies passiert aufgrund der Drehmomentreaktion des Hinterrades. Wie du zweifelsfrei aus Erfahrung weißt, will auch das Vorderrad beim Beschleunigen aufsteigen. Dies bedeutet, dass das Motorrad im Ganzen beim Beschleunigen höher wird. Für Maschinen mit einer beschränkten Schräglagenfreiheit kann dies in Kurven ziemlich nützlich sein, weil es die Bodenfreiheit erhöht, während es der niederdrückenden Wirkung der Zentrifugalkraft entgegenwirkt.

Obwohl du unter hoher Motorlast nur allmähliche Richtungswechsel einleiten kannst, passen schnelles Lenken und Vollgas aufgrund der oben genannten Gewichtsverlagerung

zum Maschinenheck nicht gut zusammen. Aus diesem Grund ist es am besten, alle raschen Lenkmanöver vor dem Aufreißen des Gasgriffs erledigt zu haben, wie es im Diagramm auf Seite 62 zu sehen ist.

Beim Zudrehen des Gasgriffs kippt die Maschine nach vorne und verlagert ihr Gewicht auf das Vorderrad. Dies zu schnell zu machen, ist auch bei geschickten Fahrern ein häufiges Ereignis. Je schneller du das Gas schließt, desto schneller und härter kippt das Motorrad nach vorne, und dies kann alle möglichen Arten von Handlingproblemen hervorrufen, wenn es zu einem unangemessenen Zeitpunkt stattfindet. Das Gleiche kann über das schnelle Lösen der Bremsen gesagt werden, das die gleiche Wirkung hat wie eine schnelle Betätigung des Gasgriffs. Das Kombinieren der letzteren beiden Aktivitäten, wie viele Novizen es zu tun pflegen, macht das Motorrad extrem instabil und Wheelie-anfällig. Die Korrektur liegt hierbei in einer Übergangszeit zwischen dem Ausführen beider Aktionen.

Einer der wichtigsten Aspekte, die bei der Federung bedacht werden müssen, ist ihre bessere Funktion in der Mitte des Federwegs. In der Kurve am Gas zu bleiben hilft, die Maschine in dieser Lage zu halten. Bei deiner nächsten Fahrt probierst du dieselbe Kurve einmal ausrollend und einmal unter leichter Last aus. Die Differenz in der Fahrwerkstabilität fühlt sich an wie der Unterschied zwischen Tag und Nacht. Wenn du diesen Vergleich einmal durchgeführt hast, wirst du nie wieder eine Kurve ohne Gas durchfahren wollen.

Jedem, der einmal das Vergnügen hatte, John Kocinski oder Freddy Spencer beim Angehen einer Kurve beobachten zu dürfen, sollte diese Technik bekannt sein. Als Kocinski in der 250er GP-Klasse fuhr, konnte er mit der Anmut eines Balletttänzers am Gas bleiben. Als er noch bei den US-Meisterschaften mitfuhr, sah ich ihn 1989 in Laguna Seca die weltbesten Fahrer hinter sich lassen. Ich bewunderte seine Fähigkeit, das Gas so sanft zu betätigen, dass ich nicht in der Lage war, zu sagen, wann er wieder Gas gab, denn es war keine Veränderung im Motorengeräusch zu hören. Die gleiche Finesse half Kocinski dabei, einen Superbike-Weltmeistertitel auf der zickigen Honda RC 45 zu gewinnen.

Spencer hatte womöglich eine noch bessere Gas-Kontrolle. In seinen Grandprix-Tagen war er in der Lage, Kurven so schnell zu durchfahren, dass er bei einem wegen Überlastung zu rutschen beginnenden Vorderrad das Motorrad dadurch am Stürzen hinderte, dass er gerade genug *mehr* Gas gab, um etwas Druck vom Vorderrad zu nehmen, sodass es wieder Grip erlangte – und alles ohne einen Highsider. Mit dieser Technik auf seiner Dreizylinder-Honda NS 500 hat er seine Gegner davon überzeugt, dieses Motorrad hätte aus der Kurve heraus ein besseres Drehmoment als die kräftigeren Vierzylindermaschinen. Tatsächlich besagen Gerüchte, dass die Erinnerung an diese Schlachten einer der Gründe dafür waren, dass Kenny Roberts eine Dreizylinder-Konfiguration für seine glücklosen 500er Modena-GP-Maschinen auswählte.

Der ehemalige Weltmeister der Superbike- und Viertelliterklasse
John Kocinski ist berühmt für seine meisterhafte Gasgriff-Kontrolle. Seine Hand war so geschickt, dass er tatsächlich in der
Lage war, mit einer merklich weicheren Einstellung der Federung
als andere Fahrer seiner Größe zu starten, denn er überforderte
sie nicht mit übermäßigen Gasgriffbewegungen.

Natürlich ist diese Fahrweise nichts für Normalsterbliche wie uns. Aber es zeigt dir, was möglich ist, wenn du viel Training mit außergewöhnlicher Sensibilität und schnellen Reflexen verbindest.

Kurvenausgänge

Eine gute Gasgriffkontrolle stützt sich auf ein sanft arbeitendes Kraftstoffversorgungssystem. Obwohl es heutzutage selten geworden ist, eine Vergasermaschine mit größeren Übergangsproblemen zu sehen, ringen viele mit Einspritzanlagen ausgerüstete Motorräder noch mit diesem Problem, sodass es gelegentlich schwierig wird, sanfte Lastwechsel hinzubekommen. In seiner Cycle World-Kolumne notierte Kewin Cameron einst Einspritzanlagen-Probleme mit Matt Mladins GSX-R 750. Nachdem er wiederholt Mladin beim Fahren durch eine Kurve beobachtet hatte, bemerkte Cameron, dass der Punkt, an dem Mladin wieder Gas geben konnte, deutlich weiter hinten lag als dies bei der Werks-Ducati eines anderen Fahrers der Fall war. Cameron vermutete, dass dies durch die Unfähigkeit der Einspritzanlage, beim ersten Öffnen des Gasgriffs eine ausreichend kleine Menge Benzin abzugeben, hervorgerufen wurde, sodass immer ein kleiner Ruck entstand. Deswegen musste Mladin warten, bis die Maschine sich weiter aufgerichtet hatte, um den Schlag ohne unkontrolliertes Aufschaukeln handhaben zu können. Dies ist wichtig, weil schnelles Fahren, besonders auf der Rennstrecke, von einem guten Kurvenausgangstempo abhängt.

Das Ausgangstempo wird in erster Linie von der Schräglage beeinflusst. Je schräger das Motorrad fährt, desto weniger kannst du den Gasgriff betätigen. Wie in der Tabelle auf Seite 62 zu sehen, stehen Schräglage und Gasgeben in negativer Wechselbeziehung zueinander. Wenn eines weniger wird, wird das andere aufgrund der begrenzten Traktion, die zur Verfügung steht, mehr. Wenn du es zu schwierig findest, das Gas früh zu öffnen, bist du zu schnell und solltest dein Eingangstempo für ein schnelleres Ausgangstempo zurücknehmen.

Die Menge des möglichen Gasgebens steigt, wenn sich das Motorrad aufrichtet, aber es ist eben besser, früher und langsamer damit zu beginnen, als zu warten und alles auf einmal zu tun. Wie vorher erwähnt, ist dies so, weil eine sanfte und dann stetige Erhöhung der Last die Federung in der Mitte des Federwegs hält, wohingegen ein rasches Aufreißen zusätzliche Probleme erzeugt. Nimm dir die Zeit für das Trainieren einer speziellen Gasgriffkontrolle, da dies dir hilft, die für deine Maschine und deinen Fahrstil nötige Rate der Gasgriffbetätigung zu finden.

Training

Die Kontrolle des Gasgriffs sollte zuerst auf einer Geraden trainiert werden. Man kann dies fast überall machen. Meine bevorzugten Übungen stammen von Freddy Spencers High-Per-

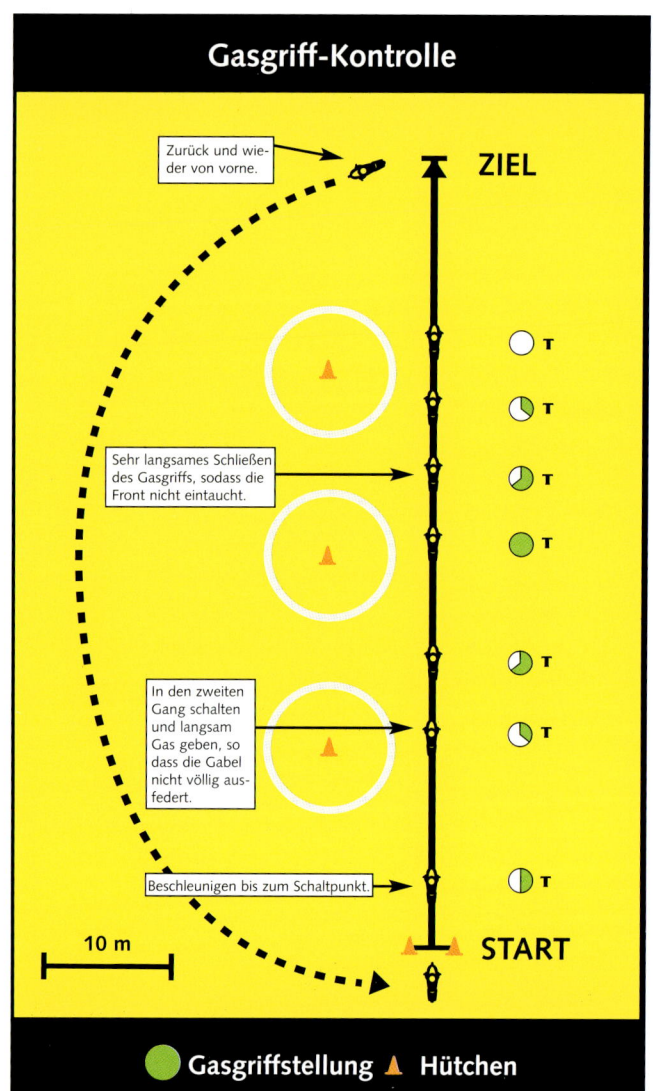

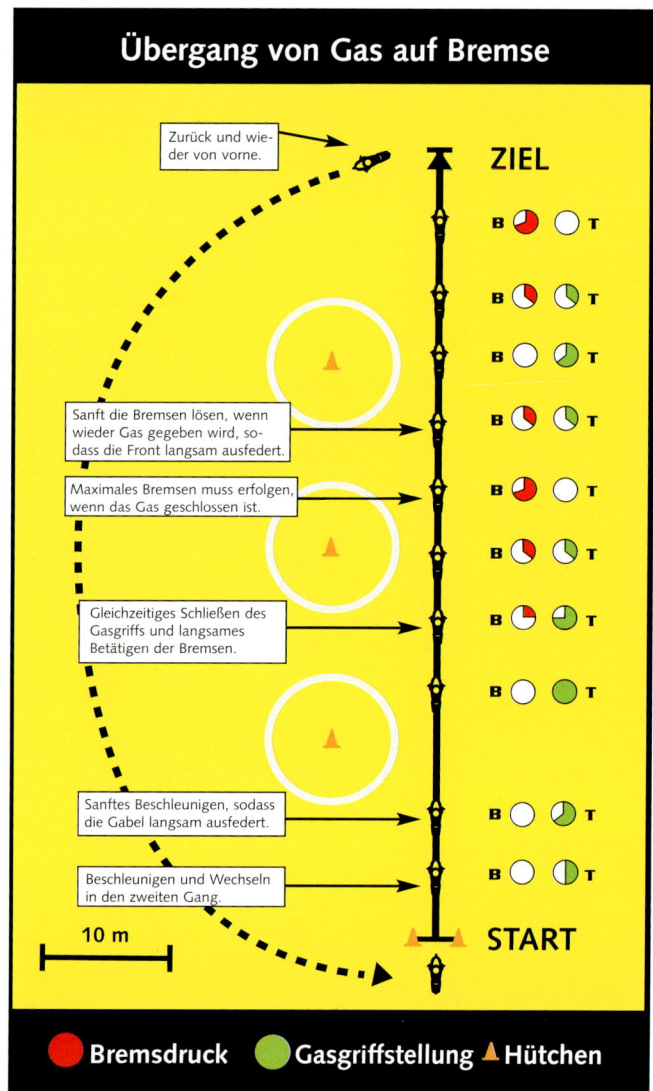

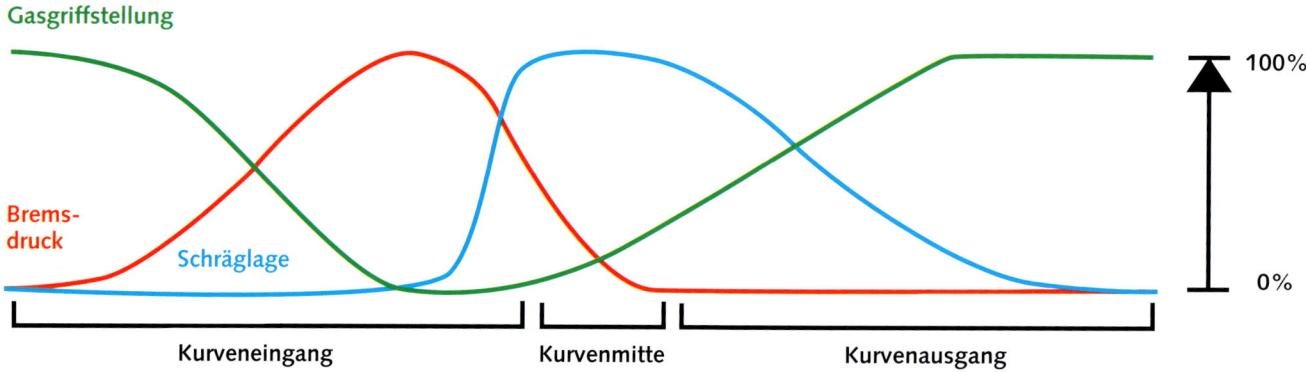

Diese Abbildung stellt eine Hochgeschwindigkeitskurve dar, wo der Fahrer am Eingang stark die Bremse schleifen lässt (siehe Kapitel 11). Beachte, wie rasch das Motorrad in Schräglage gebracht wird und dass bereits Gas gegeben wird, bevor die Bremsen vollständig gelöst sind. Dies hilft, die Gewichtsverlagerung nach hinten zu minimieren, sodass die Federung für eine bessere Traktion beim Beschleunigen ausgeglichen ist. Wie du siehst, ist die Betätigung des Gasgriffs am Kurvenausgang umgekehrt proportional zur Schräglage.

Die Spencer-Methode der Gasgriff-Kontrolle besteht darin, im Kurveneingang sehr langsam das Gas zu schließen, während gleichzeitig die Bremsen betätigt werden.

formance Riding School. Die Erste ist das Trainieren des sanften und langsamen Öffnens und Schließens des Gasgriffs. Wenn ich langsam sage, meine ich sehr langsam – besonders beim Schließen. Ich habe herausgefunden, dass das, was die meisten meiner Schüler als langsames Schließen des Gasgriffs bezeichnen, generell dreimal schneller ist als es sein muss. In der Tat scheint es quälend langsam zu sein. Du weißt, dass du es richtig machst, wenn die Federung sich ohne zu rucken kaum auf und ab bewegt. Für diejenigen Leser, die eine ältere Einspritzer-BMW oder irgendein anderes Motorrad mit rauem Standgas-Übergang fahren, wird es sehr knifflig, aber die Sache ist es wert.

Nach dem Meistern der langsamen und sanften Gasgriffbetätigung ist der nächste Schritt der Übergang zum Bremsen und zurück. Diesmal werden beim langsamen Schließen des Gasgriffs ebenso langsam die Bremsen betätigt. Dies bedeutet, dass du *gleichzeitig* verschieden stark Gas geben und bremsen musst. Dies klingt hart, vielleicht sogar absurd, doch du wirst erstaunt sein, wie sehr dies die Federung beruhigt und die Maschine vom nach vorne oder hinten Kippen abhält. Freddy Spencer gewann mit dieser Technik drei Weltmeisterschaften, also solltest du sie auch probieren, bevor du sie beurteilst.

10 Schalten

Einer der einfachsten Wege, den Erfahrungsstand eines Fahrers zu beurteilen, ist es, ihn beim Schalten zu beobachten. Weil während der Fahrt so oft der Gang gewechselt werden muss, und weil nachlässiges Schalten die Fahrt unbequem macht, lernen geschickte Fahrer, wie dies mit Gefühl geschieht. Allerdings nehmen sich auch viele routinierte Fahrer zu viel Zeit zum Schalten. Effiziente Gangwechsel sind wichtig, weil der Fahrer in der Zeit zwischen den Gängen besonders gefährdet ist. Wenn eine plötzliche Tempoänderung nötig wird, weil z.B. ein Auto in die Spur zieht, ist es lebenswichtig, in der Lage zu sein, unverzüglich beschleunigen zu können. Wenn du gerade mit dem Schalten beschäftigt bist, wirst du nicht in der Lage sein, bei einem Notfall davonfahren zu können.

Rennfahrer, besonders Dragster-Piloten, haben das Schalten zu einer Kunstform erhoben. Wenn man sich die Daten des Beschleunigungsmessers einer Rennmaschine ansieht, offenbart sich, dass während des Schaltprozesses unglaublich wenig Zeit – und damit Geschwindigkeit – verloren geht. Wenn du eine Gerade entlangfährst, führt dies zu besserer Beschleunigung. In einer Kurve bedeutet dies, dass man eine konstante Linie halten kann und die Federung am Ausfedern und dem damit verbundenen Verlust an Traktion und Kontrolle hindert. Wenn du den optimalen Schaltpunkt für deine Maschine finden willst, musst du sie in eine Werkstatt bringen, die mit einem Rollen-Leistungsprüfstand ausgerüstet ist. Der Schaltvorgang sollte an dem Punkt erfolgen, wo man den nächsten

Gang bei der Drehzahl erreicht, in dem das Drehmoment am höchsten ist.

Hochschalten

Schnelles und wirksames Hochschalten geht relativ leicht, wenn man sich die Zeit genommen hat, die Technik zu trainieren. Dabei sollte allerdings angemerkt werden, dass manche Motorräder (wie alle vor 1999 gebauten BMWs und Harleys, vor 2000 gebauten Moto Guzzis und Gold-Wings sowie alle Buells) niemals ohne größere interne und/oder externe Modifikationen gut geschaltet werden können. Aus diesem Grund sind all diese Maschinen im Serienzustand eine schlechte Wahl für wirklich sportliches Fahren, da man sich beim Schalten in Kurven nicht auf sie verlassen kann. Besitzer solcher Maschinen, die nicht in entsprechende – und oftmals sehr teure – Modifikationen investieren wollen, müssen ihre Schaltvorgänge weit im Voraus planen. Dies bedeutet, dass sie auf geringere Kurvengeschwindigkeit und kurzes Schalten – also das Wechseln der Gänge vor der Drehmomentspitze – vorbereitet sein müssen, damit Gangwechsel in der Kurve nicht nötig werden.

Die grundsätzliche Hochschalt-Technik beinhaltet zunächst ein Belasten des Schalthebels mit nur geringfügig weniger

Ein mit dem Fuß vorbelasteter Schalthebel reduziert den für das Schalten notwendigen Zeitaufwand deutlich. Auf der Rennstrecke bedeutet dies schnellere Rundenzeiten. Auf der Straße sorgt es für bessere Übergänge zwischen den Gängen und eine sanftere Fahrt.

Druck, als zum Wechseln der Gänge notwendig ist. Als Nächstes wird der Gasgriff etwa um ein Viertel seines Drehbereichs zurückgenommen. Hierbei setzt das auf das Getriebe wirkende Motordrehmoment kurzfristig aus, und der belastete Schalthebel lässt jetzt den nächsten Gang einrasten. Für das Erleichtern des normalen Schaltens bei Teillast hilft ein gleichzeitiger kurzer Zug am Kupplungshebel. Beim Schalten unter Vollgas ist keine Kupplung nötig; tatsächlich ist es für das Getriebe viel härter, wenn man in dieser Situation die Kupplung einsetzt, anstatt alleine der Schalthebel-Belastung den Job zu überlassen. Die meisten Fahrer sind beim ersten Mal erstaunt, wenn sie herausfinden, dass sie beim Schalten unter Volllast keine Kupplung einsetzen müssen. Diese Technik macht die Fahrt auch für Passagiere merklich sanfter.

Herunterschalten

Sportliches Herunterschalten ist etwas schwieriger als Hochschalten, und es erfordert etwas Übung. Der wichtigste Aspekt des Herunterschaltens liegt darin, die Motordrehzahl der Getriebedrehzahl anzupassen. Wenn der Motor zu langsam dreht, wird das Hinterrad zu hüpfen beginnen, wenn es darum kämpft, wieder Traktion zu gewinnen – und das kann in einem unangenehmen Sturz enden. Dies ist wahrscheinlich das Problem Nummer 1, dem Rennstrecken-Novizen gegenüberstehen, wenn sie beginnen, das schnelle Fahren zu erlernen.

Die korrekte Technik des Herunterschaltens schließt das Aufdrehen des Gasgriffs um den halben Öffnungsbereich ein, während die Kupplung vollständig getrennt ist, sodass die Mo-

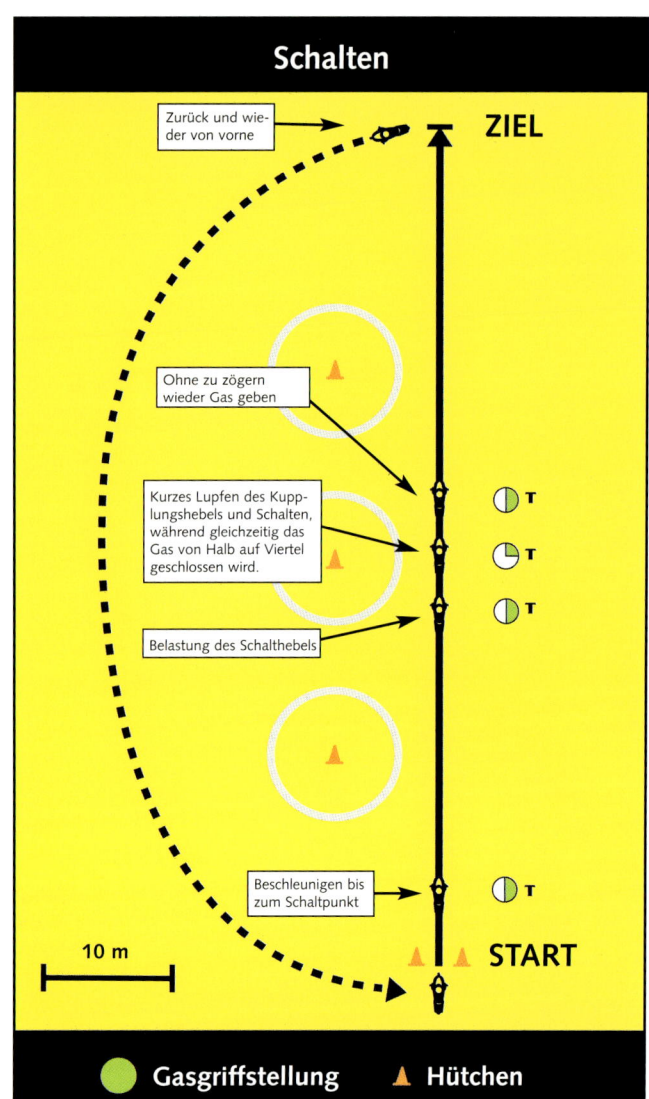

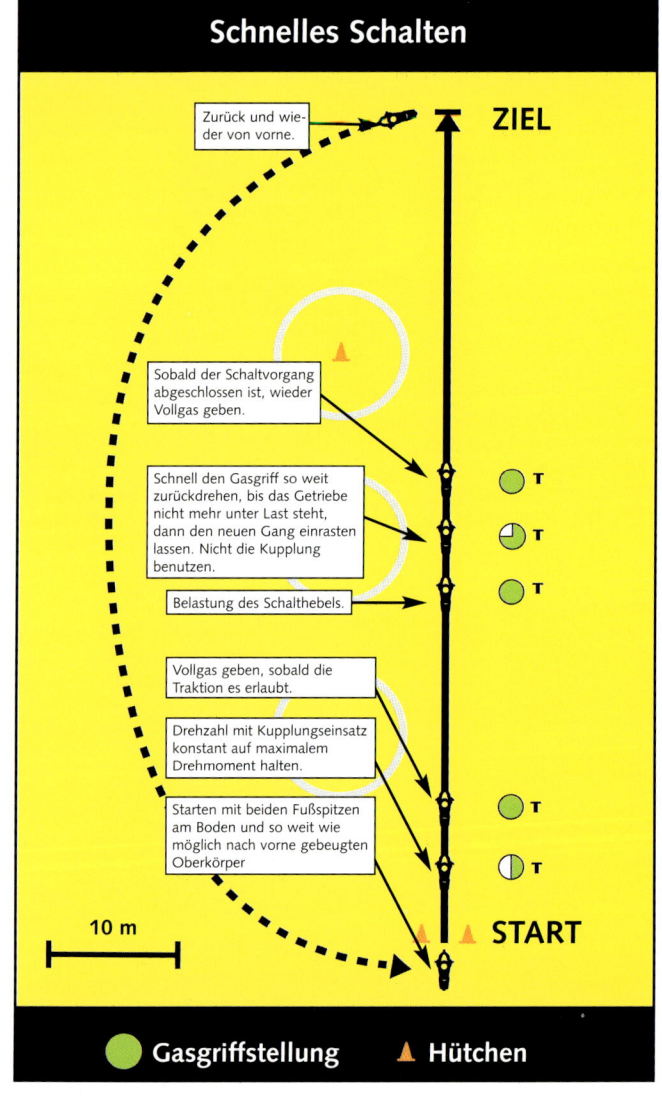

tordrehzahl rasch erhöht wird. Wenn die Kupplung wieder eingerückt wird, erfordert das neue Übersetzungsverhältnis eine höhere Drehzahl, um den Motor an die Getriebedrehzahl anzupassen. Obwohl es in dieser Situation möglich ist, den Motor zu hoch zu drehen, ist dies sehr unwahrscheinlich und hat zudem nur geringe negative Auswirkungen auf das Motorrad. Wenn man diese Technik zu erlernen beginnt, fährt man weit besser mit zu viel Drehzahl als mit zu wenig. Wenn man bei einem MotoGP- oder Superbike-Rennen genau hinhört, kann man beim Abbremsen vor einer Kurve diese Zwischengasstöße vernehmen. Zweitakter benötigen dies nicht, weil sie im Vergleich zu Viertaktern so wenig Kompression haben, dass ihre Piloten die Gänge einfach herunterschalten können, ohne sich Sorgen über ein stempelndes Hinterrad machen zu müssen. Hierbei sollte angemerkt werden, dass einige moderne Viertakter mit »Anti-Hopple«-Kupplungen ausgerüstet sind, die diese Neigung reduzieren und schnelles Herunterschalten eher verzeihen.

Dragster-Starts

Es benötigt ein mehrjähriges Training, um schnelle Starts zu meistern, und – schlimmer noch – jedes Motorrad erfordert eine etwas andere Prozedur. Allerdings scheint eine Technik bei allen Starts zu funktionieren: beide Füße von den Rasten und das Körpergewicht so weit wie möglich nach vorne zu verlagern. Dies lässt das Gewicht deiner Beine wie die Balancierstange eines Seiltänzers wirken, was besonders bei leistungsstarken Maschinen wichtig ist, die eine Tendenz zu Wheelies haben. Ich ziehe es außerdem vor, eine konstante Drehzahl zu halten und die meiste Arbeit durch die Kupplung erledigen zu lassen. Die genaue Drehzahl hängt vom Motorrad ab, und wie der Schaltpunkt sollte sie nahe an der Drehmomentspitze des Motors liegen. Je weniger Bedienungselemente du zur gleichen Zeit betätigen musst, desto effizienter wirst du an jedem Einzelnen sein.

Wenn hohe Wheelies auch cool aussehen und Spaß machen können, bringen sie doch keine schnellen Starts. Im Idealfall sollte das Vorderrad gerade über dem Boden gleiten. Dies ist der Punkt der höchsten Beschleunigung, an dem die größte Kraft auf einen gegebenen Radstand und Schwerpunkt ausgeübt werden kann. Je länger der Radstand und niedriger der Schwerpunkt, desto mehr Beschleunigungskraft kann ausgeübt werden – und deswegen sind Dragster so lang und flach. Wenn das Vorderrad mehr als ein paar Zentimeter über dem Boden abzuheben beginnt, wird zusätzliche Leistung die Maschine eher nach hinten überkippen lassen als sie weiter zu beschleunigen. Ein Weg, bei leistungsstarken Sportmaschinen mit kurzen Radständen das Abheben des Vorderrades zu verhindern, liegt darin, früher zu schalten (»Kurz-Schalten«), sodass der Motor im nächsten Gang unter seine Drehmomentspitze zurückfällt.

Wie alle Fertigkeiten erfordern auch Dragster-Starts viel Training, doch muss hierbei besonders auf den Kupplungsverschleiß geachtet werden. Es braucht nicht viele Trainings-Starts mit hohen Drehzahlen, um einen neuen Satz Kupplungsbeläge zu zerstören. Der Feind heißt Überhitzung, also muss der Kupplung zwischen den Starts Zeit zum Abkühlen gelassen werden. Dann hält sie wesentlich länger.

11 Bremsen

Das Bremsen ist eine der am meisten missverstandenen Fahrtechniken, und es gibt zu diesem Thema viele widersprüchliche Daten. Auf der einen Seite stehen die Physiker, die ihre Theorien gerne auf mathematischen Formeln basieren lassen, um zu erklären, was möglich ist. Auf der anderen Seite sind die Praktiker, deren Theorien auf vielen Kilometern realistischer Tests basieren. Ich falle in die zweite Kategorie, also werde ich die Physik auf ein Minimum reduzieren und mich auf das konzentrieren, das sich in der Wirklichkeit als funktionell erwiesen hat.

Ich sollte auch anmerken, dass meine Techniken und Theorien auf umfassenden Tests beruhen. Diese schließen tausende wissenschaftlich überprüfter und gemessener Bremsversuche in den Jahren 1995 bis 2000 ein, die ich als Redakteur und Testfahrer für *Motorcycle Consumer News* unternahm. Während dieser Zeit fuhr und verzögerte ich wirklich jedes neue Motorrad. Mit dem inzwischen entstandenen Abstand würde ich beim Vergleich mit der Arbeit anderer Motorradzeitschriften sogar die Behauptung wagen, dass ich wahrscheinlich der beste laienhafte Experte zum Thema über kürzeste Distanzen und bei hoher Vergleichbarkeit bin. Durch das Testen aller Motorräder auf dem gleichen Asphaltstreifen und unter ähnlichen Bedingungen sind gewisse Wahrheiten sichtbar geworden.

Was bei Vollbremsungen geschieht

Unterschiedliche Motorradtypen bieten beim Bremsen unterschiedliche Möglichkeiten und Anfälligkeiten, obwohl alle den Grundgesetzen der Physik folgen. Es folgt eine Liste der Brems-»Wahrheiten«, die ich kennen gelernt habe.

– *Je länger der Radstand, desto kürzer der Bremsweg.* Bei einer Vollbremsung bringt die mit der Gewichtsverlagerung kombinierte Trägheit das Motorrad dazu, über das Vorderrad kippen zu wollen. Ein langer Radstand macht aus der Maschine einen längeren Hebel, der dieser Kraft widersteht. Dies ist der gleiche Grund, warum es leichter ist, einen Hammer mit einem kurzen Stil über deinem Kopf zu schwingen, als einen gleich schweren mit einem längeren Stil.

Eines der viel debattierten Themen bei Fahrertrainings ist die Frage, ob man mit zwei oder vier Fingern bremsen soll. Die richtige Antwort lautet: Mach, was du bequemer findest. Die meisten modernen Sportmaschinen können mit zwei Fingern auf den Kopf gestellt werden. Allerdings erfordern viele Cruiser, besonders vor 1999 gebaute Harley-Davidsons, die ganze Hand, um am Vorderrad überhaupt eine nennenswerte Verzögerung zu erbringen.

– *Je niedriger der Schwerpunkt, desto kürzer der Bremsweg.* So wie ein langer Radstand erschwert auch ein niedriger Schwerpunkt das Überkippen. Aus dem gleichen Grund versuchen Ringer immer, so niedrig wie möglich zu stehen, um ihre Gegner daran zu hindern, sie umzuwerfen. Obwohl du beim Bremsen auf einem Tourer oder Cruiser nicht versuchen wirst, deine Sitzposition niedriger zu machen, kann beispielsweise die Unterbringung des Gepäcks eine messbare Wirkung auf den Bremsweg haben. Bringe die schweren Sachen immer so tief wie möglich am Motorrad unter. Wenn du dich auf einer Sportmaschine gegen den Höcker drückst, kommt dein Oberkörper automatisch näher an den Boden, sodass der gemeinsame Schwerpunkt von Mensch und Maschine abgesenkt wird. Das Gesamtgewicht der Maschine ist deutlich weniger wichtig als die Lage des Schwerpunktes im Motorrad.

– *Je klebriger die Reifen, desto kürzer der Bremsweg.* Traktion ist das, was es dem Bremssystem ermöglicht, einen Vorwärts-Impuls in Wärme umzuwandeln. Deswegen sind Rennreifen so konstruiert, am besten bei sehr hohen Temperaturen zu funktionieren. Dies ist auch der Grund dafür, warum sie für Straßenfahrten eine schlechte Wahl sind, denn sie haben bei niedrigen Temperaturen tatsächlich weniger Traktion als Straßenreifen. Dies ist bei Sportmaschinen nicht annähernd so wichtig wie bei Tourern oder Cruisern. Zum Beispiel erlauben nahezu alle modernen Straßenreifen einem Sportmotorrad, seine maximale Bremskraft zu erreichen und vorneüber zu kippen.

Doch Cruiser und Tourer ziehen einen großen Nutzen aus klebrigeren Reifen, da ihr langer Radstand normalerweise das Vorderrad viel eher blockieren lässt, als dass die Maschine überkippen würde. Natürlich haben weiche, klebrige Reifen eine deutlich kürzere Lebensdauer, weswegen sie nicht gerne auf Maschinen verwendet werden, bei denen eine hohe Kilometerleistung wichtiger ist als fahrerische Höchstleistung.

– *Je wirksamer die Bremsanlage, desto kürzer der Bremsweg.* Bremsen mit höherer Wirksamkeit erfordern für eine vorgegebene Verzögerung weniger Anstrengung am Hebel. Je härter du den Hebel beim Bremsen ziehst, desto straffer werden deine Muskeln. Dies kann deine Geschicklichkeit ernsthaft verringern. Entspannte Hände und Arme haben viel mehr Gefühl, und deswegen haben sie mehr Kontrolle über die Lenkgenauigkeit und Bremsregulierung. Weil es zwischen bestimmten Modellen einen großen Unterschied in der Bremswirkung gibt, musst du vorsichtig sein, wenn du ein neues Motorrad zum ersten Mal bis an seine Grenzen scharf abbremst. Beispielsweise entschied sich die Firma Buell vor einigen Jahren, die Wirksamkeit ihrer Hinterradbremsen zu reduzieren. Weil viele der Fahrer, die auf Buells Testfahrten unternahmen, Harley-Besitzer waren, fand Buell heraus, dass eine unverhältnismäßig hohe Zahl von ihnen eine oder beide Bremsen blockierten, was oft zu einem Sturz führte. Dies war deswegen so, weil die Kraft, die sie an ihren ineffizienten Harley-Bremsen einsetzten, für moderne Sportmaschinen-Bremsen viel zu hoch war.

Wenn die Arme den größten Teil des Körpergewichts tragen, werden die Muskeln belastet. Dies verschlechtert die Feinmotorik für die Lenkgenauigkeit und Bremsregulierung.

Ein zu weit gegen den Tank gerückter Körper verlagert zu viel Gewicht auf die Maschinenfront.

Ein senkrechter Rücken erzeugt einen hohen Schwerpunkt. Je höher und weiter nach vorne verlagert der Schwerpunkt ist, desto eher wird eine Sportmaschine über das Vorderrad kippen.

Eine Lücke zwischen dem Fahrer und dem Sitzbankende zeigt an, dass er von den negativen Beschleunigungskräften nach vorn geschoben wurde.

unkorrekt

Eine kleine Lücke zwischen dem Tank und dem Fahrer hilft auch, die Fortpflanzungsorgane zu schützen.

Durch das feste Drücken der Knie gegen die Seiten des Tanks kann der Fahrer das Nachvorne-Rutschen verhindern. Langstreckenfahrer erhöhen auf diese Weise ihre Ausdauer.

Der gebeugte Rücken sollte austrainiert sein, damit er hilft, den Oberkörper zu tragen. Je mehr der Rücken dazu beiträgt, desto weniger sind die Arme und Hände belastet.

Die kleine Kante am Ende der meisten Fahrersitze bietet eine hübsche Stütze für den Allerwertesten.

korrekt

unkorrekt

korrekt

Beachte den feinen Unterschied zwischen den beiden Bildern. Beide Ducati-Fahrer schießen durch dieselbe Kurve in Daytona.
Oben sehen wir Larry Pegram; sein Rumpf ist zu weit vorne und sein Rücken senkrecht, sodass der Schwerpunkt nach oben wandert.
Dies führt wiederum dazu, dass der Hinterradstoßdämpfer beim harten Bremsen voll ausfedert. An diesem Punkt ist die Maschine
sehr nahe dran, über das Vorderrad zu kippen. Der Australier Troy Bayliss (unten) hält seinen Schwerpunkt dagegen niedrig, indem
er auf dem Sitz nach hinten gerutscht ist. Weil er seine Knie gegen den Tank gedrückt hat, ist er in der Lage, einen Teil der
Verzögerungskraft vom Oberkörper fern zu halten.

Um die beste Wirkung der Hinterradbremse zu erzielen, muss das Pedal sorgfältig auf den Fahrer abgestimmt werden. Ist es zu hoch, kann es übereilt – oder schlimmer noch, dauerhaft – betätigt werden. Ist es zu niedrig, kann es zu lange dauern, bis der Fahrer es erreicht hat, um es wirksam einzusetzen.

radbremse einer Sportmaschine nur etwa 10 Prozent der gesamten Bremswirkung. Bei Renn-Replikas wie einer GSX-R oder R 1 liegt dieser Wert noch niedriger.

Während einer Vollbremsung aus 100 km/h oder mehr ist die Hinterradbremse nur gut für die ersten drei bis fünf Meter, bis das Gewicht vollständig auf den Vorderreifen verlagert ist. Nach den ersten fünf Metern oder ersten Sekundenbruchteilen hebt das Hinterrad ab und seine Bremse kann nichts mehr tun. Wenn du das Hinterrad einer modernen Sportmaschine am Boden hältst, wird der Bremsweg etwas länger, als wenn du es leicht in die Luft hebst, aber dies bedeutet nicht, dass du die Hinterradbremse nicht einsetzen sollst. Wenn das Hinterrad erst abgehoben hat, wird die Maschine sehr instabil und nahezu unlenkbar. An diesem Punkt wird das gemeinsame Gewicht des Fahrers und Motorrades gefährlich auf der kleinen Kontaktfläche des Vorderreifens balanciert. Außerdem stabilisiert die Kreiselkraft des Hinterrades nicht mehr länger das Fahrwerk. Dies ist der Grund, warum Rennfahrer einen Teil der äußersten Bremsleistung gegen mehr Fahrwerkstabilität eintauschen, indem sie die Maschine nicht mit maximaler Kapazität verzögern. Auf der Rennstrecke ist es wichtiger, beim Eingang in eine Kurve ein beruhigtes Fahrwerk zu haben, als einen Gegner auszubremsen, weil beim Wiedergewinnen der Stabilität mehr Zeit verloren geht, als beim harten Einsatz der Bremse gewonnen wird. Dieses Prinzip ist auf der Straße genauso wichtig, wo die Fähigkeit, beim Bremsen die Richtung zu ändern, den Unterschied zwischen Leben und Tod ausmachen kann.

– *Moderne Sport- und Rennmaschinen sind durch ihren Radstand oder Schwerpunkt begrenzt.* Verbesserte Teile wie Bremssättel, Bremsbeläge und Reifen werden den Bremsweg der Maschine nicht beeinflussen. Tatsächlich können Motorräder bereits mit dem Einsatz der Serienbauteile über das Vorderrad gekippt werden. Allerdings können nicht serienmäßige Teile deine Chance verbessern, dich zu überschlagen. Beispielsweise hat eine Harley-Davidson Sportster Sport im Serienzustand recht mittelmäßige Bremsen, trotzdem kann sie auf einer kürzeren Strecke angehalten werden als die meisten Sport- oder Rennmaschinen. Dies ist nicht gerade einfach zu erledigen, denn es erfordert Herkules-ähnliche Kräfte am Lenker, aber es geht und wurde getan. Wenn Cruiser kleb-

– *Der Einsatz beider Bremsen ergibt den kürzesten Bremsweg.* Die Wirkung der Hinterradbremse hängt vom Maschinentyp ab. Cruiser und Tourer tragen viel Gewicht auf dem Hinterrad, besonders, wenn sie zu zweit bewegt werden. Allerdings kann auch bei einem schwer beladenen Tourer oder tiefer gelegten Cruiser die Hinterradbremse nur etwa 30 Prozent der gesamten Bremswirkung erzielen. Dies bedeutet, dass du ein sehr hohes Sicherheitsrisiko eingehst, wenn du nur die Hinterradbremse nutzt. Im Gegensatz dazu bietet die Hinter-

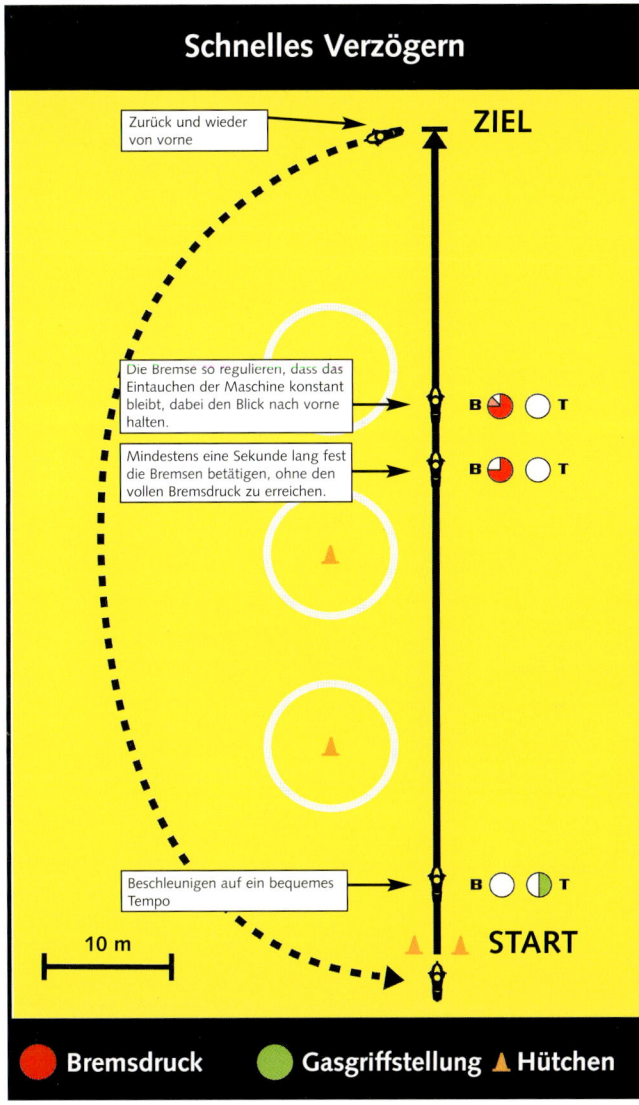

Schnelles Verzögern

Zurück und wieder von vorne

ZIEL

Die Bremse so regulieren, dass das Eintauchen der Maschine konstant bleibt, dabei den Blick nach vorne halten.

Mindestens eine Sekunde lang fest die Bremsen betätigen, ohne den vollen Bremsdruck zu erreichen.

Beschleunigen auf ein bequemes Tempo

10 m

START

B ● ○ T

B ● ○ T

B ○ ◐ T

● **Bremsdruck**   ● **Gasgriffstellung**   ▲ **Hütchen**

Wegen der Unzahl an Kombinationen aus unterschiedlichen Fahrern und Motorrädern hängt das tatsächliche ideale Verhältnis der Bremswirkung beider Räder von den Vorlieben des Fahrers und der Einstellung der Maschine ab. Das Experimentieren mit unterschiedlichen Verhältnissen in einer kontrollierten Umgebung ist der beste Weg, das Brems-Ideal deiner Maschine zu finden.

Die 1998er Honda VFR 800 FI war das erste Serienmotorrad mit einem Verbundbremssystem, das tatsächlich die Bremskraft besser auf die Räder verteilen konnte als ein geschickter Fahrer. Sein raffiniertes Verteilerventil sorgt dafür, dass die beiden Bremsen genau mit dem für eine maximale Kontrolle benötigten Bremsdruck versorgt werden. Tatsächlich gewann John Kocinski auf einer mit einem ähnlichen System ausgerüsteten RC 45 die Superbike-Weltmeisterschaft. Unglücklicherweise wurde bei vielen anderen Hondas mit Verbundbremse diese magische Kombination nicht gefunden, sodass bei ihnen das System niemals angeboten wurde.

Gehe beim Bremsen immer sicher, sie nicht zu plötzlich zu betätigen. Dies ist sowohl bei Anfängern als auch bei Fortgeschrittenen ein verbreiteter Fehler. Passiert dies, neigt das Hinterrad zum Wegrutschen, und die Front taucht rasch ein, sodass die Maschine ziemlich instabil wird. Ein gutes Maß für richtige Betätigung ist eine minimale Bewegung der Federung. Du kannst leicht fühlen, wie weit die Maschine beim Bremsen einnickt. Wie in Kapitel 9 beschrieben, bereitete »Fast Freddy« Spencer der Technik der minimalen Federungsbewegung den Weg, indem er bereits sanft die Bremse betätigte, während er noch den Gasgriff zudrehte. Dies bedeutet, dass er über einen kurzen Zeitraum Gas und Bremse gleichzeitig einsetzte. Dies macht den Übergang so sanft wie möglich, sodass im Kurveneingang der größte Bereich des Federwegs für das Absorbieren von Unebenheiten übrig bleibt.

rigere Reifen hätten, würden sie auf der Bremse Sportmaschinen tatsächlich einstampfen. Heutzutage verzögern Cruiser genauso gut und stetig wie Sportler. Und beispielsweise sind eine Honda Valkyrie oder Suzuki Marauder 800 durchaus in der Lage, alle vor dem Jahre 2000 gebauten Rennreplikas auszubremsen.

Richtige Regulierung

Jetzt, wo wir verstanden haben, wie und warum ein Motorrad schnell angehalten werden kann, müssen wir im Detail betrachten, wie die Bremse selbst betätigt wird. Bedenke, dass alles, was abrupt in die Federung eingreift, einen deutlichen Traktionsverlust hervorrufen wird. Aus diesem Grund ist es wichtig, die Bremsen gleichzeitig und so sanft wie möglich zu betätigen.

Das gleichzeitige Betätigen hilft bei der Stabilisierung des Fahrwerks und hindert die Front am zu raschen Eintauchen.

Antiblockier-Systeme, Verbund- und Integralbremsen

Wenn man die Bremsen zu lange blockiert, lassen sich Motorräder zumeist nicht mehr halten. Aus diesem Grund lassen einen die meisten Maschinen an jedem Rad die angemessene Bremskraft selbst auswählen. Allerdings haben wir seit langer Zeit immer wieder Ansätze gesehen, die das originale Schema mit separaten Bremsen für das Vorder- und Hinterrad verbessern wollen. Wie oben erwähnt, mag ich die hoch entwickelte Verbundbremse der VFR 800 FI, doch ich bin weniger hingerissen von den Systemen anderer Maschinen. Und ich komme mit den Integralbremsen der Honda GL 1500 Gold-Wing oder verschiedener Modelle von Moto-Guzzi nicht klar. Die hier eingesetzten Integralbremsen verzögern beim Betätigen der Fußbremse die hintere und eine der beiden vorderen Bremsscheiben. Auf nassen oder verschmutzten Straßen kann dies zu einem Problem werden, wenn das Vorderrad bereits

Die Bremse im Kurveneingang schleifen zu lassen, reduziert den Lenkkopfwinkel und den Nachlauf des Motorrades, sodass es sich schneller und einfacher einlenken lässt. Allerdings kann es auch leicht zum Blockieren und einem anschließenden Sturz führen, wenn man nicht vorsichtig ist. Hier geht Doug Chandler in perfekter Weise mit schleifender Bremse in die Kurve. Man kann erkennen, dass er sie schleifen lässt, wenn man auf die Kombination aus Schräglage und komprimierter Gabel seiner Maschine achtet.

blockiert, obwohl das Hinterrad noch stärker abbremsen könnte.

Auf der anderen Seite kann ein Antiblockier-System oder ABS ein enormer Fortschritt in tückischen Situationen mit verringerter Traktion sein. Bei immer mehr Autos findet sich ABS heute serienmäßig, und ich prognostiziere, dass dies in Zukunft auch bei Motorrädern geschieht. Generell gesagt, verliert man

auf trockener Fahrbahn das allerletzte Quäntchen Bremskraft, doch dies wird durch die dramatisch verbesserte Wirkung auf nasser Straße mehr als wettgemacht. Es ist selten, dass man außer bei Rennen auf trockener Fahrbahn seine Bremse zu hundert Prozent einsetzt – und Rennmaschinen haben kein ABS. Die BMW K 1200 RS funktioniert tatsächlich unter beiden Umständen überragend. Dies zeigt das Potenzial dieser Technologie, die nur noch besser werden wird. Selbst bei den hohen Preisen heutiger Systeme haben sie sich nach dem ersten echten Einsatz bezahlt gemacht.

Schleifende Bremsen

Fahrschülern wird meist beigebracht, den Bremsvorgang vor dem Einlenken vollständig abgeschlossen zu haben. Dies ist generell ein guter Rat, doch es gibt Zeiten, in denen das Bremsen beim Einfahren in eine Kurve notwendig oder wenigstens empfohlen ist. Dies ist allgemein als Bremsen-Schleifen bekannt. Beim Bremsen bringt eine Gewichtsverlagerung die Maschinenfront zum »Eintauchen«. Dies hat die Verringerung des Lenkkopfwinkels und des Nachlaufs zur Folge, was die Maschine schneller und müheloser einlenken lässt. Die Vorzüge beim Einlenken in eine Kurve sind einleuchtend, doch ist das eine schwierige Technik, die nur bei schrittweise erhöhtem Tempo erlernt werden sollte. Hier hindert wieder die Spencer-Technik des gleichzeitigen langsamen Schließens des Gasgriffs und Betätigens der Bremsen die Front am Durchschlagen, sodass die Traktion so konstant wie möglich bleibt. Eine schleifende Bremse ist nicht das Gleiche wie der Griff zum Bremshebel, während man gerade in der Kurve ist. Dies hat einen gegenteiligen Effekt und bringt das Motorrad dazu, sich aufzurichten. Der spezielle Punkt, an dem du die Bremsen löst, ist weniger wichtig als sicherzugehen, dass dieses Lösen langsam und kontrolliert erfolgt.

Wenn Bremsen blockieren

Für einen Motorradfahrer gibt es kaum gruseligere Dinge als ein beim Bremsen blockierendes Vorderrad. Ein rutschendes Hinterrad ist ebenfalls entnervend, aber es ist etwas einfacher zu handhaben. Im Falle eines rutschenden Hinterrades kannst du deine Spur mit dem blockierten Rad halten, indem du in die Kurve einlenkst oder das Bremspedal leicht löst und sofort wieder drückst, sobald der Reifen wieder Traktion gewinnt. Natürlich ist es wichtig, daran zu denken, dass bei einem zu raschen Lösen der Bremse das Risiko besteht, dass die Maschine dich per »Highsider« in die Luft schleudert. Dies kann passieren, wenn das Hinterrad plötzlich wieder greift und den seitlichen Schwung in Schleuderkraft umwandelt.

Ein rutschendes Hinterrad kann sicherlich herausfordernd sein, doch ein blockierendes Vorderrad ist weit gefährlicher, weil es nur eine sehr geringe Reaktionszeit erlaubt, in der man einen Sturz noch verhindern kann. Du kannst einem blockierenden Vorderrad durch Lösen des Bremshebels so schnell und sanft wie möglich begegnen. Dies hilft, die Kreiselkräfte und den Nachlauf des Fahrwerks wieder unter Kontrolle zu bringen. Die Maschine will sich senkrecht aufrichten, und wenn dies passiert, wird sie in die Richtung zielen, in die der Reifen zeigt, wenn er wieder Traktion gewinnt. Daher wirst du unverzügliche Lenkkorrekturen einleiten müssen. Als Nächstes werden die Bremsen wieder langsam betätigt. Wenn an diesem Punkt die Gabel wieder völlig entspannt ist, wird schnelles Bremsen ein starkes Eintauchen hervorrufen, was zusätzliche Kontroll-Probleme auslöst.

Ich glaube nicht, dass es möglich ist, Panik-Bremsungen zu trainieren. In Gefahrensituationen reagiert dein Körper nur, ohne bewusste Gedanken an Techniken zu verschwenden. Nur durch das regelmäßige Trainieren guter Techniken gehen sie dir in Fleisch und Blut über, sodass du sie nutzen kannst, wenn du sie am meisten brauchst. Die vielleicht wichtigste Sache, an die du dich in Paniksituationen erinnern solltest, ist, dass deine erhöhte Angst dich dazu bringt, den Bremshebel härter zu ziehen, als du es üblicherweise machen würdest. Wenn du also bei einer Gefahr abbremst, musst du dich dazu zwingen, den ausgeübten Druck zu begrenzen.

12 Körperposition

W ie ich bereits vorher erwähnt habe, hat die Position deines Körpers auf der Maschine eine starke Wirkung darauf, wie sie sich handhaben lässt. Die Position bestimmt auch, wie viel Mühe es kostet, das Motorrad zu kontrollieren. Laut Zen-Meister Dogen ist die Fähigkeit, während des Meditationstrainings die korrekte Körperhaltung ausführen zu können, selbst als Erleuchtung zu verstehen. Obwohl ich dir keine mystische Erfahrung versprechen kann, werden du und deine Maschine durch das Trainieren dessen, was ich als meine »zehn Schritte zum guten Kurvenfahren« bezeichne, in einer rhythmischen Harmonie zu fließen beginnen, die mehr einem Balletttanz als einem Ringkampf ähnelt.

Bewegungseffizienz

Wenn du diese zehn Schritte während der Fahrt anwendest, wirst du lernen, deinem Motorrad jeweils nur das zu geben, was es für seine aktuelle Aufgabe benötigt. Dieser Prozess der »Bewegungseffizienz« ähnelt den Erfahrungen professioneller Tänzer oder Kämpfer, wenn sie lernen, ihre Kräfte zu schonen, anstatt sie mit übermäßiger Muskelanspannung oder unnötigen Bewegungen zu verschwenden.

Ich wurde während meines Kampfsport-Trainings, das ich zur Unterstützung meines Rennfahrertrainings begann, in das Konzept der Bewegungseffizienz eingeführt. Ich lernte, dass ich durch die vollständige Entspannung der für eine bestimmte Aktion nicht notwendigen Muskeln mich auf diejenigen kon-

zentrieren konnte, die dafür nötig waren. So konnte ich meine Kräfte für einen längeren Zeitraum und in jeder Aktion wirkungsvoller einsetzen. Jede Kampfsporttechnik maximiert die natürliche Hebelwirkung des Körpers, um mit gegebenem Muskeleinsatz die größte Wirkung zu erzielen. Nur aus Jux genieße ich gelegentlich noch diese »Hau-den-Lukas«-Spiele auf Jahrmärkten: Durch Konzentration und Ausnutzung der Hebelkraft bin ich normalerweise in der Lage, härter zuzuschlagen als Jungs, die deutlich stärker sind als ich.

Der äußere Arm ist angespannt, weil er zum Einlenken am Griff zieht. Dies hindert den Fahrer daran, sich mit dem Motorrad in die Kurve zu lehnen.

Der Blick geht geradeaus, anstatt durch die Kurve.

Die Mittellinie des Fahrers liegt außerhalb der Hochachse des Motorrades.

unkorrekt

Der äußere Arm ist entspannt und kämpft nicht mit dem inneren Arm um die Kontrolle.

Der Blick geht durch die Kurve zum Kurvenausgang, während der Kopf waagerecht zur Straße verbleibt.

korrekt

Der innere Fuß ist hochgezogen, um die Straße nicht zu berühren.

Der innere Arm erledigt das gesamte Lenken.

Die Mittellinie des Fahrers liegt innerhalb der Hochachse des Motorrades.

Der äußere Arm ist angespannt, weil er zum Einlenken am Griff zieht. Dies hindert den Fahrer daran, sich mit dem Motorrad in die Kurve zu lehnen.

Der Blick geht geradeaus, anstatt durch die Kurve.

Die Mittellinie des Fahrers liegt außerhalb der Hochachse des Motorrades.

unkorrekt

Der innere Fuß ist zu weit nach außen gestreckt.

Der äußere Arm ist entspannt und kämpft nicht mit dem inneren Arm um die Kontrolle.

Der Blick geht durch die Kurve zum Ausgangspunkt, während der Kopf waagerecht zur Straße verbleibt.

korrekt

Der innere Fuß ist hochgezogen, um die Straße nicht zu berühren.

Der innere Arm erledigt das gesamte Lenken.

Die Mittellinie des Fahrers liegt innerhalb der Hochachse des Motorrades.

korrekt

korrekt

unkorrekt

Großartig, gut und schlecht: Drei Teilnehmer der Superbike-Weltmeisterschaft beim Verlassen von Kurve 2 in Laguna Seca in drei verschiedenen Körper-Positionen. Noriyuki Haga (oben) demonstriert die perfekte Form, indem er sich mit seinem speziellen Stil von der Maschine hängt. Seine Haltung ist aggressiv aber entspannt, da er die Gravitation den größten Teil der Lenkarbeit verrichten lässt. Er führt auch den Blick durch die Kurve zum Kurvenausgang hin.

Colin Edwards (Mitte) zeigt auch eine gute Form, indem er seine Mittellinie auf die Innenseite der Hochachse der Maschine verlagert (allerdings nicht so stark wie Haga). Sein äußerer Arm liegt auf dem Tank und der Blick geht in die Kurve.

Larry Pegram (unten) sieht aus, als würde er eine Aschenbahn- anstatt eine Rennmaschine fahren. Seine Mittellinie ist auf der falschen Seite des Motorrades, sodass er die Ducati unter sich in die Kurve drückt und Bodenfreiheit verschwendet. Außerdem schaut er geradeaus anstatt zum Kurvenausgang und hat einen angespannten äußeren Arm. Du wärest auch angespannt, wenn du bei diesem Tempo nicht weiter als 6 Meter vorausschauen würdest!

Fahrwerks-Dynamik

Die erste Sache, die zum Verständnis der Körper-Positionierung nötig ist, ist, dass das Fahrwerk des Motorrades so konstruiert wurde, dass es schnell und sanft um Kurven fährt. Die Zugaben eines Fahrers in diesen Mix beeinträchtigen die Fähigkeiten der Maschine. Es ist der Job eines Fahrers, so »unsichtbar« wie möglich zu bleiben. Du kannst also mit anderen Worten gar nicht helfen, aber doch auf das Fahrwerk einwirken – und der Trick liegt darin, in einer geschickten Art und Weise einzuwirken.

Die Idee, dass ein Motorrad ohne Fahrer besser dran ist, wurde mir vor einigen Jahren deutlich demonstriert, als ich beim International Speedway in Daytona in einer Innenkurve Fotos machte. Aaron Yates fuhr auf der 600er Yoshimura-Suzuki in dritter Position, als seine Maschine beim harten Bremsen vorne ausbrach. Obwohl er herunterflog, warf der Aufprall beim Sturz die Maschine wieder auf die Räder, und die fahrerlose Maschine ging an Miguel DuHamel und einem anderen Fahrer vorbei in Führung. Natürlich fiel sie bald um, weil sie ja von niemandem kontrolliert wurde, doch dieses Ereignis machte mir sehr deutlich, wie gut Motorräder ohne die Einmischung durch einen Fahrer funktionieren können.

Der entscheidende Komfort

Einige meiner Kurven-Tipps mögen zunächst etwas schwierig erscheinen, doch wenn man sie genügend trainiert, gehen sie einem alle in Fleisch und Blut über. Weil jedoch jeder Körper verschieden ist, hängt die Anwendung jeder Technik von der Flexibilität, dem Fitness-Stand und anderen Eigenschaften des Fahrers ab. Dies ist auch der Grund, warum zwei Turner, die die gleiche Übung vorführen, völlig unterschiedliche Bewertungen für den Stil bekommen können. Beim Trainieren der zehn Schritte ermutige ich dich, deinen speziellen Stil zu finden. Dieser Stil wird in erster Linie dadurch diktiert, was sich für dich bequem anfühlt. Jeder Schritt hat einen bestimmten Spielraum, und dein Stil zeigt, wie du die Bewegung interpretierst. Beachte beispielsweise die unterschiedlichen Fahrstile von Colin Edwards und Noriyuki Haga auf Seite 78, wenn sie in der gleichen Kurve den zehn Schritten folgen. Obwohl sich ihr Stil unterscheidet, fahren beide korrekt. Dagegen bricht Larry Pegram verschiedene Regeln – mit weniger beeindruckenden Resultaten. Das heißt nicht, er sei nicht schnell, aber er arbeitet sicherlich härter und fährt nicht immer unter den ersten Zehn.

Ich habe verschiedene Rennfahrer und sogar Instruktoren über die Wichtigkeit der Belastung der äußeren Fußraste in Kurven reden gehört, doch meine persönliche Erfahrung und die meiner Kursteilnehmer haben gezeigt, dass es egal ist, wie viel Gewicht du auf die äußere Raste verlagerst, solange du dich in einer bequemen Fahrposition befindest. Tatsächlich zeigen mehrere Rennfotos des GP-Stars Randy Mamola deutlich, dass er in Kurven seinen äußeren Fuß überhaupt nicht auf der Raste stehen hat. Da er bereits einige der besten Fahrer der Welt geschlagen hat, ist es offensichtlich nicht unbedingt nötig, die äußere Fußraste zu belasten, um schnell zu sein. Wenn du dich dabei natürlich wohler fühlst, verlagerst du das Gewicht selbstverständlich so wie du willst.

Der wichtigste Aspekt guter Technik ist die Positionierung deines Körpers in einer möglichst natürlichen Weise, während du weiterhin den Regeln folgst. Du solltest niemals übermäßige Muskelkraft aufbringen, um deinen Körper in eine spezielle Position zu bringen. Wenn du beispielsweise dein Knie schleifen lassen willst, lässt du es in einer möglichst bequemen Position herunterfallen. Du solltest niemals erzwingen wollen, dass dein Knie aufsetzt. Wenn du die Technik richtig machst, wird es ganz von alleine geschehen, sobald das Tempo es rechtfertigt. Wenn du auf der anderen Seite einen Cruiser oder Tourer fährst und dich niemals radikal von der Maschine hängen willst, musst du einfach nur den Regeln folgen, und schon wird sich deine Fähigkeit, das Motorrad zu kontrollieren, deutlich verbessern.

Denk daran, dass einige Muskeln, wie die unten am Rücken, wahrscheinlich etwas Stärkung benötigen, bevor du die Techniken richtig ausüben kannst. Weil es entscheidend ist, einen entspannten Oberkörper zu haben, müssen dein Kreuz und deine Schenkel ausreichend gestärkt sein, bevor sie dazu eingesetzt werden können, etwas mehr Gewicht als üblich zu halten.

Es gibt zwei Gründe, warum es so wichtig ist, einen entspannten Oberkörper zu haben. Der Erste ist: Je angespannter deine Muskeln sind, desto weniger Feinheiten in ihren Bewegungen können sie ausführen. Um dies zu verdeutlichen, nimmst du einen Stift und schreibst dreimal deinen Namen auf normale Weise auf ein Papier. Beachte, wie deine Hand mit wiederholbarer Genauigkeit mühelos von einem Buchstaben zum nächsten fließt. Als Nächstes wird der Stift fest angefasst und der Unterarm so stark wie möglich angespannt. Schreibe deinen Namen weitere drei Male mit angespannten Muskeln auf. Beachte, wie schwierig es ist, die Kontrolle über den Stift zu behalten, und wie sehr sich die drei Unterschriften unterscheiden. Deine Fähigkeit, das Motorrad zu kontrollieren, ist ganz ähnlichen Gesetzen unterworfen. Ein entspannter Oberkörper ermöglicht Richtungs- oder Geschwindigkeitswechsel mit wiederholbarer Genauigkeit.

Der zweite Grund für einen entspannten Oberkörper ist der, dass dieser dem Motorrad erlaubt, die notwendigen langsamen Schlangenlinien zu fahren. Wenn dein Oberkörper starr bleibt und so versucht, die Lenkung zu kontrollieren, kann das Motorrad nicht so leicht mit dem Vorderrad wackeln, um eine »weiche« Kurvenlinie aufrechtzuerhalten. Im Ergebnis vergrößert sich die Wackel-Amplitude sogar.

In zehn Schritten zum guten Kurvenfahren

Schritt 1: Positionierung des Fußes

Unabhängig vom Motorradtyp wird die Bodenfreiheit bei wachsenden Fähigkeiten und steigendem Tempo zu einem entscheidenden Punkt. Egal, ob deine Füße auf Fußrasten oder Trittbrettern stehen – wichtig ist, dass sie eingezogen sind und nicht herausgestreckt werden. Andernfalls können sie den Boden berühren und deine Beine so hart nach hinten ziehen, dass du stürzt.

Schritt 2: Ausrichtung des Körpers

Um das Motorrad beim Einlenken in eine Kurve stabil zu halten, ist es wichtig, die Federung nicht zu überfordern. Die beste Möglichkeit ist die Ausrichtung der Körperhaltung in die endgültige Kurvenposition, bevor man sie überhaupt erreicht hat. Auf diese Weise vollzieht sich die Gewichtsverteilung noch in der für die Federung besten Position: senkrecht zum Boden. Die wichtige Regel hierbei lautet, die Mittellinie deines Körpers nach innen neben die Hochachse der Maschine zu verlagern. Hierbei ist es nicht wichtig, ob es nur 3 oder 30 Zentimeter sind, solange es nach innen verlagert ist und dieser Abstand während der gesamten Kurve nicht verändert wird. Wenn du beispielsweise deine Körper-Hochachse um 15 cm gegen die der Maschinenhochachse verschoben hast, musst du unabhängig von der Schräglage durch die ganze Kurve dort verbleiben und darfst dich erst wieder zurücksetzen, wenn das Motorrad absolut senkrecht fährt. Durch das Bewegen des Körpers in die kurveninnere Luftströmung gibt der dadurch erzeugte Hochdruckbereich (besonders bei herausgeklapptem Knie) dem Motorrad einen Drehpunkt, um den es herumlenkt. Dies verringert zudem am Lenker die zum Einlenken notwendige Kraft.

Schritt 3: Druck am äußeren Lenkergriff

Sobald du deinen Körper für die Kurve ausgerichtet hast, will das Motorrad in die Kurve fallen. Um dies zu verhindern, musst du die Maschine mit Druck am kurvenäußeren Lenkerende auf gerader Linie halten. Das Motorrad mag jetzt etwas seltsam aussehen, weil es zwar geradeaus fährt, sich aber nach außen neigt. Diese Neigung ist aber nötig, um die Anziehungskraft des nach innen in die Kurve geneigten Körpers wieder auszugleichen.

Schritt 4: Lokalisieren des Einlenkpunktes

Sobald dein Körper in Position ist, musst du dich schnell für einen Referenzpunkt entscheiden, der dein Einlenken markiert. Wenn du trainierst, kann es ein korrekt positioniertes Hütchen sein. Auf der Straße kann es ein Fleck am Boden, ein Stein oder Strauch am Fahrbahnrand oder sogar ein imaginärer Koordinatenpunkt sein, wie man ihn sich beim Billard einrichtet. Am besten nimmt man etwas, dessen Position man klar wahrnehmen kann, weil man es nicht direkt anschaut, wenn man in die Kurve einzulenken beginnt.

Schritt 5: Blick durch die Kurve

Nach der Auswahl des Einlenkpunktes solltest du so weit wie möglich in die Kurve hineinschauen, um deinen Ausgangspunkt zu finden. Wenn die Kurve so aufgebaut ist, dass du den Ausgangspunkt nicht sehen kannst, musst du den weitesten Punkt anpeilen, der sichtbar ist, und dann deinen Blick weiter schweifen lassen, bis der Ausgang zu erkennen ist.

3 und 4

5

Schritt 6: Entspannte äußere Hand

Wenn du deinen Einlenkpunkt erreicht hast, wird der Druck am äußeren Lenkergriff gelöst. Dies erlaubt der Schwerkraft, deinen versetzten Körper und das Motorrad in die Kurve zu ziehen.

Schritt 7: Druck am inneren Lenkerende

Während du am äußeren Lenkerende den Druck löst, wird gleichzeitig am kurveninneren Griff Druck ausgeübt, bis der gewünschte Schräglagenwinkel erreicht ist. Dabei ist es sehr wichtig, dies so schnell und sanft wie möglich zu tun. Sobald die gewünschte Schräglage erreicht ist, wird für sämtliche Kurskorrekturen nur der Druck des inneren Armes verändert. Dabei wird ein Kampf beider Arme um die Kontrolle über die Lenkung verhindert. Es muss dem Motorrad erlaubt sein, für das Ausbalancieren der von dir gewünschten Schräglage kontinuierlich seinen Nachlauf und seine Kreiselkräfte einzusetzen. Durch das Drücken und Ziehen mit nur einem Arm gibst du dem Motorrad genügend Freiraum, das zu tun, was es für seine Ausgeglichenheit und das Fahren einer sanften und sauberen Linie braucht. Je stärker du beide Arme zum Lenken benutzt, desto weiter und kantiger wird deine Linie werden und desto mehr Kraft am Lenker wirst du brauchen, um einen gegebenen Radius aufrechtzuerhalten. Natürlich muss die äußere Hand am Lenker verbleiben, doch der Arm sollte vollständig entspannt auf seinen nächsten Einsatz warten. Bei einem Sport- oder Rennmotorrad ist es am besten, den äußeren Arm zum Schonen der Kräfte und zum Sicherstellen, dass er doch nicht versucht, in die Lenkung einzugreifen, auf den Tank zu legen. Bei einem Cruiser oder Tourer sollten deine äußeren Ellbogen nach unten zeigen und die Muskeln der äußeren Schulter völlig entspannt sein.

Warnung: Beim erstmaligen Ausprobieren dieser Technik kann es passieren, dass dein Motorrad so wirkungsvoll eingelenkt wird, dass es die Fahrbahn über den inneren Kurvenrand verlassen will. Stelle sicher, dass du es so lange bei niedrigerem Tempo oder mit ausreichend Platz innerhalb der Kurve probierst, bis du das neu gefundene Einlenkverhalten deiner Maschine beherrschst.

Schritt 8: Den Gasgriff aufdrehen

Nachdem die Federung der Maschine sich in der Kurve beruhigt hat, solltest du so früh und sanft wie möglich wieder das Gas öffnen. Dabei ist der erste Klick des Lastwechsels der kritischste Teil. Erinnere dich, dass die Schräglage den Einsatz des Gasgriffs limitiert, sodass ihr Winkel den Grad der Beschleunigung beeinflusst. Bei voller Schräglage darf das Gas nur minimal geöffnet werden, um am Hinterrad nicht die Traktion zu verlieren. Entsprechend darf erst Vollgas gegeben werden, wenn die Maschine völlig senkrecht fährt. Alles andere fällt zwischen diese beiden Grenzwerte, und die Beschleunigungsrate muss an die Rate des Aufrichtens angeglichen werden. Der Versuch, bei zu viel Schräglage zu stark zu beschleunigen, ist ein sicherer Weg, das Hinterrad wegrutschen zu lassen. Aus der Kurve heraus kontrolliert zu beschleunigen hilft auch, das Motorrad aufzustellen und erfordert entsprechend weniger Krafteinsatz am Lenker.

Schritt 9: Druck am äußeren Lenkerende

Um das Gas beim Aufstellen des Motorrades zu unterstützen, wird durch Druck am kurvenäußeren Lenkerende in die entgegengesetzte Richtung gegengesteuert. Wichtig dabei ist, dass man beim Gegenlenken den Körper nicht wieder zur Höhenachse der Maschine zieht.

Schritt 10: Zurück in die neutrale Position

Die meisten Fahrer neigen dazu, ihren Körper zu früh im Kurvenausgang wieder in eine neutrale Position in der Mitte des Motorrades zu bewegen. Am besten wartet man damit, bis die Maschine sich vollständig oder zumindest fast komplett aufgerichtet hat. Dies ist besonders wichtig, wenn hartes Beschleunigen am Rande der Traktion stattfindet und jede größere Körperverlagerung das Fahrwerk in Unruhe bringt, was die verbleibende Traktion vielleicht nicht mehr auffangen kann.

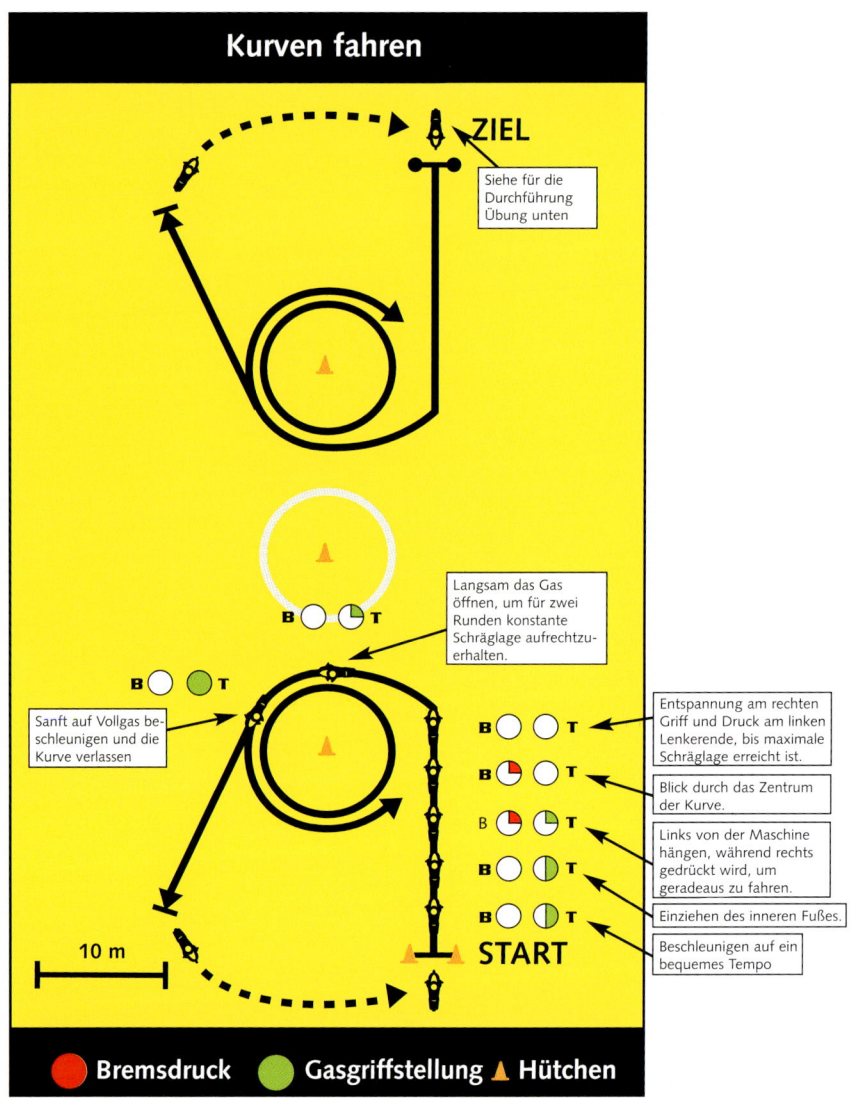

Kurven fahren

ZIEL

Siehe für die Durchführung Übung unten

Langsam das Gas öffnen, um für zwei Runden konstante Schräglage aufrechtzuerhalten.

B ◯ ◖ T

B ◯ ● T

Sanft auf Vollgas beschleunigen und die Kurve verlassen

B ◯ ◯ T — Entspannung am rechten Griff und Druck am linken Lenkerende, bis maximale Schräglage erreicht ist.

B ◕ ◯ T — Blick durch das Zentrum der Kurve.

B ◕ ◖ T — Links von der Maschine hängen, während rechts gedrückt wird, um geradeaus zu fahren.

B ◯ ◖ T — Einziehen des inneren Fußes.

B ◯ ◖ T — Beschleunigen auf ein bequemes Tempo

10 m

START

● **Bremsdruck**   ● **Gasgriffstellung**   ▲ **Hütchen**

Beim Motocross kommt eine dem Straßensport entgegengesetzte Technik zum Einsatz. Hier drückt der Fahrer die Maschine unter sich weg, anstatt sich mit ihr in die Kurve zu legen.

Übergänge

Mehrfach-Kurven wie enge Serpentinenstraßen und S-Kurven erfordern eine leichte Modifikation der zehn Schritte. Statt eine Kurve vollständig zu beenden und sich dann auf die nächste vorzubereiten, beginnt die Vorbereitung für die zweite Kurve bereits in der Ersten. Wenn das Motorrad schon aus der Kurve herausfährt, aber immer noch in Schräglage ist, wird der Körper rasch aber sanft in die korrekte Position für die nächste Kurve bewegt, dann wird mit den weiteren Schritten fortgefahren.

Meiner Meinung nach lassen sich Übergänge am besten trainieren, wenn man sie auf einem großen Parkplatz übt. Du solltest in der Lage sein, ohne plötzliche Änderungen am Gasgriff sanft von einer Kurve in die nächste überzugehen. Wenn du alles richtig machst, wird sich deine Gasgriffstellung während der gesamten Acht nicht ändern. Das Fahren von Achten ist eine großartige Übung, weil es nahezu alle in diesem Buch beschriebenen Fähigkeiten kombiniert und einen nicht so schwindelig macht, wie es ständiges Fahren von Kreisen tut. Sobald du gut Achten fahren kannst, gehen die zehn Schritte in Fleisch und Blut über.

Beim Übergang zwischen zwei engen Kurven ist es nötig, das Körpergewicht vor dem tatsächlichen Beenden der Kurve auf die andere Maschinenseite zu verlagern. Wenn das passiert, wird das Motorrad einen Augenblick in der ersten Kurve liegen, während der Körper sich bereits in die zweite hängt. Wenn man dies nicht macht, ist man gezwungen, während des Lenkens eine ernsthafte Gewichtsverlagerung durchzuführen, was das Fahrwerk aus der Ruhe bringt und möglicherweise zu einem Traktionsverlust führt.

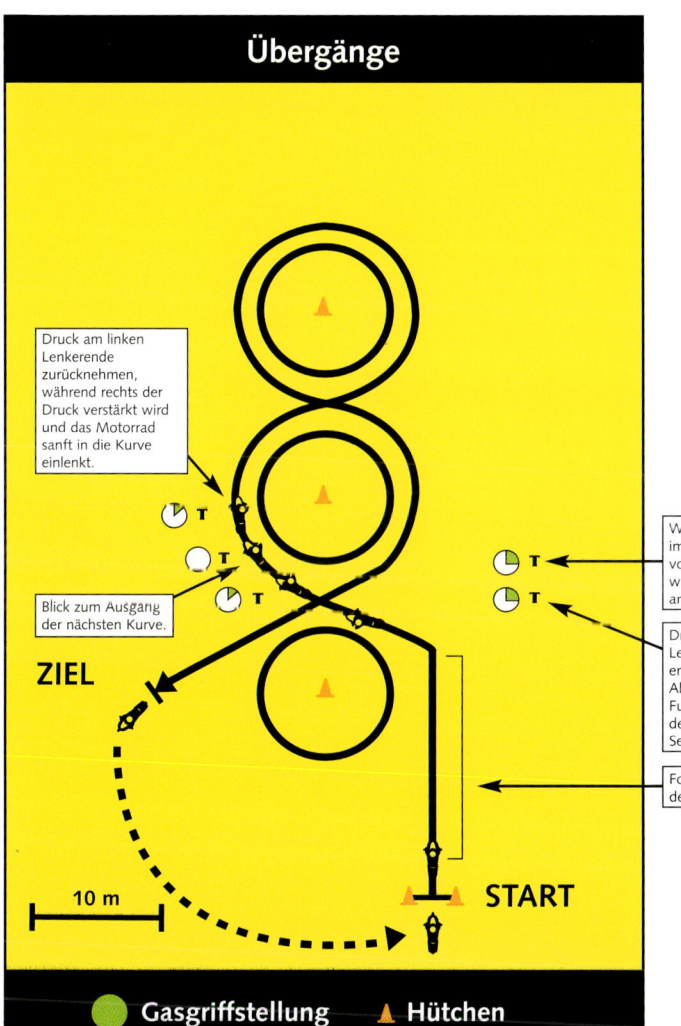

Übergänge

Druck am linken Lenkerende zurücknehmen, während rechts der Druck verstärkt wird und das Motorrad sanft in die Kurve einlenkt.

Blick zum Ausgang der nächsten Kurve.

ZIEL

Während das Motorrad immer noch in der vorherigen Kurve liegt, wird der Körper auf die andere Seite gebracht.

Druck am linken Lenkerende aufrechterhalten und Gewicht zum Abstützen auf die linke Fußraste verlagern, um den Körper auf die andere Seite zu drücken.

Folge für diese Sektion den Kurvenübungen.

10 m

START

● **Gasgriffstellung**   ▲ **Hütchen**

13 Langsame Kehrtwenden

Nur wenige Aktivitäten beim Fahren auf Straßen sind so frustrierend wie das Durchfahren einer langsamen engen Kurve in begrenzten Platzverhältnissen – besonders, wenn man die Technik nicht kennt. Ich lehre diese Abläufe bei meinen Fortgeschrittenen-Kursen immer zuletzt, weil sie den Einsatz exakt der entgegengesetzten Techniken erfordern, wie sie für schnelle Kurven notwendig sind, und ich will die Leute nicht verwirren. Glücklicherweise ist es eine der einfachsten Übungen. Tatsächlich sind die meisten Fahrer nach fünf Minuten Training in der Lage, ihren Kehrendurchmesser um 30 bis 40 Prozent zu reduzieren.

Wie bereits erwähnt, gibt es neben dem Radstand zwei hauptsächliche Faktoren, die das Lenkverhalten eines Motorrades beeinflussen: der Lenkeinschlagwinkel und die Schräglagenfreiheit. Weil niemand mit dem Lenker am Anschlag fahren kann, ist die Vergrößerung der Schräglage die einzige Basis echter Verbesserungen.

Vergrößerung der Schräglage

In schnellen Kurven will man so wenig Schräglage wie möglich einsetzen. In enge Kehrtwenden will man dagegen absichtlich mit

Verschiebe deine Körperposition so weit wie möglich nach außen, wie es die Länge des inneren Arms erlaubt. Der Rumpf sollte dabei so hoch und so nahe zum Tank wie möglich liegen.

Schau so nahe wie möglich hinter dir auf den Boden, um den Bogen eng zu halten.

In engen Kehren wird die meiste Arbeit mit dem inneren Arm erledigt, der den Druck sowohl für das Lenken als auch für das Ausbalancieren variieren muss. Rechtskurven sind schwieriger, weil die rechte Hand gleichzeitig noch das Gas kontrollieren muss.

Belaste die äußere Fußraste, um das Gleichgewicht zu halten. Die Raste ist in engen Kehrtwenden der primäre Lastträger.

korrekt

Selbst schwere Tourendampfer können mit der richtigen Technik fast mühelos gewendet werden. Beachte, dass der innere Fuß des Fahrers vollständig von der Raste genommen wurde. Mit dem Großteil des Fahrergewichts auf der äußeren Raste hält das innere Bein nur den Körper am Tank fest.

so viel Schräglage wie möglich hineingehen. Der Grund für die zurückhaltende Schräglage in schnellen Kurven liegt darin, dass man etwas Reserve für den Fall haben will, dass die Federung durch eine Unebenheit oder einen Impuls durch den Fahrer stärker zusammengedrückt wird. Hat man beim Fahren über eine Bodenwelle keine Reserven mehr, wird etwas Hartes wie eine Fußraste, der Auspuff oder der Ständer aufsetzen und möglicherweise die Maschine ausheben. In engen Kehren existiert diese Art Gefahr nicht, sodass man die maximale Schräglage ungefährdet ausnutzen kann, um sie so scharf wie möglich zu umfahren.

Um das Motorrad wirklich in die Kurve zu neigen, musst du der Erdanziehungskraft entgegenwirken, damit es nicht umfällt. In schnellen Kurven erledigt dies hauptsächlich die Zentrifugalkraft, doch diese reicht in langsamen Kehren nicht aus. Es ist wichtig, das Körpergewicht zum Ausbalancieren des Maschinengewichts einzusetzen. Hierzu wird so viel Gewicht wie möglich auf die Außenseite der Kehre verlagert. Dies ähnelt der Technik von Katamaran-Seglern, die sich seitlich an das Boot hängen, um es nicht umkippen zu lassen. Natürlich ist dies genau das Gegenteil von dem, was du in diesem Buch über das Durchfahren von schnellen Kurven gelernt hast, also ist es wichtig, diese Technik nur bei langsamen Kehren und sehr engen Kurven einzusetzen.

Der Schlüssel für ein gutes Funktionieren dieser Technik liegt darin, sich herauszulehnen, um sicherzustellen, dass die Maschine gut ausbalanciert ist und nicht kippt, wenn man seinen Griff am Lenker lockert. Wie in schnellen Kurven ist es am besten, die Lenkimpulse nur mit dem linken Arm einzuleiten. Durch die Entspannung des äußeren Arms wird es deutlich einfacher, eine enge Bahn zu fahren, weil dann nicht beide Arme miteinander um die Kontrolle der Lenkung ringen.

Durch das Verschieben deines Körpers auf die entgegengesetzte Seite der Maschine liegt der Großteil deines Gewichtes auf der äußeren Fußraste. Dies ist wieder genau das Gegenteil von dem, was man in schnellen Kurven macht. Es ist wichtig, den Rumpfbereich so hoch und weit wie möglich zum Tank zu verlagern, um den idealen Balancepunkt zu finden. Je weiter du den Körper von der Maschine wegbewegen kannst, desto mehr Schräglage kannst du erzeugen und desto enger wird dein Wendemanöver.

Der Blick ist die Sache, die eine langsame Kehre gelingen oder scheitern lässt. Wohin er fällt, hat eine große Wirkung darauf, wohin du fährst. Um eine möglichst enge Bahn zu erzielen, musst du hinter dir auf den Boden schauen, damit das Motorrad deiner Führung mit einer sauberen engen Linie folgt.

Eine gute Art, enge Kehren zu trainieren, ist das schrittweise Enger-Ziehen von Kreisen auf einem Parkplatz. Dies lässt dich mit deinem persönlichen Tempo allmählich den minimalen Durchmesser erreichen. Trainiere jede Seite getrennt, bis du dich in beiden Richtungen wohl fühlst. Wenn du dies gemeistert hast, kannst du mit dem Fahren enger Achten beginnen, damit dir nicht so schwindelig wird wie bei Kreisen. Wie bei allen diesen Übungen sorgt längeres Training dafür, dass die Technik immer leichter wird. Und wenn du die gesamte Übung beherrschst, wirst du nie wieder Angst vor Kehren haben.

Schutz vor dem Umkippen

Das vielleicht größte Hindernis, welches es beim Durchfahren enger Kehren zu überwinden gilt, ist die Angst vor dem Umfallen. Wenn sich das Motorrad dem Punkt nähert, an dem du fürchtest, die Lenkung könne es nicht mehr halten, ist etwas mehr Gas alles, was zu tun ist. Dies sorgt dafür, dass sich das Motorrad etwas aufstellt, und es wird die gleiche Zentrifugalkraft genutzt, die Rennfahrer vom Stürzen in extremen Schräglagen abhält. Schon das alte Sprichwort sagt ja: »Im Zweifel immer Gas geben.«

14 Fahren zu zweit

Sportliches Fahren zu zweit ist nicht so verbreitet wie der Soloritt, aber es kann sich genauso lohnen, wenn beide Teilnehmer die richtigen Fähigkeiten aufweisen. Dies gilt besonders, wenn Fahrer und Beifahrer reichlich Erfahrung haben und als Team zusammenarbeiten. Sportives Fahren zu zweit ist wie Tanzen: Ein Partner führt, der zweite folgt, und zusammen arbeiten sie wie ein einzelnes bewegliches Teil. Ich habe öfter erfahrene Pärchen ahnungslose Solofahrer überholen sehen, die dachten, sie seien wirklich schnell. Ein wirklich erfahrenes Paar fahren zu sehen, als wären sie eins, ist ein schöner Anblick. Insgesamt ist das Teilen der Erfahrung mit anderen ein Teil des Spaßes. Deswegen genießen wir Clubtreffen und Fahren mit Freunden. Wie beim Tanzen liegt das Geheimnis des guten Fahrens zu zweit im Rhythmus. Dies erfordert das Wissen über die richtigen Bewegungen und ihre Ausführung in der korrekten Reihenfolge und mit perfektem Timing.

Das zusätzliche Gewicht und der Luftwiderstand eines Beifahrers beeinflussen unvermeidlich die Handhabung und die Federung der Maschine. Dies wissend, ist es das Ziel eines Beifahrers, seinen Körper so neutral wie möglich zu positionieren, um diesen Effekt so weit wie möglich zu minimieren. Wir werden die richtigen Mitfahr-Techniken für jeden Zustand vorstellen, den das Motorrad beim sportlichen Fahren erreicht. Doch zunächst müssen wir einige Grundlagen des Mitfahrens genau betrachten.

Priscilla hat den Bogen raus

Meine bevorzugte Beifahrerin ist eine Frau namens Priscilla Wong, die mit einem natürlichen Talent für das Fahren zu zweit gesegnet ist. Das erste Mal nahm ich sie mit, als ich eine Buell S3 auf der Rennstrecke von Buttonwillow testete. Ich sagte Priscilla, dass ich langsam beginnen würde und sie mir auf die Schulter klopfen solle, wenn ich zu schnell werden würde. Ich war erstaunt, wie gut sie meiner Führung folgen konnte, und nach zwei Runden ließen wir fast in jeder Kurve Bauteile über den Asphalt kratzen, obwohl wir beide innen von der Maschine hingen. Doch wir setzten niemals hart auf. Nach Runde drei gab sie mir mit dem nach oben zeigenden Daumen das Zeichen »schneller fahren«. Unglücklicher- und überraschenderweise waren wir bereits an der Grenze der Maschine angelangt.

Ich fragte Priscilla, wie sie in der Lage war, während solch heikler Momente die Fassung zu behalten. Sie erklärte, dass sie absolutes Vertrauen in meine Fähigkeiten hätte, was ihr erlaubte, sich darauf zu konzentrieren, einfach ein guter Beifahrer zu sein, ohne sich über die Grenzen des Motorrades Sorgen machen zu müssen – das wäre mein Job. Später erkannte ich die Weisheit ihrer Worte. Immerhin hätte jeder Zweifel ihrerseits die Fahrt negativ beeinflusst. Das Beste, was Beifahrer und Fahrer tun können, ist volles Vertrauen ineinander zu setzen. Vertrauen ist der Schlüssel zu entspannten, fließenden Bewegungen und einer guten Fahrtechnik. Priscilla sagte außerdem, dass Vertrauen bereits vor dem Aufstieg auf das Motorrad entstehe. Wenn sie dem Fahrer nicht trauen würde, würde sie erst

Beifahrerin Priscilla Wong sagt, dass die wichtigsten Faktoren beim schnellen Fahren zu zweit »komplettes Vertrauen in den Fahrer« und »Mitfließen« sind.

Hier demonstriert Priscilla bei einer Fahrt in reichlich Schräglage ihr Vertrauen in den Fahrer (mich!). Sogar bei diesem Tempo hat sie die Nerven, in die Kamera zu lächeln.

Weites Hinauslehnen, um einen Blick nach vorn zu erhaschen, erzeugt Probleme in der Aerodynamik und bei der Gewichtsverteilung.

Obwohl es harmlos erscheint, kann eine geschlossene Hand bei einer Vollbremsung einen schmerzhaften Druck in den Bauch des Fahrers ausüben.

Das Abstützen gegen den mittleren oder oberen Rücken des Fahrers erzeugt beim Bremsen einen immensen Druck auf seinen Oberkörper.

Es ist wichtig, die Fußrasten nicht ungleichmäßig zu belasten – dies gilt besonders für Kurven, das Bremsen und Beschleunigen.

unkorrekt

Der einäugige Blick ist die beste Art für einen Beifahrer, zu erkennen, was vorne passiert, ohne das Handling der Maschine deutlich zu verschlechtern.

In dieser Position sorgt ein kurzer Schlenker mit dem Handgelenk dafür, ob weitergefahren oder angehalten wird.

Wenn die Arme um den Fahrer gelegt sind, kann sich der Beifahrer durch leichtes Festhalten selbst gegen verschiedene Fliehkräfte stabilisieren.

Das Abstützen gegen den Tank ist der beste Weg, bei stärkeren Bremsungen den Druck vom Fahrer fern zu halten.

korrekt

gar nicht auf seine Maschine steigen. Zum Umgang mit Momenten und Anspannung sagte sie: »Das Mitfahren auf dem Motorrad ähnelt ja einer Fahrt in der Achterbahn. Wenn ich fühle, dass ich mich zu ängstigen beginne, stelle ich mir einfach vor, ich säße in der Achterbahn, dann entspanne ich mich und genieße die Fahrt wieder.«

Die Auswahl geeigneter Begleiter

Bei der Entscheidung, ob du mit jemandem mitfahren willst, müssen viele Dinge in Betracht gezogen werden. Du solltest niemals eine Fahrt mit jemandem antreten, der Alkohol getrunken hat. Weiterhin solltest du es ablehnen, mit jemandem zu fahren, der bereits mehrere Stürze hinter sich hat oder eine »Ist mir egal«-Haltung dazu an den Tag legt. Du solltest nie-

mals mit jemandem fahren, der keine geeignete Sicherheitskleidung inklusive eines genormten Helms trägt. Und schließlich solltest du es ablehnen, mit jemandem zu fahren, dem du nicht vollständig vertraust. Ohne Vertrauen wirst du dich nicht wohl genug fühlen, um dich zu entspannen und mit dem Motorrad zu fließen. Wenn es dir an Vertrauen mangelt, wirst du dich und den Fahrer einem Risiko aussetzen, weil ein ängstlicher und verspannter Beifahrer für ruckartige Bewegungen sorgt, die die Stabilität der Maschine verschlechtern können.

Fahrer sollten ihre Passagiere nach ähnlichen Kriterien auswählen. Als Fahrer sollte deine Regel lauten: »Ohne Nüchternheit und Ausrüstung keine Mitnahme.« Bedenke, dass deine Passagiere ihr Leben genauso in deine Hände legen, wie du deines in ihre.

Wenn der Sozius beim Aufsitzen das rechte Bein vollständig über den Sitz hebt, ist das für den Fahrer am wenigsten anstrengend. Wenn dies nicht möglich ist, muss der Fahrer das Gewicht des Beifahrers ausgleichen, indem er das Motorrad leicht zur anderen Seite neigt, wenn der Passagier seinen linken Fuß auf die linke Raste stellt, aufsteht und dann das rechte Bein über das Motorrad hebt. Indem er sich nach vorne neigt, erleichtert der Fahrer dem Beifahrer das Erklettern der Maschine. Der Beifahrer darf seine Füße erst wieder von den Rasten nehmen, wenn es Zeit zum Absteigen wird.

Vor der Fahrt

Wenn du dich entschieden hast, die Verantwortung für die Mitnahme eines Passagiers zu übernehmen, muss eine Verständigung darüber erzielt werden, welche Verhaltensweisen als »akzeptable Risiken« betrachtet werden. Der Bereich der Risiken, die Passagiere zu akzeptieren bereit sind, ist breit, sodass eine gute Kommunikation vor dem Start entscheidend dafür ist, Probleme auf der Straße zu vermeiden. Vor Fahrtantritt sollten sich Fahrer und Beifahrer auch auf einige Hand- oder Körpersignale einigen. Dies ist nützlich für die Verständigung darüber, ob das Tempo als zu hoch oder zu niedrig empfunden wird. Signale können auch für eine Pause vereinbart werden. Der Fahrer trägt die Verantwortung dafür, dass der Beifahrer eine korrekte Ausrüstung trägt. Mangelt es diesem hieran, sollte der Fahrer in der Lage sein, ihm oder ihr eine zur Verfügung zu stellen. Für den Passagier gelten die gleichen Regeln bezüglich der Sicherheitskleidung wie für den Fahrer. Beachte Kapitel 20 für eine genauere Vorstellung von Ausrüstungsgegenständen.

Auf- und Absteigen

Wenn sowohl Fahrer als auch Beifahrer mit den Fähigkeiten und der Einstellung des jeweils anderen zurechtkommen und sich auf einige Grundregeln geeinigt haben, wird es Zeit, zusammen Spaß zu haben. Obwohl das Auf- und Absteigen keine große Sache zu sein scheint, habe ich schon Motorräder wegen mangelnder Kommunikation oder schlechter Technik am Boden liegen sehen.

Für den Fahrer ist der erste Schritt vor dem Aufsteigen das Anzeigen seiner Bereitschaft – dies sollte am besten verbal geschehen. Zu diesem Zeitpunkt solltest du das Motorrad ausbalancieren und den Beifahrer anweisen, das Motorrad von links zu besteigen. Nachdem du angekündigt hast, dass du bereit bist, sollte der Beifahrer seine linke Hand als Signal, dass er dabei ist, an Bord zu gehen, auf deine linke Schulter legen. Dann sollte der Passagier eine der auf den Fotos gezeigten Techniken einsetzen, um aufzusteigen. Auf der Maschine sitzend, sollte der Beifahrer signalisieren, dass er in Position und startbereit ist.

Nachäffen

Einmal in Fahrt, ist es die vornehmste Aufgabe des Beifahrers, so unauffällig wie möglich zu sein. Die beste Art, dieses zu erreichen, ist das möglichst genaue Nachahmen der Bewegungen des Fahrers. Lehnt sich dieser 20° nach links, muss sich auch der Beifahrer 20° nach links lehnen. Duckt sich der Fahrer,

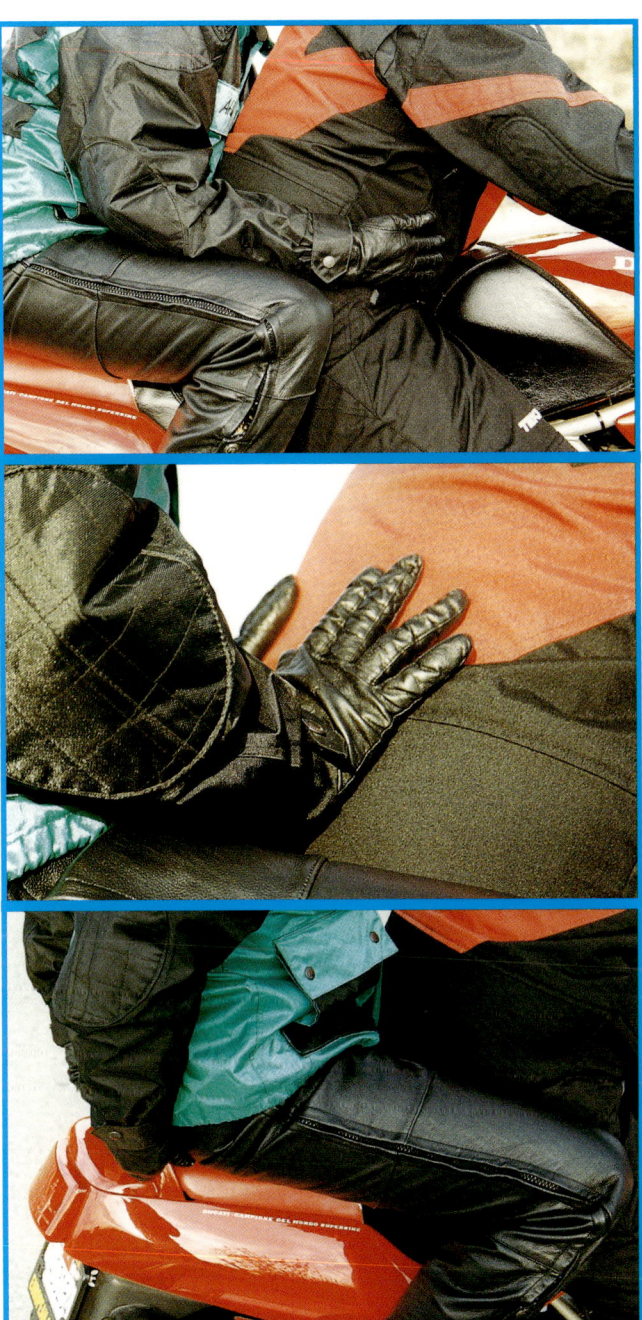

Wenn du beim Bremsen nicht um den Fahrer herumreichst, um den Tank zu erreichen, gibt es verschiedene andere akzeptable Alternativen für deine Hände: Halte die Taille oder Hüfte des Fahrers (oben), drücke dich unten gegen seinen Rücken ab (Mitte) oder halte dich am Haltebügel fest (unten).

sollte der Passagier es ihm nachmachen. Eines der schlimmsten Dinge, die ein Sozius machen kann, ist das Lehnen oder Bewegen in die entgegengesetzte Richtung wie der Fahrer.

Nach einer gewissen Zeit im Sattel beginnen die Knie, Knöchel und der Hintern zu schmerzen und müssen bewegt werden, damit die Durchblutung in Gang bleibt. Es liegt in der Verantwortung des Beifahrers, diese Lockerungen langsam und in unkritischen Situationen wie auf geraden Strecken durchzuführen, wo solche Bewegungen den Fahrer nicht durcheinander bringen.

Beschleunigen und Bremsen

Die durch die Mitnahme eines Passagiers auftretenden veränderten physikalischen Kräfte erfordern einige Änderungen des Fahrstils. Mit dem zusätzlichen Gewicht auf dem Maschinenheck sorgt hartes Beschleunigen dafür, dass die Front extrem leicht wird, besonders wenn es bergauf geht. Großvolumige Sportmaschinen und auch viele Mittelklassemaschinen lassen sich so unmöglich mit Vollgas beschleunigen, ohne einen Wheelie zu riskieren. Dies reduziert die Traktion vorn und entspannt die Gabel, was durch den so geänderten Lenkkopfwinkel und Nachlauf die Lenkung erschwert. Diese zwei Effekte sorgen dafür, dass die Maschine mit Passagier bei einem vorgegebenen Tempo eine weitere Bahn zieht als das Solo-Motorrad. Bei der Mitnahme eines Passagiers muss man also langsamer sein, um seine »normale« Bahn einzuhalten.

Das zusätzliche Gewicht des Beifahrers erfordert zum Verzögern eine wesentlich stärkere Bremskraft und kann eine größere Gewichtsverlagerung nach vorne bewirken. Dies bedeutet, dass man deutlich mehr Platz zum Abbremsen braucht als beim Solofahren. Dies ist nicht etwas, was man erst durch einen Unfall herausfinden sollte. Auf der positiven Seite hat die Hinterradbremse durch die Gewichtsverlagerung nach hinten eine erhöhte Wirksamkeit.

Beifahrer werden beim Beschleunigen und Bremsen öfter aus dem Gleichgewicht gebracht. Es ist hilfreich für sie, sich mit deinen Brems- und Beschleunigungs-Gewohnheiten bekannt zu machen. Indem man es seinem Passagier bequem macht, kann man ihn und sich selbst vor einer Menge ängstlicher Momente schützen, nicht zu erwähnen die ärgerlichen Zusammenstöße der Helme. Um ihn davor zu schützen, hinten herunterzufallen oder nach vorne in den Fahrer zu rutschen, muss der Passagier mit dem Motorrad und dem Fahrer in gutem Kontakt sein.

Da die Beine die stärksten Muskeln des menschlichen Körpers haben, ist es am besten, ihnen die meiste Arbeit zu überlassen. Abhängig vom Aufbau der speziellen Maschine sollte der Passagier seine Hacken oder Zehen innen gegen den Fußrastenhalter oder Rahmen drücken, um eine solide Verbindung zur Maschine zu haben. Zusätzlich sollten die Schenkel zur Stabilisierung eingesetzt werden, indem man sie leicht ge-

Wird mit Passagier hart beschleunigt, entlastet das Motorrad seinen Vorderreifen wesentlich stärker als im Solobetrieb und kann sogar aufsteigen. Jeder Versuch, zu dieser Zeit zu lenken, ist ein riskantes Unterfangen, da nur noch minimale Traktion vorhanden ist.

gen den Fahrer drückt. Die Hände des Beifahrers können auf verschiedene Arten positioniert werden. Für die Beschleunigungskräfte sollte der Passagier seine Hände nach vorne bewegen und sich an etwas festhalten. Die Hände können seitlich vorne an die Hüften des Fahrers gelegt werden, aber sie sollten sich immer nur daran »halten« und nicht in den Fahrer eingraben. Die Hände können auch auf dem Tank liegen, während der Beifahrer den Fahrer leicht mit den Armen drückt, um sich selbst in Position zu halten.

Verzögerungskräften tritt man am besten entgegen, indem man sich gegen den Tank abstützt oder am Haltebügel festhält, falls das Motorrad damit ausgerüstet ist. Auch kann man sich gegen den Fahrer abstützen, allerdings ist es dabei wichtig, dies an einem möglichst niedrigen Punkt seines Rückens zu tun. Drückt der Beifahrer seine Hände zu weit oben gegen den Fahrer, kann dies zu einem gefährlichen Druck auf dessen Oberkörper und damit auf seine Arme und Hände führen, was es ihm sehr erschwert, die Bremse wirkungsvoll zu regulieren und die Lenkung feinfühlig zu bedienen.

Kurven fahren

Das zusätzliche Gewicht des Beifahrers belastet die Federung, verringert deutlich die Bodenfreiheit und reduziert so die Kurvengeschwindigkeit. Obwohl straffere Federungseinstellungen, Federn und Reifenluftdrücke helfen, wird eine Temporeduzierung von mindestens 30 Prozent nötig, um die gleichen Sicherheitsreserven zu behalten wie beim Fahren ohne Passagier. Es ist völlig natürlich, dass man sehen will, was passiert, aber Beifahrer sollten ihren Kopf nicht mehr als nötig bewegen. Die verlagerte Gewichtsverteilung kann zusammen mit der aerodynamischen Wirkung des Helms im Wind das Motorrad in unerwartete Schräglagen und Richtungsänderungen bringen. Im Allgemeinen kann der Fahrer kleine Änderungen in diesen Bereichen ausgleichen, aber ein rascher und plötzlicher Positionswechsel des Kopfes kann zu einer ernsthaften Instabilität führen. Deswegen müssen Passagiere alle Bewegungen auf dem Motorrad minimieren, die nicht synchron mit dem Fahrer erfolgen, ganz besonders, wenn sie mit der Belastung der Fußrasten zusammenhängen. Wenn Freddy Spencer als Teil

Der Blick in die Kurve hilft dem Beifahrer, die Motorrad- und Fahrbewegungen vorauszuahnen. Dabei sollte er sich der Neigung des Fahrers anpassen.

seiner Sportfahrerschule Kursteilnehmer um die Rennstrecke fährt, nutzt er eine effektive Technik, um seine Passagiere in die korrekte Richtung zu neigen. Er bittet seinen Beifahrer, in Rechtskurven über die rechte Schulter und entsprechend über seine linke Schulter in Linkskurven hineinzublicken. Dies stellt sicher, dass der Beifahrer seinen Körper so positioniert, dass die Masse seines Körpergewichts innen in der Kurve liegt.

»Ich mag es, auf den Ballen meiner Füße zu stehen, sodass ich bereit dafür bin, mein Gewicht synchron mit dem Fahrer zu verlagern«, sagt Priscilla Wong. »Gib dem Fahrer so viel Freiheit und Platz wie möglich, aber bleibe immer in leichtem Körperkontakt mit ihm, damit du seine Bewegungen fühlen und unverzüglich reagieren kannst. Je öfter du mit einem speziellen Fahrer unterwegs bist, desto leichter kannst du seine Bewegungen vorausahnen. Wenn du hierin gut genug bist, können Kurven zu zweit so anmutig wie ein Ballett sein.«

15 Einstellung der Federung

E ine richtig eingestellte Federung zu haben, ist einer der Schlüssel zum schnellen und sicheren Fahren. Egal, welchen Stoßdämpfer- oder Gabel-Typ deine Maschine hat, alle erfordern eine korrekte Einstellung, um ihr gesamtes Potenzial ausnutzen zu können. Wir haben in Kapitel 3 die grundsätzliche Theorie der Federung abgedeckt. Jetzt ist es Zeit, die spezielle Einstellung der Komponenten zu erlernen. Wenn du den hier ausgesprochenen Empfehlungen folgst, kannst du das Handling deiner Maschine fühlbar verbessern.

Einstellung des statischen Federdurchhangs

Der erste Schritt ist die Einstellung des Einsackens und die Ermittlung, ob deine Federn die korrekte Federrate haben. Der statische Federdurchhang ist der Unterschied zwischen völlig entspannter und durch Fahrer und Maschine belasteter Feder, gemessen mit dem Fahrer in seiner normalen Sitzposition. Der statische Durchhang wird auch als »negativer Federweg« bezeichnet. Wenn du schon mal den Durchhang gemessen hast, wirst du vielleicht bemerkt haben, dass du ihn drei- oder viermal kontrollieren kannst und dabei drei oder vier Ergebnisse erzielst, obwohl du nichts verändert hast. Der Grund hierfür liegt in der Reibung der Gabel, der/des Stoßdämpfer(s) oder seiner Anlenkung. Glücklicherweise hat Paul Thede von der Firma Race Tech eine Methode zur Messung des Durchhangs entwickelt, die die Reibung mit einbezieht. Wir beginnen mit der Einstellung des Durchhangs an der Hinterradfederung.

Hinterradfederung

Schritt 1: Entspanne die Federung vollständig, bis das Hinterrad nicht mehr den Boden berührt. Manchmal hilft es, bei dieser Aufgabe ein paar Freunde dabei zu haben. Motorräder mit Hauptständer können normalerweise einfach aufgebockt werden, um die Federung zu entlasten. Achte auf eine sorgfältige Ausführung. Die meisten Montageständer können nicht eingesetzt werden, weil die Federung immer noch belastet wird, wenn das Motorrad auf der Schwinge anstatt auf dem Reifen gehalten wird. Mit Hilfe eines Maßbandes wird der Abstand zwischen der Radachse und irgendeinem senkrecht darüber liegenden Teil des Fahrwerks gemessen. Versuche, bei den Messungen das Band so senkrecht wie möglich zu halten, um das genaueste Ergebnis zu erzielen. Diese Messung wird »L1« genannt. Notiere den L1-Wert, da er später als Referenzpunkt benutzt wird (Abbildung 1).

Schritt 2: Nimm das Motorrad vom Ständer oder der Abstützung und setze den Fahrer in seiner normalen Position darauf. Das Motorrad wird dabei von einer Person am Lenker ausbalanciert. Für eine bessere Genauigkeit musst du die Reibung der gegebenenfalls vorhandenen

Abbildung 1: Durchhang der Hinterradfederung

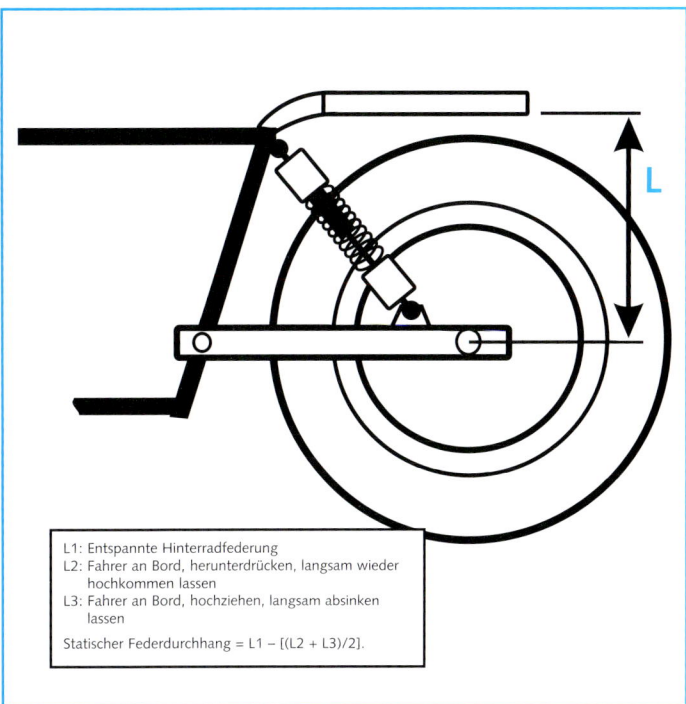

L1: Entspannte Hinterradfederung
L2: Fahrer an Bord, herunterdrücken, langsam wieder hochkommen lassen
L3: Fahrer an Bord, hochziehen, langsam absinken lassen

Statischer Federdurchhang = L1 − [(L2 + L3)/2].

Beim Ermitteln des Durchhangs der Hinterradfederung muss sichergestellt werden, dass die Messungen so senkrecht wie möglich durchgeführt werden.

Stoßdämpferanlenkung mit einberechnen. Hier unterscheidet sich Thedes Prozedur von der Standard-Messmethode. Als Nächstes drückst du das Heck etwa 25 mm herunter und lässt es sehr langsam wieder hochkommen. Denk daran, dass der Fahrer weiterhin auf der Maschine sitzen muss. Wenn die Federung stehen bleibt, wird erneut der Abstand zwischen der Achse und der zuvor genutzten Stelle am Fahrwerk gemessen. Ist in der Anlenkung keine Reibung vorhanden, wird das Motorrad etwas weiter ausfedern, wenn es zuvor heruntergedrückt wurde. Es ist wichtig, dass du das Heck nicht hochschnellen lässt, da dies ein unkorrektes Messergebnis erzeugt. Diese Messung wird »L2« genannt.

Schritt 3: Lasse deine Helfer das Motorrad hinten um etwa 25 mm anheben und dann sehr langsam wieder herunterkommen. Führe eine Messung durch, wenn die Federung stoppt. Ist in der Anlenkung keine Reibung vorhanden, wird das Motorrad etwas weiter einfedern als bei L2, wenn es zuvor angehoben wurde. Es ist wichtig, dass du das Heck nicht herunterfallen lässt, da dies ein unkorrektes Messergebnis erzeugt. Diese Messung wird »L3« genannt.

Schritt 4: Der Durchhang ist die Mitte zwischen L2 und L3. Um den tatsächlichen Durchhang zu ermitteln, wird der Mittelwert der zwei Werte L2 und L3 von dem Wert L1 der voll entspannten Federung abgezogen. Der statische Federdurchhang ist also L1 − [(L2 + L3)/2].

Messung des statischen Federdurchhangs

Hinterradfederung

Schritt 1:   Federung völlig entspannt   L1_____

Schritt 2:   Belastet, gedrückt, aufgestiegen   L2_____

Schritt 3:   Belastet, angehoben, eingesackt   L3_____

Formel für statischen Federdurchhang = $L1 - [(L2 + L3)/2]$

Statischer Federdurchhang, hinten:_____

Einstellungen hinten

	Federweg	Prozent des Gesamtfederwegs
Geländemaschinen	95 – 100 mm	30 – 33 %
kleine Geländemaschinen	75 – 80 mm	30 – 33 %
Straßenmaschinen	30 – 35 mm	28 – 33 %
Rennmaschinen	25 – 30 mm	23 – 27 %

Haftreibung der Hinterradfederung (mechanischer Zustand) = $L3 - L2$

         Haftreibung_____

         Hinterradfederung, guter Zustand = 3 mm
         Hinterradfederung, schlechter Zustand = 10 mm

Vorderradfederung

Schritt 1:   Federung völlig entspannt   L1_____

Schritt 2:   Belastet, gedrückt, aufgestiegen   L2_____

Schritt 3:   Belastet, angehoben, eingesackt   L3_____

Formel für statischen Federdurchhang = $L1 - [(L2 + L3)/2]$

Statischer Federdurchhang, vorne:_____

Einstellungen vorne

	Federweg	Prozent des Gesamtfederwegs
Geländemaschinen	75 – 85 mm	25 – 28 %
kleine Geländemaschinen	65 – 70 mm	25 – 28 %
Straßenmaschinen	30 – 35 mm	28 – 33 %
Rennmaschinen	25 – 30 mm	23 – 27 %

Haftreibung der Vorderradfederung (mechanischer Zustand) = $L3 - L2$

         Haftreibung_____

         Vorderradfederung, guter Zustand = 15 mm
         Vorderradfederung, schlechter Zustand = 40 mm

Test der Federrate (hinten)

Dieser Federraten-Test misst den freien Durchhang, also den Wert des reinen Maschinengewichts ohne Fahrer.

Hinterradfederung

Geländemaschinen	15 – 25 mm	
kleine Geländemaschinen	10 – 20 mm	
Straßenmaschinen	0 – 5 mm	(nicht zu hart ausfedern)
Rennmaschinen	0 – 5 mm	(nicht zu hart ausfedern)

Wenn der statische Durchhang korrekt ist und die Federrate UNTER dem empfohlenen Minimumwert liegt (also z.B. ausgefedert hart anschlägt), wird eine WEICHERE Feder benötigt.

Wenn der statische Durchhang korrekt ist und die Federrate ÜBER dem empfohlenen Maximumwert liegt, wird eine HÄRTERE Feder benötigt.

Nutze dieses Arbeitspapier zur Bestimmung der besten Federungs-Einstellung für dein Motorrad.

Schritt 5: Stelle die Federvorspannung des/der Stoßdämpfer(s) ein. Je nach Ausführung kann hierzu ein Hakenschlüssel nötig sein, manchmal ist zuvor ein Konterring zu lösen. Bei Rennmaschinen beträgt der Durchhang normalerweise 25 bis 30 mm. Straßenmaschinen haben meistens zwischen 30 und 35 mm. Hast du zu viel Durchhang, benötigst du mehr Federvorspannung; ist der Durchhang zu gering, muss die Federvorspannung verringert werden. Die üblicherweise auf der Rennstrecke genutzten härteren Einstellungen sind auf der Straße nicht wünschenswert, weil sie die hier üblichen größeren Fahrbahnunebenheiten nicht ausgleichen können.

Wenn du die Federvorspannung auf die straffste Stellung gebracht hast und immer noch zu viel Durchhang feststellst, benötigst du (eine) straffere Feder(n). Hast du dagegen die Vorspannung auf die minimale Stellung gebracht und immer noch nicht genügend Durchhang gemessen, brauchst du (eine) kürzere oder weichere Feder(n). Ist die Maschine mit zwei Stoßdämpfern ausgerüstet, sind unbedingt beide Federn zu wechseln.

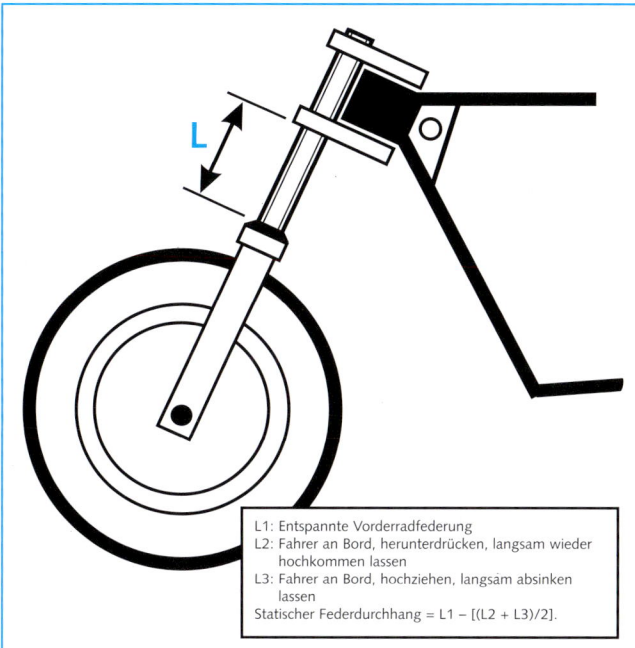

L1: Entspannte Vorderradfederung
L2: Fahrer an Bord, herunterdrücken, langsam wieder hochkommen lassen
L3: Fahrer an Bord, hochziehen, langsam absinken lassen
Statischer Federdurchhang = L1 − [(L2 + L3)/2].

Bei Standard-Gabeln wird der Durchhang wie gezeigt gemessen. Bei Upside-Down-Gabeln wird statt der unteren Gabelbrücke die Radachse als Messpunkt genutzt.

Vorderradfederung

Der Durchhang der Vorderradfederung wird auf eine ähnliche Weise wie bei der Hinterradfederung gemessen, allerdings ist es wichtiger, die Haftreibung der Gabeldichtringe mit einzubeziehen, da sie ausgeprägter ist und eine größere Wirkung auf deine Messung hat.

Schritt 1: Entspanne die Gabel vollständig und miss bei normalen Gabeln vom Abstreifring des Tauchrohres bis zur Unterseite der unteren Gabelbrücke oder bei Upside-Down-Gabeln bis zur Radachse (siehe Abbildung 2). Diese Messung wird »L1« genannt.

Schritt 2: Nimm das Motorrad vom Ständer oder der Abstützung und setze den Fahrer in seiner normalen Sitzposition darauf. Das Motorrad wird dabei von einer Person am Heck ausbalanciert. Drücke die Front herunter und lasse sie sehr langsam wieder hochkommen. Denk daran, dass der Fahrer weiterhin auf der Maschine sitzen muss. Wenn die Federung stehen bleibt, wird erneut der Abstand zwischen dem Dichtring und der Gabelbrücke oder der Achse gemessen. Es ist wichtig, dass du die Front nicht hochschnellen lässt, da dies ein unkorrektes Messergebnis erzeugt. Diese Messung wird »L2« genannt.

Schritt 3: Lasse das Motorrad vorne anheben und sehr langsam wieder herunterkommen. Führe eine Messung durch, wenn die Federung stoppt. Es ist wichtig, dass du die Front nicht herunterfallen lässt. Diese Messung wird »L3« genannt. Wieder unterscheiden sich die Werte L2 und L3 durch die Reibhaftung der Dichtungen und Buchsen. Diese Reibung ist bei Teleskopgabeln deutlich höher als bei Hinterradstoßdämpfern.

Schritt 4: Wie bei der Hinterradfederung befindet sich der Durchhang in der Mitte zwischen L2 und L3, wo er ohne Reibung auch gemessen werden würde. Deswegen wird der Mittelwert der zwei Werte L2 und L3 von dem voll entspannten Wert L1 abgezogen. Der statische Federdurchhang ist also L1 − [(L2 + L3)/2].

Schritt 5: Falls vorhanden, wird die Federvorspannung der Gabelrohre eingestellt. Andernfalls müssen die Distanzstücke innerhalb der Gabelrohre ausgetauscht werden. Straßenmaschinen sollten etwa 25 bis 33 Prozent des Gesamtfederweges einsacken, was etwa 30 bis 35 mm entspricht. Rennmaschinen sacken etwa 25 bis 30 mm ein.

Diese Methode zur Kontrolle des Durchhangs bezieht die Reibhaftung mit ein und erlaubt dir auch die Kontrolle der Anlenkung und der Gabeldichtungen. Je größer die Differenz zwischen den Messungen L2 und L3 oder dem Hochziehen und Herunterdrücken, desto stärker ist die Haftreibung. Eine gute reibungsfreie Anlenkung des Hinterradstoßdämpfers hat nicht mehr als 3 mm Differenz. Eine verschlissene oder verschmutzte Anlenkung weist mehr als 10 mm auf. Eine in einem guten Zustand befindliche Telegabel unterscheidet sich zwischen dem Aus- und dem Einfedern um nicht mehr als 15 mm, dagegen muss eine Gabel, deren Differenz über 40 mm beträgt, zur sorgfältigen Kontrolle und Überholung zerlegt werden.

Unterschiedliche Durchhänge an der Telegabel und der Hinterradfederung haben eine große Auswirkung auf das Handling. Mehr Durchhang vorne oder weniger hinten lassen die Maschine leichter einlenken. Weniger Durchhang vorne oder mehr hinten lassen das Motorrad schwerer einlenken. Ein geringerer Durchhang wird auch die Tendenz zum Aufsetzen verringern, obwohl die Federrate hier eine größere Auswirkung hat als der Durchhang. Rennfahrer setzen oft auf weniger Durchhang, um der Maschine mehr Boden- und damit Schräglagenfreiheit zu verschaffen. Weil sie auch mit wesentlich härteren Brems- und Lenkkräften arbeiten als dies normalerweise auf der Straße üblich ist, nutzen sie eine insgesamt straffere Einstellung.

Wichtig ist, dass es bei der Einstellung des Durchhangs keine einzig wahre und für immer und alle geltende Lösung gibt. Du bevorzugst vielleicht das Gefühl einer Maschine mit mehr oder weniger Durchhang als in unseren Richtlinien genannt. Dein persönlich gewählter Durchhang oder das Verhältnis zwischen Vorder- und Hinterradfederung hängen von verschiedenen Faktoren, darunter dem Fahrstil, der Fahrwerksgeometrie, dem Fahrbahnzustand, der Reifenwahl, deinem Gewicht und deinen fahrerischen Vorlieben ab.

Federungsprobleme und ihre Ursachen

Telegabel

1. Federung zu weich, schlägt durch, schwimmt
   - Ölstand zu niedrig
   - Federrate zu weich
   - Federvorspannung zu gering
   - Ventil verschmutzt, gebrochen oder verbogen, Riefen an Kolben oder Shim
   - Dämpferstangenbuchse verschlissen
   - O-Ring des Kompressionsventils gebrochen
   - Dämpferstange nicht am Gabelverschluss angeschlossen

2. Gabel zu steif, hart, nervös, ruppig
   - Kompressionsdämpfung zu hoch eingestellt
   - Interne Kompressionsdämpfung zu hoch
   - Federrate zu hart
   - Zugdämpfung zu hoch
   - Ölstand zu hoch
   - Siehe unter 6.

3. Dynamische Fahrhöhe zu niedrig, übersteuert
   - Federrate zu weich
   - Federvorspannung zu gering
   - Kompressionsdämpfung zu gering
   - Zugdämpfung zu hoch
   - Irgendetwas macht das Heck höher als die Front

4. Dynamische Fahrhöhe zu hoch, nicht gut lenkbar, untersteuert, drückt
   - Federvorspannung zu hoch
   - Federrate zu hoch
   - Kompressionsdämpfung zu hoch
   - Heck der Maschine zu sehr belastet
   - Irgendetwas macht das Heck niedriger als die Front

5. Taucht beim Bremsen ein
   Anmerkung: Dies tun alle Motorräder bis zu einem gewissen Grad. Das Eintauchen wird nur durch die Federkraft (Rate, Vorspannung, Luft/Öl-Verhältnis) kontrolliert.
   - Siehe unter 3.

6. Starke Haftreibung, hohes Losbrechmoment
   - Achsenklemmung nicht zentriert – Gabelrohre nicht ausgerichtet
   - Gabelstabilisator gebrochen oder falsch eingestellt
   - Gabeldichtringe nicht eingefahren oder schlecht konstruiert (Zubehör)
   - Gabeldichtringe nicht geschmiert
   - Gabelöl von schlechter Qualität oder stark gealtert
   - Gabelrohre, Achse, Gabelbrücke(n) verbogen (Unfallschaden)
   - Riefen oder Kerben in Gleitrohren
   - Gleitbuchsen schlecht konstruiert (Zubehör)
   - Gabelbrücken zu stramm
   - Buchsen beschädigt, eingekerbt oder verschlissen
   - Metall durch folgende Gründe in Gabelbuchsen eingebettet:
     Federvorspanner nicht richtig platziert
     Federvorspanner aus Aluminium verwendet
     Distanzrohr aus Stahl berührt Gabelverschluss aus Aluminium
     Gewinde des Gabelverschlusses beim Einbau beschädigt
   - Dämpferstangenbuchse zu stramm
   - Federführung reibt innen in Feder (durch Reinigung mit Lösungsmittel aufgequollen)
   - Gabelfedern mit zu großem Außendurchmesser

7. Schwer zu lenken
   - Heck zu niedrig
   - Federrate zu steif
   - Federvorspannung zu hoch
   - Reifendruck zu hoch
   - Sitzhöhe zu niedrig oder Lenker zu hoch und/oder zu schmal
   - siehe unter 4.
   - siehe unter 6.

8. Maschinenfront fühlt sich locker an
   - Zugdämpfung zu gering
   - Dämpferstangenbuchsen verschlissen
   - Lenkkopflager locker oder verschlissen
   - Reifenluftdruck zu niedrig
   - Rahmen instabil
   - Zugkolbenringe verschlissen
   - Gabelöl zu alt
   - Gabelöl schäumt auf

9. Lenkkopf wackelt
   - Fahrwerk nicht gerade
   - Vorder- und Hinterrad laufen nicht in einer Spur
   - Gabel, Rahmen oder Schwinge verbogen
   - Gabelölpegel zu hoch
   - Anschlagbegrenzung zu lang
   - Zugdämpfung zu hoch

- Zugdämpfung zu niedrig
- Kompressionsdämpfung zu hoch
- Zusammensetzung der Reifen schlecht oder falscher Reifentyp
- Reifen sitzt nicht korrekt auf Felge
- Rad nicht ausgewuchtet
- Bremsscheibe(n) verbogen oder verzogen
- Lenkkopflager verschlissen oder locker
- Front ist aus irgendeinem Grund niedriger als Heck
- Zu fester Griff am Lenker
- Siehe unter 6.

10. Lenkt bei kantigen Bodenwellen ab
    - Kompressionsdämpfung zu hoch
    - Federrate zu steif
    - Federvorspannung zu hoch
    - Siehe unter 6.

11. Gabeldichtringe undicht
    - Kerben, Löcher oder Rost an Gabelrohren
    - Gabelrohre verbogen
    - Verschlissene Buchsen oder Dichtringe
    - Dichtringe schlecht eingebaut

Stoßdämpfer

1. Heck hüpft oder schlägt aus
   Anmerkung: Dies ist das am häufigsten falsch diagnostizierte Symptom. Es wird üblicherweise nicht genügend Zugdämpfung angenommen, doch es entsteht meistens durch zu viel Kompressionsdämpfung und/oder eine zu steife Feder.
   - Kompressionsdämpfung zu hoch
   - Federrate zu steif
   - Federvorspannung zu hoch
   - Zugdämpfung zu hoch (und nicht zu gering)
   - Lager der Anlenkhebel verschlissen, zu stramm oder nicht geschmiert
   - Reifenluftdruck zu hoch
   - Siehe unter 3.

2. Heck zeigt Wechselwirkung mit Front
   - Kompressionsdämpfung zu hoch
   - Zugdämpfung zu gering
   - Federrate zu steif oder zu weich
   - Stoßdämpfer schlägt beim Ausfedern zu hart an
   - Siehe unter 3.

3. »Klebende(r)« Stoßdämpfer
   - Anlenkung nicht gewartet (falls möglich)
   - Schwingenlager nicht gewartet
   - Stoßdämpferaugen nicht geschmiert
   - Bremsankergelenk oder Trägerplatte nicht geschmiert
   - Lager-Distanzhülsen fehlen oder sind falsch
   - Verbogene Dämpferstange

4. Heck fühlt sich locker an
   - Zugdämpfung zu gering
   - Kompressionsdämpfung zu gering

5. Schlechte Traktion
   - Kompressionsdämpfung oder Zugdämpfung zu hoch
   - Zugdämpfung zu gering
   - Reifenluftdruck zu hoch
   - Zusammensetzung der Reifen schlecht oder falscher Reifentyp
   - Reifen verschlissen
   - Federvorspannung zu hoch
   - Federrate zu steif
   - Siehe unter 3.

6. Kein Spurhalten
   - Zugdämpfung zu hoch
   - Kompressionsdämpfung zu hoch
   - Siehe unter 3.

7. Heck schlägt durch
   - Zu viel statischer Durchhang
   - Kompressionsdämpfung zu gering
   - Federrate zu weich
   - Dämpferkolbenring oder O-Ring verschlissen
   - Dämpferöl gealtert
   - Dämpferdichtung undicht
   - Stickstoff entweicht und sorgt für aufschäumendes Öl

16 Ergonomie

Die meisten Tourenfahrer sind mit der Wichtigkeit der ergonomisch richtigen Anpassung des Motorrades an den Fahrer vertraut. Ihre vielen Stunden im Sattel lassen kleine Komfort-Probleme deutlich hervortreten. Leider beschäftigen sich viele Sportfahrer – wenn überhaupt – viel zu wenig mit diesem Thema, obwohl gerade die Ergonomie eine dramatische Wirkung auf die Kontrolle der Maschine haben kann.

Ergonomie ist die Wissenschaft von der Anpassung der Arbeitsbedingungen an den Menschen. Für einen Motorradfahrer bezieht sich dies auf die Punkte, an denen er seine Maschine berührt. Wenn deine Bedienungselemente korrekt eingestellt und positioniert sind, werden deine Impulse wirkungsvoller, und dein Geist kann sich besser darauf konzentrieren, was um dich herum geschieht, anstatt sich über alles Unbequeme ärgern zu müssen. Ungeachtet deines Geschicks kannst du nur wirklich gut fahren, wenn du dich wohl fühlst.

Ich wurde mir erstmals der Wichtigkeit der Ergonomie bewusst, als ich meine 125er bei Clubrennen einsetzte. Schon nach kurzen Trainingsfahrten bekam ich Krämpfe und Schmerzen. Ich war sehr bald sicher, dass die Leute, die dieses Rennmaschinen konstruiert hatten, niemals einen Menschen wie mich im Kopf hatten, als sie die Positionen der Bedienungselemente festlegten. Die Fußrasten lagen zu hoch und zu weit vorne, der Sitz war zu niedrig und die Verkleidung war zu schmal für meinen Körper, als dass ich mich dahinter zusammenfalten könnte.

Ich begann, an allen Bauteilen zu arbeiten, um diese Probleme zu beseitigen. Mit selbst gebauten Halterungen konnte ich die Fußrasten um etwa 2,5 cm nach hinten und unten verlegen. Damit war ich auf jeden Fall auf dem richtigen Weg. Dann polsterte ich die Sitzbank auf, damit ich 1,5 cm höher kam. Um dem Winddruck entgegenzutreten, montierte ich etwas breitere Halterungen für die untere und obere Verkleidung. Die Suche im Zubehörhandel bescherte mir eine größere Windschutzscheibe. Zusammen brachten diese scheinbar unmerklichen Änderungen genügend Komfort, sodass ich auch am Ende eines Rennens nicht verkrampft war und meine Rundenzeiten um eine ganze Sekunde senken konnte. Obwohl eine Sekunde für jemanden, der nicht Rennen fährt, sehr wenig erscheint, ist zu bedenken, dass dies bei einem Rennen über zwölf Runden bereits zwölf Sekunden ausmacht. Und es ist nicht ungewöhnlich, dass am Ende eines Rennens die ersten zehn Fahrer innerhalb einer kürzeren Zeit als zwölf Sekunden die Ziellinie überqueren.

Komfort

Die wichtigsten Faktoren, die den ergonomischen Komfort beeinflussen, beziehen sich auf die Durchblutung, den Druck und die Hauttemperatur. Wenn du Schmerzen hast oder Teile von dir einschlafen, zeigt dir dein Körper an, dass du nicht ausreichend durchblutet bist. Die Durchblutung wird durch übermäßigen Druck beeinträchtigt. Wenn du beispielsweise längere Zeit sitzt, drücken die im unteren Beckenbereich liegenden Sitzhöcker in weiches Gewebe, wo kleine Kapillargefäße blockiert werden. Als Resultat spürst du einen stechenden Schmerz.

Das Einhalten irgendeiner Körperposition erfordert immer etwas Muskelanspannung. Zu lange Zeit in einer Position zu verbleiben oder die vollständige Ausdehnung irgendeiner Muskelgruppe zu behindern, schränkt die Durchblutung ein. Dies kann leicht passieren, wenn du dich auf einer Sportmaschine zusammenkauerst. Die Lösung bedeutet Ausstrecken oder Entspannen. Im wahrsten Sinne des Wortes kann dieser Prozess die Abfallprodukte deines Körpers einfach wegspülen.

Kälte kann deinen Körper dazu bringen, die Durchblutung der Extremitäten zu verringern, um die inneren Organe zu schützen. Deswegen frieren die Finger und Zehen immer zuerst. Hitze bringt deinen Körper dazu, sich selbst durch Transpiration zu kühlen. Den Schweiß zu lange auf der Haut zu belassen, sorgt für Irritationen.

Lenker

Der Lenker ist naheliegenderweise der Platz, an dem mit jeder ergonomischen Beurteilung begonnen wird, weil er die wichtigste Komponente für die Positionierung des Oberkörpers ist. Ein breiterer Lenker bietet mehr Hebelwirkung zum Lenken, was bei großen und schweren Maschinen wichtig ist. Dieser Vorteil wird normalerweise mit stärkerer radialer Bewegung der Handgelenke erkauft – dein Handgelenk wird also mit dem Daumen mehr zum Arm verdreht. Um eine korrekte Breite für eine gegebene Anwendung zu finden, musst du einen Kompromiss zwischen leichtem Lenken und erhöhtem Druck auf deine Handgelenk-Knochen eingehen.

Deine Vorlieben bezüglich des Lenkers sollten auch davon abhängen, ob du eine Windschutzscheibe benutzt oder nicht. Je weniger Windschutz und mehr Geschwindigkeit zusammentreffen, desto aerodynamischer (nach vorne gebeugt) musst du sein, um dem auf dich wirkenden Luftdruck entgegenzuwirken. Wenn du für dein Motorrad einen einstellbaren Lenker oder Lenkerhälften findest, wird das Experimentieren wesentlich einfacher.

Handhebel

Griffe gehören zu den am häufigsten übersehenen Bereichen der Ergonomie. Sie sind wahrscheinlich die entscheidende Verbindung zur Federung, den Bremsen und – am wichtigsten –

unkorrekt

korrekt

Zu hoch justierte Kupplungs- und Bremshebel gehören zu den häufigsten Problemen bei der Einstellung der Bedienungselemente (oben). Dies sorgt für eine Anspannung der Handgelenke, die mit der Zeit sehr schmerzhaft wird. Die Haltung des Handgelenks in einer funktionalen neutralen Position (unten) überträgt die Kraft von deinem Oberkörper am effektivsten – sie erfordert also weniger Muskelkraft zum Lenken und Bremsen und schützt vor der Überanstrengung der Handgelenke.

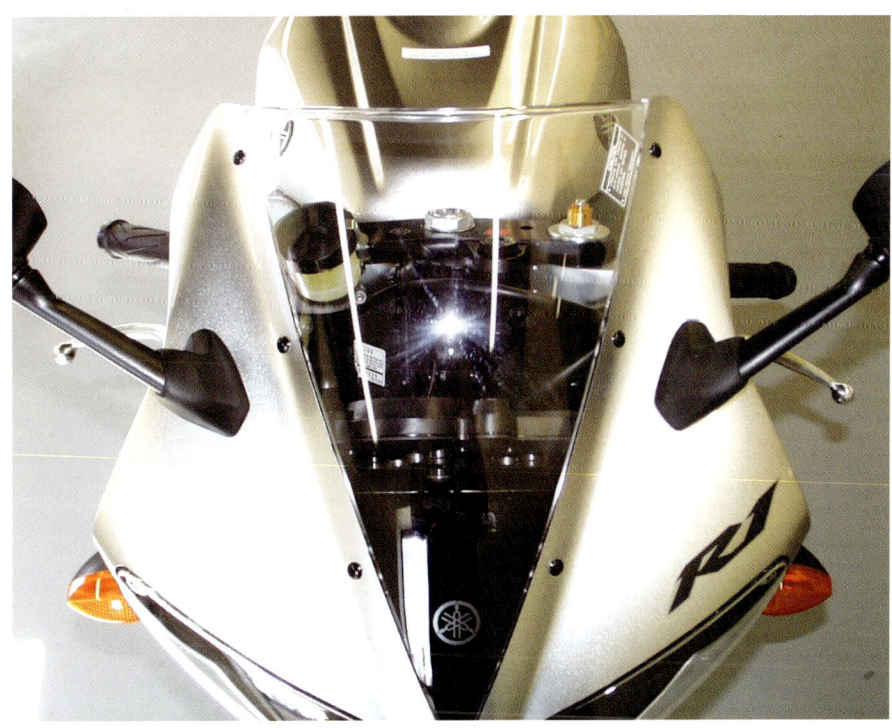

Wenn man beim harten Beschleunigen seinen Hintern gegen irgendetwas drücken kann, bewahrt dies die Arme vor zu starkem Festklammern, um den Körper vom Zurückrutschen abzuhalten. Während eines 24-Stundenrennens in Spanien benutzten wir diese einstellbare Polsterung, um unterschiedlich große Fahrer ausgleichen zu können.

Viele Sportmotorräder sind für den normalen Straßeneinsatz zu unkomfortabel. Höher gesetzte Lenker können helfen, Schmerzen auch ohne Kompromisse in der Leistungsfähigkeit zu verhindern. Zum Vergleich ist diese Yamaha R1 links (in Fahrtrichtung rechts) mit einem höher gelegten Stummel ausgerüstet, während rechts der Serienlenker montiert blieb. Der neue Lenker ist nicht nur höher, sondern auch weiter nach hinten gezogen, aber trotzdem können die serienmäßigen Bremsleitungen, Bowdenzüge und Kabel verwendet werden, sodass er leicht auszutauschen ist.

Weil eine Einstellung der Bedienungselemente nie für alle Fahrer und Umstände passt, sind sie bei manchen Motorrädern wie dieser Ducati 999 veränderbar. In diesem Fall können die Fußrastenhalter über mehrere Gewindebohrungen in mehrere unterschiedliche Positionen versetzt werden, während das Bremspedal über ein Langloch eingestellt wird. Beachte, dass sogar die Schwingenlagerung durch das Umdrehen des Einsatzes nach oben oder unten versetzt werden kann.

den Reifen, doch viele Sportfahrer denken fast nie an sie. Ich glaube, dass jeder Motorradfahrer eine Zeit lang mit verschiedenen Weiten, Stärken und Mustern experimentieren sollte. Als allgemeine Richtlinie habe ich herausgefunden, dass dünnere, härtere und knappere Griffe ein besseres Gefühl und eine bessere Kontrolle bieten. Andererseits sind dickere, weichere, breitere und fassförmigere Griffe komfortabler und können Vibrationen besser dämpfen. Jedes Paar Hände ist anders, also musst du für dich die besten Griffe selbst finden.

Auch Hebel, Schalter und sogar Fußrasten können eine beträchtliche Auswirkung auf den Komfort haben. Als die Firma

Buell ihre Motorräder an Ducati-Fahrer verkaufen wollte, erhielt man die immer gleichen Beschwerden. Alle sagten, dass die großen Harley-Hebel sich unangenehm anfühlten. Buell reagierte und ersetzte die Elemente der S1 Lightning durch exakt die gleichen Komponenten, die auch Ducati verwendete. Nach der Fahrt auf einer S1 mit geänderten Bedienungselementen war ich erstaunt, wie viel besser sich das Motorrad im Vergleich zu einer S2 anfühlte.

Wenn man nicht gerade eine Rückenlehne benutzt, zwingen viele Cruiser-Sitze die untere Wirbelsäule in eine gekrümmte Position, die bald schmerzhaft wird. Um dies zu beheben, ist es notwendig, den Sitzbereich waagerecht einzurichten oder sogar nach vorne zu neigen. So wird das Becken nach vorne gekippt und die Lenden-Wirbelsäule kann die vorgesehene Krümmung einnehmen. Dies ist die Position, die eine gesunde Wirbelsäule beim normalen Stehen annimmt.

Sitze

Sitze sind ein weiterer Bereich von ergonomischer Wichtigkeit. Und ich meine nicht nur ihre Höhe. Wenn du nach einer Sitzprobe im Sand den Abdruck deines Allerwertesten betrachtest, siehst du die konkave Form, die dir hilft, dein Gewicht auf der größtmöglichen Oberfläche zu verteilen. Wenn es um die Frage des Komforts geht, ist die Form des Sitzes tatsächlich viel wichtiger als das Schaumstoffmaterial unter dem Bezug. Tatsächlich kann ein zweckmäßig konstruierter massiver Traktorsitz bequemer sein als so mancher Motorradsitz. Landwirte können den ganzen Tag ohne Schmerzen damit fahren – und diese Sitze haben keinerlei Polsterung. Weil Hintern in allen Größen und Formen vorkommen, kann es allerdings keine für alle passende Form geben.

Der Grund dafür, dass so viele Motorradsitze unkomfortabel sind, liegt darin, dass deren Hersteller vor langer Zeit gelernt haben, dass ein komfortabel gestalteter Sitz sich beim Probesitzen nicht bequem anfühlt und umgekehrt. Ein kleiner Sitz, der vorne schmal ist, erleichtert das Aufstehen, wenn man das Motorrad im Verkaufsraum bestiegen hat, doch der gleiche Sitz sorgt für einen schlechten Langstreckenkomfort. Natürlich gibt es eine Vielzahl von Sitzbank-Anbietern, die dir im Zubehör gerne Ersatz verkaufen.

Gefühl

In der Welt der Automobile war Mazda ein echter Ergonomie-Pionier. Die Firma gehörte zu den ersten Herstellern, die sich nicht nur ernsthaft Gedanken darüber machten, wo Bedie-

In der Regel sind Cruiser ähnlich unbequem wie Rennmaschinen-Replikas, doch Harley-Davidsons Road Glide ist eine Ausnahme. Obwohl sie so modisch aussieht wie die meisten Cruiser, ist sie in ihrem Herzen eine echte Tourenmaschine, die auf Harleys komfortabler (und aus dem Programm genommener) Tour Glide basiert.

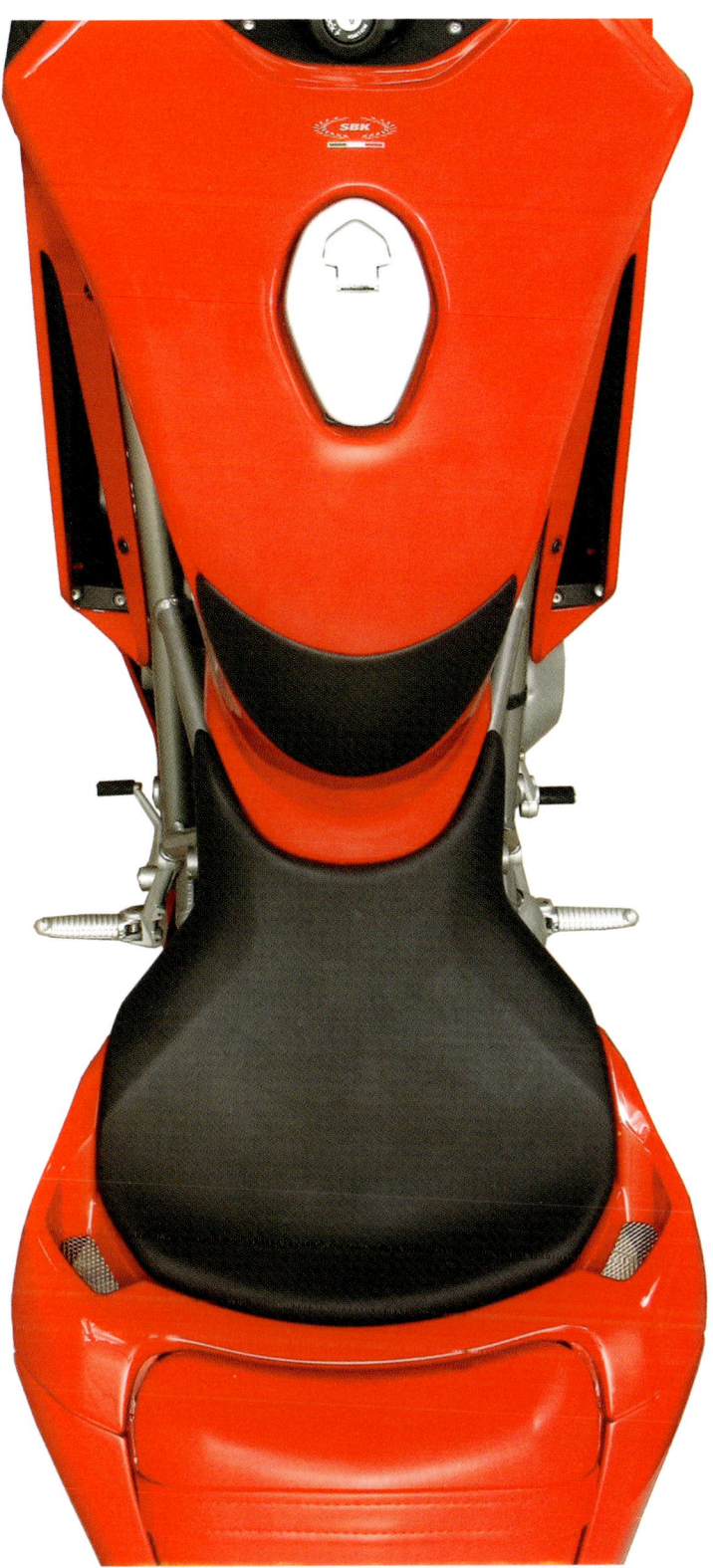

nungselemente am besten platziert waren, sondern auch wie sie sich beim Betätigen anfühlen. Mazda ging so weit, dass man Fahrer an Biofeedback-Maschinen anschloss, um exakt herausfinden zu können, welche Empfindungen während der Fahrt positiv aufgenommen wurden. Jeder, der das Vergnügen hatte, einmal das Fünfgang-Getriebe eines RX-7 oder Miatas schalten zu dürfen, kann Mazdas Erfolge auf diesem Gebiet bezeugen.

Als Triumph sich an die Konstruktion der T 595 Daytona machte, hatte man offensichtlich die Ducati 916 als Messlatte im Sinn. Nicht nur das Design war komplett von der Italienerin abgeleitet, sondern auch der Anspruch an die Oberflächen der Bedienungselemente. Die Engländer entschieden, dass der beste Weg, die Maschine sich so anfühlen zu lassen wie die Ducati, in der Benutzung ähnlicher Komponenten lag. Die Griffe, Lenkerstummel, Schalter, Fußhebel und vielleicht noch mehr kamen vom selben Ausrüster, der auch Bologna belieferte. Viele Bauteile hatten sogar die gleichen Teilenummern. Natürlich lieferte das Ergebnis ein überraschend bekanntes Fahrgefühl, obwohl niemand jemals eine Triumph mit einer Ducati verwechseln würde.

Hoffentlich setzen die Hersteller in Zukunft bei der Konstruktion eines neuen Motorrades mehr auf die Ergonomie, sodass die Maschine nicht nur besser funktioniert, sondern sich auch besser anfühlt. Schließlich ist das gute Gefühl ein großer Teil des Fahrspaßes.

Ein breiter konkav geformter Sitz verteilt den Druck gleichmäßig über die Oberfläche deines Hinterns. Ein schmaler Tank ermöglicht nicht nur deinen Beinen eine bequeme Position, sondern gibt deinem Körper auch mehr Hebelwirkung, um die Maschine von einer Seite zur anderen zu drücken. Als zusätzliches Plus erlaubt ein schmaler Tank deinen Beinen einen engeren Knieschluss, was die Stirnfläche verringert und die Aerodynamik verbessert. Bei all diesen wichtigen Vorzügen ist es erstaunlich, warum nicht mehr Hersteller in diesem Bereich Ducatis Beispiel folgen.

17 Aerodynamik

Wenn es darum geht, mit dem Motorrad wirklich schnell zu fahren, konzentrieren sich die meisten technischen Gespräche auf Motoren und Fahrwerke. Doch es gibt noch einen genauso wichtigen Faktor, der oft vernachlässigt wird: die Aerodynamik.

Aerodynamik ist ein Zweig einer größeren Ingenieurs-Disziplin namens Strömungstechnik. Sie konzentriert sich darauf, wie sich Objekte (z.B. Flugzeuge oder Motorräder) durch die Luft bewegen. Der Zweck der Strömungstechnik ist es, Fahrzeugkonstruktionen zu ermöglichen, die sich schneller und effektiver bewegen. Die Ingenieure erreichen dies durch den Bau von Formen, die weniger Kraft benötigen, um ein gegebenes Luftvolumen zu verdrängen, wenn sie sich hindurchbewegen.

Bei Formel-1-Fahrzeugen wird eine effektive Aerodynamik so hoch eingeschätzt, dass Aerodynamiker zu den höchstbezahlten Ingenieuren der Teams gehören. Begründet wird dies damit, dass kleine Verbesserungen der Aerodynamik einer großen Leistungssteigerung der Motoren gleichzusetzen sind.

Die Motorradkonstrukteure beginnen zur Zeit, die Aerodynamik ernster zu nehmen, und es wird versucht, damit sowohl die Fahrleistung als auch den Fahrkomfort zu verbessern. Letztendlich bestimmen allerdings immer die Marketing-Leute die Form einer Motorradverkleidung, sodass sie generell eher gut

aussieht als gute Wirkung zeigt. Ein Motorrad muss cool aussehen, um sich gut zu verkaufen. Die Wahrheit ist, dass ein wirklich aerodynamisches Motorrad wie eine Buell RW 750 eher wie eine sanfte Boeing 737 aussieht, als eine sexy Ducati 916. Es gab einige Ausnahmen, wie die von John Britten gebaute V 1000, sodass zumindest eine Hoffnung besteht, dass auch andere Hersteller Maschinen bauen können, die sowohl gut aussehen als auch eine gute Aerodynamik aufweisen.

Druck contra Geschwindigkeit

Bevor man darüber diskutieren kann, was eine aerodynamische Form ausmacht, muss man verstehen, wie Luftströmung funktioniert. Luftströmung nutzt die Konzepte von Gasdruck und Gasgeschwindigkeit aus, die umgekehrt proportional zueinander stehen. Wenn das Motorrad die Luft verdrängt, durch die es fährt, muss diese Luft auf die gleiche Weise um das Motorrad herumfließen, wie es Wasser um einen im Strom liegenden Stein macht. So baut beispielsweise die in der Verkleidungsmitte auftreffende Luft einen Staudruck auf, bis sie ihren Weg außen um die Verkleidung herum findet. Aus diesem Grund beziehen Ram-Air-Systeme ihre Ladung aus der Vorderseite der Verkleidung. Diese zusätzliche Ladeluft gibt es quasi umsonst, weil sie unter Druck steht – so wie eine Taucherflasche reichlich Atemluft auf kleinstem Raum lagern kann.

Weil die um das Motorrad herumströmende Luft einen längeren Weg zurücklegen muss als die Umgebungsluft, muss sie beschleunigt werden, um nicht zurückzubleiben. Diese Beschleunigung lässt den Druck abfallen und erzeugt einen Vakuum-Effekt. Wo auch immer Druck aufgebaut wird, er erzeugt auf der gegenüberliegenden Seite immer einen Unterdruckbereich – genauso wie beim Staubsauger. Flugzeuge nutzen das gleiche Prinzip zum Fliegen. Weil die Tragflächen an der Oberseite einen größeren Bogen haben als an der Unterseite, muss die oben herüberstreichende Luft beschleunigt werden, um die längere Strecke zu schaffen und sich wieder mit der unterhalb strömenden Luft zu treffen. Dies erzeugt an der Oberseite der Tragfläche einen Unterdruck, der sie anhebt. Als Resultat werden die Flugzeuge in den Himmel »gesogen«.

Bei einem Motorrad befindet sich der Unterdruckbereich generell hinten. In diesem Fall ergibt der Begriff »Luftwiderstand« einen Sinn, weil das Vakuum hinter dem Motorrad sich anfühlt, als würde hinten etwas ziehen und so die Beschleunigung und die Höchstgeschwindigkeit begrenzen.

Der Luftwiderstand wird in Form des »Luftwiderstand-Beiwertes« oder CW-Wertes angegeben, der in einem Windkanal gemessen wird. Unglücklicherweise erhöht sich der Luftwiderstand nicht auf lineare Weise, sondern exponentiell. Beispielsweise benötigt eine Yamaha TZ 750-Rennmaschine eine Motorleistung von 12 PS, um 160 km/h zu erreichen. Um auf 320 km/h zu kommen, bräuchte sie 168 PS. Und eine Geschwindigkeit von 480 km/h würde eine Motorleistung von 567 PS

erfordern! Wie man sieht, kann eine leichte aerodynamische Verbesserung eine Menge Motorleistung ausgleichen.

Verringerung des Luftwiderstandes

Wasser formt sich zu einem Tropfen, um auf dem Weg durch die Luft den geringsten Widerstand zu erfahren. Im Allgemeinen muss sich auch ein aerodynamisches Fahrzeug ähnlich verhalten, um seinen Luftwiderstand zu verringern. Weil Zweiräder sich in Kurven neigen, gibt es auch Probleme der Stabilität, die in die aerodynamische Form einfließen müssen. Dies ist auch einer der Gründe dafür, dass wir heute nicht mehr die bauchigen und bis ums Vorderrad geführten Verkleidungen sehen, die in den Fünfzigerjahren die Straßenrennen dominierten. Für dieses Kapitel will ich mich jedoch auf die Grundlagen des Luftwiderstandes konzentrieren.

Einer der wichtigsten Faktoren, die den Luftwiderstand eines Motorrades betreffen, ist die Stirnfläche. Dies ist ganz einfach die Fläche, die beim Blick von vorne zu sehen ist. Um die Stirnfläche zweier Fahrzeuge zu vergleichen, werden aus der exakt gleichen Lage Frontalfotos angefertigt. Um realitätsnahe Verhältnisse darzustellen, wird bei der Messung der Fahrer mit einbezogen. Hierbei ist es wichtig, auf beiden Maschinen den gleichen Fahrer in entsprechender Kleidung und entsprechender Rennhaltung zu positionieren. Als Nächstes wird auf jedes Foto ein Blatt Karopapier gelegt und eine Linie um das Motorrad samt Fahrer gezogen. Durch das Zusammenzählen der innerhalb (oder auch teilweise innerhalb) der Linie liegenden Quadrate kann man auf eine grobe Annäherung dessen kommen, wie sich die Modelle bezüglich ihrer relativen Stirnfläche verhalten. Hierbei gilt: je weniger, desto besser.

Wenn es bei der Aerodynamik nur um die Stirnfläche ginge, wäre die kleinste mögliche Verkleidung für jedes Motorrad die beste Wahl. Doch ist die tatsächliche Form der Verkleidung bei der Bestimmung des vom Motorrad produzierten Luftwiderstandes wesentlich wichtiger.

Wie bereits zuvor erwähnt, ähnelt die ideale Form einem Wassertropfen (zumindest demjenigen, den man sich gemeinhin vorstellt: vorne rund und hinten spitz. In Wirklichkeit sieht ein Tropfen im Fluge ganz anders aus). Der breiteste Teil sollte nach einem Drittel der Maschine erreicht sein und etwa der Breite der Schultern des Fahrers entsprechen. Das Heck sollte an den Hüften beginnen und nicht mit einem stärkeren Gesamtwinkel als 14° zusammenlaufen. Bei Windkanalversuchen wurde herausgefunden, dass 7° je Seite der maximale Winkel ist, bei dem ein Luftstrom ohne das Hervorrufen von Wirbeln zusammengeführt werden kann. Sobald sich die Luft von der Oberfläche trennt, erzeugt sie Turbulenzen und erhöht den Widerstand. Bei Weltrekordfahrzeugen hat sich ein Winkel von 8° pro Seite als realistisch herausgestellt.

Unglücklicherweise würde ein Motorrad, das diesen idealen Parametern folgt, für die Praxis viel zu lang werden, sowie ei-

Eines der aerodynamisch am gelungensten gestalteten Motorräder der jüngsten Vergangenheit ist die Buell RW 750 von 1983, die auf Harley-Davidsons bahnbrechenden Windkanalversuchen aus dem Jahre 1969 basiert. Die Zweitaktmaschine ist eine der wenigen Straßenrenner, deren Verkleidung so breit ist wie die Schultern des Fahrers, und deren Sitz sich über dessen gesamte Hüftbreite erstreckt.

nen scharfkantigen und gefährlichen Heckbereich aufweisen. Der beste Weg um das Dilemma herum ist es, sich die korrekte Form vorzustellen und dann hinter dem Hinterrad alles Überstehende abzuschneiden. Diese Konstruktion ist als Abrisskante bekannt, und das Erstaunliche ist, dass die Luft in der fast gleichen Weise weiterströmt, als wäre das Heck noch da. Die Firma Bell nutzte ein ähnliches Design für einen Rennhelm, mit dem Eddie Lawson die Daytona 200 gewann. Ein effektives Motorrad-Design nutzt auch den Fahrer als aktives Teil

der Aerodynamik, das den Raum zwischen der Verkleidung und dem Maschinenheck ausfüllt. Erik Buells originale Zweitaktrennmaschine RW 750 von 1983 nutzte diese Prinzipien und wird immer noch als eines der aerodynamisch ausgefeiltesten Motorräder betrachtet, das jemals gebaut wurde.

Als 1996 in einem Zeitschriftenartikel die Wirksamkeit der Aerodynamik beschrieben werden sollte, beauftragte ich Jim Reed und Charlie Moore damit, auszuprobieren, welche Art von Geschwindigkeitsverbesserungen wir ohne einen Windka-

nal, aber durch die Anwendung der hier diskutierten Prinzipien erreichen konnten. Das Ergebnis war erstaunlich. Mit drei simplen aerodynamischen Verzierungen erhöhten wir die Höchstgeschwindigkeit einer 1992er Honda CBR 600 F2 um über 18 km/h. Als Erstes senkten wir den Tank etwas ab, um den Rücken des Fahrers etwas abflachen zu können. Als Zweites entfernten wir das komplette Verkleidungs-Unterteil. Und schließlich montierten wir ein Heck, das dem der Buell RW 750 ähnelte. Zum Vergleich: Die gleiche Erhöhung der Höchstgeschwindigkeit durch Motorleistung hätte zwanzig zusätzliche PS erfordert. Ich kann nur ahnen, was wir erreicht hätten, wenn wir genügend Zeit und Geld hätten, um eine komplette Verkleidung zu bauen.

Kühl-Widerstand

Eines der größten aerodynamischen Probleme an heutigen Sportmaschinen ist der Platzbedarf für die riesigen Kühler, die den Motor auf Betriebstemperatur halten sollen. Im Wesentlichen geht es darum, wohin der Kühler gebaut werden soll. Wenn man ihn hinter das Vorderrad setzt, wird von diesem ein Großteil der kühlenden Luft abgefangen, sodass ein noch größerer Kühler diese Strömungsbehinderung wieder ausgleichen muss. Die Erhöhung des Luftwiderstandes durch das Kühlsystem des Motors wird Kühl-Widerstand genannt.

Rennwagen mit offen laufenden Rädern können durch die optimale Positionierung in der Luftströmung mit vergleichsweise kleineren Kühlern ausgerüstet werden, die wesentlich mehr Hitze ableiten können als sie je bei Motorradmotoren entsteht. Eine weit bessere Position für den Kühler bei einem Motorrad liegt unter dem Sitz, solange hier Luft hindurchströmen kann. Einige Rennmaschinen wie die Britten V 1000 haben dieses System mit einem relativ kleinen Kühler erfolgreich eingesetzt. Der primäre Nutzen liegt darin, dass dieser Aufbau eine erheblich kleinere Stirnfläche ermöglicht.

Leider hat mit Ausnahme der neuen Benelli Tornado sich noch kein größerer Hersteller mit dieser Technologie anfreunden können. Interessanterweise entwickelte Harley-Davidson (zusammen mit Porsche) in den Siebzigerjahren für sein unglückseliges Nova-Projekt einen raffinierten unter dem Sitz angeordneten Kühler, doch die Maschine ging nie in Serie. Um an den traditionellen Kühlerpositionen den Kühl-Widerstand zu

Der Einsatz aerodynamischer Buckel auf der Lederkombi ist heutzutage ein Muss. Sie helfen, einen Teil des Unterdruckbereichs hinter dem Helm aufzufüllen und glätten die Form des Fahrerrückens. Obwohl sie die Höchstgeschwindigkeit kaum oder gar nicht erhöhen, verringern sie den Widerstand des Helms und damit die Belastung der Nackenmuskulatur. Tatsächlich erzeugte bei mir ein mit Klettverschluss befestigter Buckel-Prototyp, der bei 250 km/h abriss, das Gefühl, als würde mein Kopf plötzlich mit 5 kg mehr belastet.

reduzieren, werden interne Kanäle nötig, da ein Widerstand erzeugt wird, wenn die durch den Kühler strömende Luft erst ihren Weg um den Motor herum finden muss, um irgendwo dahinter austreten zu können. Die Idee ist, hinter dem Kühler so viel Luft wie möglich einzufangen und auf möglichst direktem Weg wieder dem Luftstrom zuzuführen.

Erik Buell empfiehlt, die internen Kanäle so weit wie möglich an das Verkleidungsende zu führen. Auch hier trifft die 7°-

Regel zu, sodass man sichergehen muss, dass die heiße Luft nicht in einem stumpferen Winkel zur Verkleidung herausgelassen werden darf. Die gute Nachricht lautet, dass die mit hoher Geschwindigkeit und niedrigem Druck um die Verkleidung strömende Luft tatsächlich hilft, die Kühlerluft abzusaugen und so die Kühlwirkung dramatisch verbessert. Wenn du das System irgendwie abdichten kannst, wird seine Wirksamkeit sich beträchtlich verbessern.

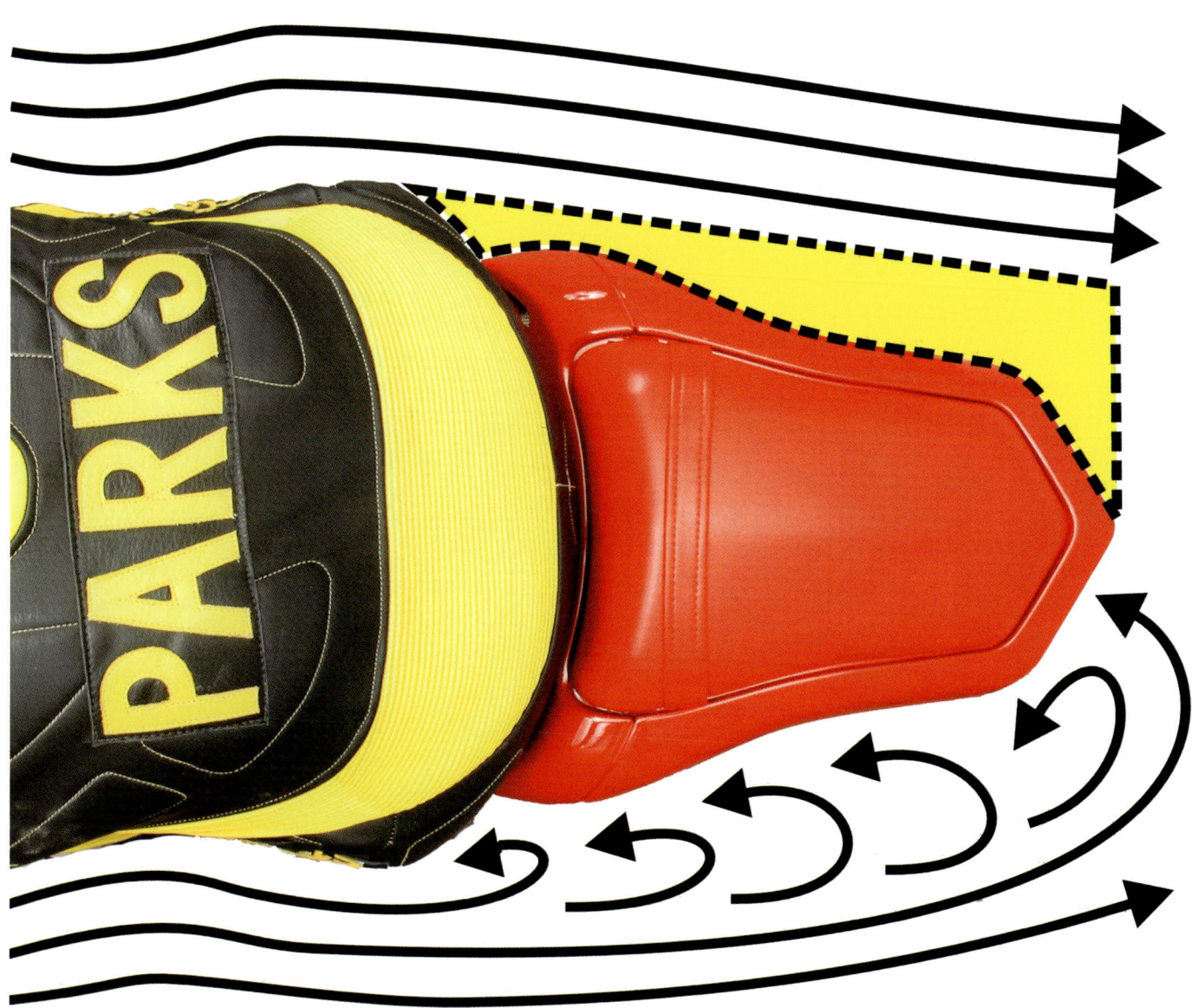

Es ist fast unmöglich, eine moderne Sportmaschine mit einem aerodynamischen Heck zu finden. Hier ist eine 2003er Ducati 999 mit Fahrer an Bord von oben zu sehen. Wie man an der linken Maschinenseite (unten) erkennen kann, ist das Heck zu schmal, um die Strömung nicht abreißen zu lassen, sodass Widerstands-erhöhende Wirbel entstehen. Die flache gelbe Abreißkante rechts (oben) folgt der 7°-Regel, um die Strömung nicht verwirbeln zu lassen. Würde diese Verbesserung an beiden Seiten angebaut, könnte man die Höchstgeschwindigkeit allein dadurch um 3 bis 8 km/h erhöhen. Der unter dem Sitz verlegte Auspuff hilft, den Unterdruckbereich hinter der Maschine auszufüllen.

Glaube es oder nicht – einige Kampfflugzeuge des Zweiten Weltkrieges hatten solch aerodynamisch wirksame Kühlsysteme, dass die durch die heißen Kühler strömende kalte Luft beim Austritt tatsächlich einen Vorschub-Druck entwickelte! Obwohl ich nicht denke, dass ein Motorrad-Kühlsystem so wirksam sein kann, schätze ich, dass man den Kühl-Widerstand um bis zu 80 Prozent reduzieren kann, wenn man den oben gegebenen Ratschlägen folgt.

Fahrer-Widerstand

Natürlich haben die meisten Fahrer nicht die Zeit oder die Mittel für solch radikale Modifikationen an ihrer Maschine, aber das Ziel dieses Kapitels ist es, die Wichtigkeit des Luftwiderstands zu betonen und zu untersuchen, wie deine Körperhaltung dazu beiträgt. Das Beste, was man zur Verbesserung der Höchstgeschwindigkeit machen kann, ist es, den Körper aus der Luftströmung herauszuhalten. Tatsächlich verlieren viele

Die radikale Benelli Tornado minimiert den Kühl-Widerstand, indem sie ihren Kühler unterhalb der Sitzbank trägt und durch Kanäle am Motor vorbei Frischluft ansaugt. Wenn das Motorrad steht, helfen zwei unter dem Rücklicht montierte Ventilatoren, Luft durch den Kühler zu saugen.

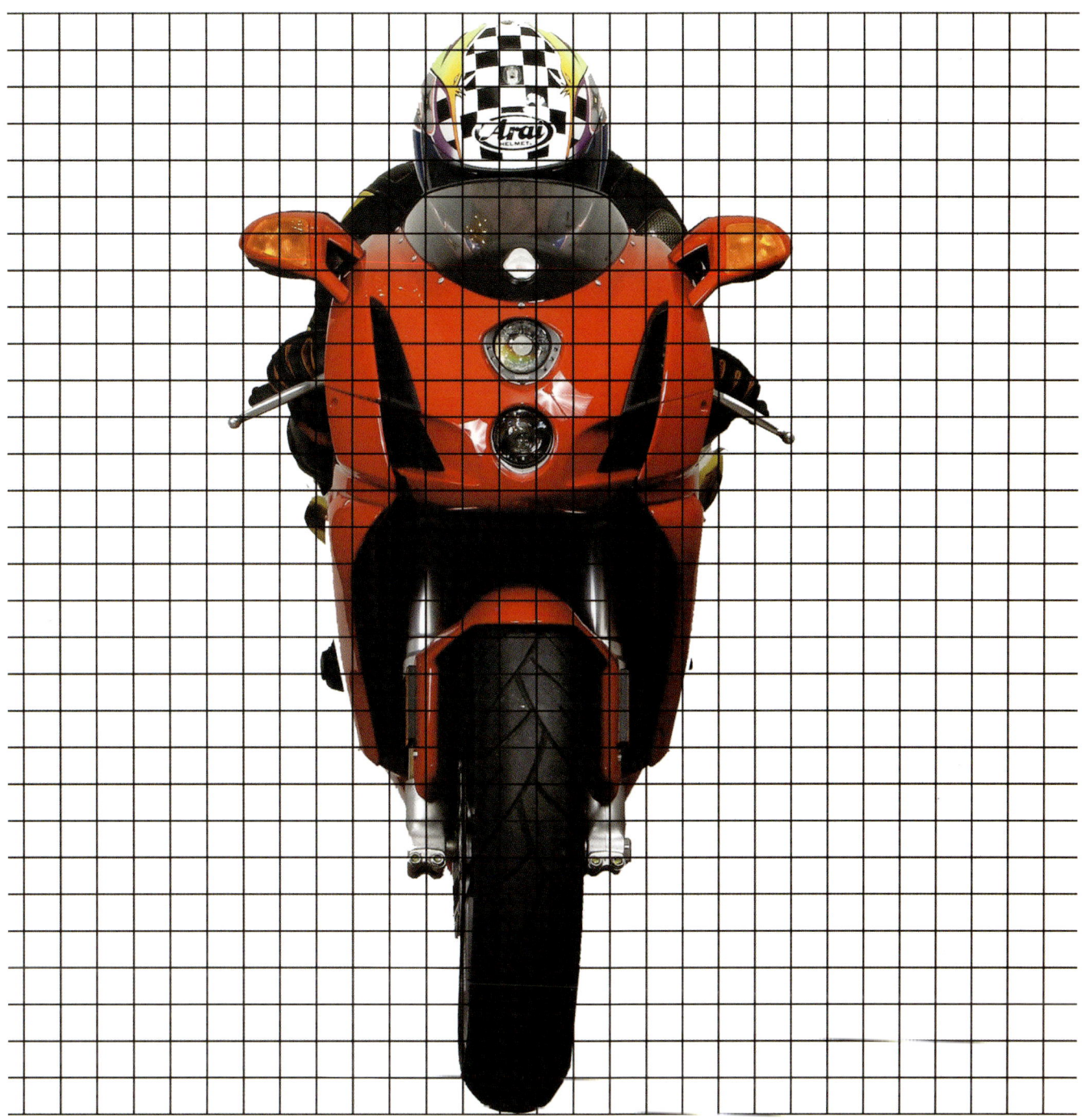

Der Vergleich von Stirnflächen unterschiedlicher Motorräder ist einfach. Fertige aus gleicher Höhe und Distanz eine Frontansicht mit einem komplett ausgerüsteten Fahrer an Bord an und lege Karopapier auf das Foto. Durch das Zusammenzählen der (auch teilweise) von dem Fahrer und der Maschine abgedeckten Quadrate kannst du einen akkuraten Vergleich anstellen. Obwohl man sehen kann, dass Ducati bei der 999 einen guten Job geleistet hat, um den Fahrer aus dem Luftstrom zu halten, bleibt Platz für Verbesserungen. Das Verkleidungsoberteil sollte breiter und höher sein, um die Kniescheiben, Hände und Schultern zu verdecken. Auch sollte das Bremspedal weiter nach innen gezogen werden, weil es den Fuß des Fahrers in den Luftstrom zwingt. Eine höhere Windschutzscheibe würde zudem helfen, die Nackenmuskulatur zu entlasten, ohne dass sie die Stirnfläche vergrößern würde.

Sich hinter die Verkleidung zu ducken, ist keine komfortable Position, doch sie macht auf schnellen Geraden einen echten Unterschied aus.

Anfänger auf den schnellen Geraden 12 bis 15 km/h, weil sie ihren Kopf nicht richtig herunterbekommen.

Der leichteste Weg zur aerodynamischen Einschätzung deiner Sitzposition liegt darin, das Motorrad senkrecht vor einen Spiegel zu stellen und dich in normaler Fahrerkleidung darauf zu setzen. Als Nächstes machst du dich klein und siehst nach, wo dein Körper hinter der Verkleidung (falls vorhanden) hervorschaut. Dann versuchst du, die hervorstehenden Teile zu verringern. Dies ist auch eine gute Zeit, darüber nachzudenken, welche Modifikationen du anbringen kannst, um mehr von deinem Körper zu verdecken. Eine größere Windschutzscheibe kann eine hilfreiche Ergänzung sein. Natürlich siehst du an diesem Punkt auch die Vorzüge einer Diät...

Beim Blick auf die Aerodynamik deines Motorrades ist der Komfort eine andere Überlegung. Wenn der von deiner ungünstig geformten Verkleidung abgeleitete Wind deinen Kopf hin und her zerrt, oder der von der scheunentor-großen Windschutzscheibe erzeugte Unterdruck dir deinen Helm von den Schultern ziehen will, hast du jetzt genügend Basiswissen, um etwas dagegenzusetzen.

Manchmal kann es sogar in Rennsituationen sinnvoll sein, den Fahrkomfort zu verbessern – selbst wenn dies die Aerodynamik etwas verschlechtert. Unterm Strich kommt nämlich eine deutliche Verringerung der Anspannungen und Ermüdungen dabei heraus, und dies kann deine Kontrollfähigkeiten über die Maschine verbessern.

Aerodynamische Gesichtspunkte spielen auf der Rennstrecke eine weit wichtigere Rolle als auf der Straße, doch auch der Fahrkomfort einer Straßenmaschine lässt sich schon durch eine kleine, sinnvolle Verkleidung deutlich erhöhen.

18 Fahrwerks-Tuning

Hier gibt es mehr zu tun als nur das Einstellen der Federung! Auch die Geometrie des Fahrwerks spielt eine wichtige Rolle. Wie bereits in Kapitel 2 besprochen, werden Motorrad-Fahrwerke durch die Lage des Lenkkopfes, den Nachlauf und sogar die Neigung der Schwinge für bestimmte Handling-Charakteristiken konstruiert. Weil deine Ideen bezüglich der idealen Handling-Charakteristiken deiner Maschine von denen des Konstrukteurs abweichen können, kann die Anpassung dieser Spezifikationen das Fahrverhalten deiner Maschine dramatisch verbessern. Kleine Änderungen können einen großen Unterschied ausmachen, also dürfen sie nur in kleinen Schritten erfolgen.

Allgemein wird das Motorrad schneller und leichter einlenken, wenn die Front abgesenkt und/oder das Heck angehoben wird. Natürlich wird dies durch geringere Stabilität erkauft. Deswegen wird bei jedem Anheben der Front oder Absenken des Hecks die Stabilität auf Kosten der Handlichkeit verbessert. Es gibt keine perfekte Einstellung für ein spezielles Motorrad, da dies davon abhängt, welches Verhalten jeder Fahrer von seiner Maschine erwartet.

Tourenfahrer und Cruiser bevorzugen im Allgemeinen mehr Stabilität, wogegen Sportfahrer es mögen, ohne viel Kraft am Lenker rasch die Richtung zu ändern. Selbst viele Tourer und Cruiser können von einer Lenkung profitieren, die leichter geht als ab Werk eingerichtet. Dagegen ziehen viele Besitzer von Sportmaschinen wie der von 1993 bis 1997 gebauten Honda CBR 900 RR ihren Vorteil daraus, dass ihre Lenkung träger

Kent Soignier von GMD Computracks vermisst eine Suzuki SV 650, um zu sehen, ob das Fahrwerk verzogen ist. Neben der Reparatur von Sturzschäden kann der Fahrwerks-Optimierungsservice das Handling jedes Motorrades verbessern. Jeder Motorrad-Tuner sollte hieran denken.

wird, denn serienmäßig kann das plötzliche Einlenken zu nervös wirken. Weil bei diesen Einstellungen im Fahrwerk eine Balance zwischen Handlichkeit und Stabilität eingehalten werden muss, ist es am besten, in kleinen Schritten zu experimentieren, um langsam herauszufinden, welcher Kompromiss für einen selbst der Richtige ist.

Ein verbreitetes Missverständnis ist, dass die Einstellung der Federvorspannung zur Änderung der Fahrzeughöhe eingesetzt werden sollte. Obwohl sie die Höhe beeinflusst, liegt der Zweck der Federvorspannung darin, den Punkt anzuheben oder abzusenken, an dem der Fahrer statisch auf seiner Federung sitzt. Eine korrekte Federvorspannung bezieht das Gewicht des Fahrers (sowie des Beifahrers und der Ladung) mit ein und stellt die Federung so ein, dass das Fahrwerk möglichst nie durchschlägt oder völlig ausfedert.

Änderungen durchführen

Es gibt viele Methoden, um die Fahrhöhe unabhängig von der Federvorspannung zu ändern. Das Durchschieben der Gabelrohre durch die Gabelbrücken senkt wirkungsvoll die Front ab.

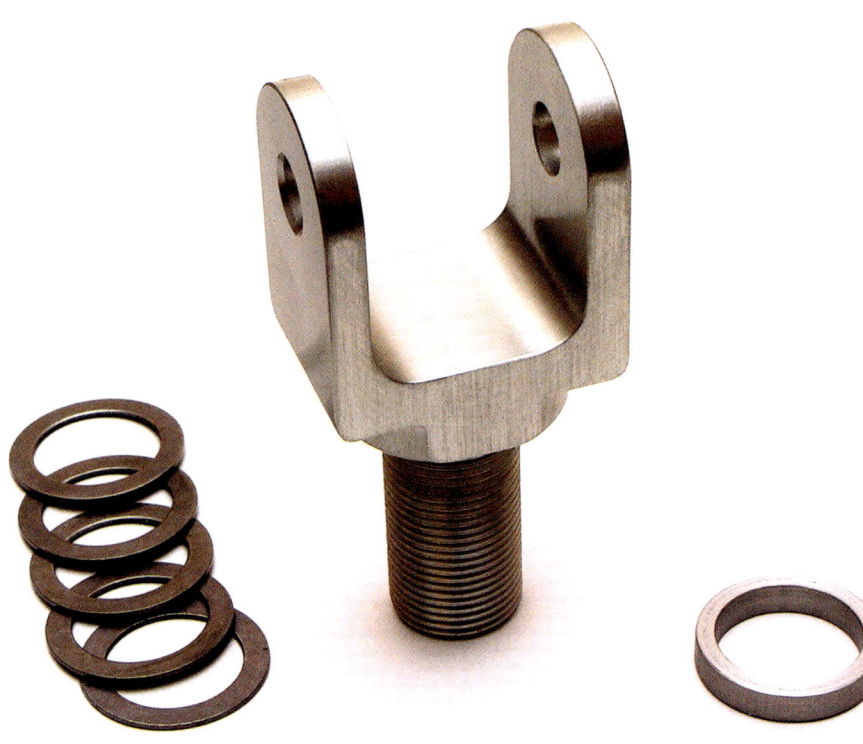

Ein sehr ähnlicher Effekt kann durch das Anheben des Maschi-
nenhecks hervorgerufen werden. Dies erfordert normalerweise
den Einsatz von Zubehör-Stoßdämpfern, da die meisten Se-
rienstoßdämpfer – auch von Sportmaschinen – über keine
Höhenverstellung verfügen.

Ich habe oft Fahrer darauf schwören hören, dass sich ihr
Motorrad nach dem Wechsel der Reifenmarke anders handhaben ließ. Manche glaubten, ihre Maschine führe besser, und
andere waren überzeugt, dass sie schlechter fuhr. In Wirklichkeit ist dies oft das Resultat unterschiedlicher Reifenumfänge
und liegt nicht unbedingt an den Reifen selbst. Zwar ist dein
Motorrad beispielsweise mit Reifen der Größen 120/70-17
vorne und 170/60-17 hinten bestückt, doch unterscheiden sich
sowohl die Breiten als auch die Umfänge zwischen Reifen unterschiedlicher Hersteller oftmals gewaltig. Dies ist besonders
zu beachten, wenn man verschlissene Reifen ersetzt (der Umfang des Vorderreifens ändert auch die Kalibrierung des Ta-
chometers, und ein Unterschied zwischen 29 und 31 km/h zu
schnell kann sich auf dem Punktekonto bereits stark bemerkbar machen!)

Wenn der neue Reifen sich im Umfang stark vom alten unterscheidet, ändert dies deutlich die Fahrhöhe des Motorrades.
Wenn beide Neureifen das gleiche Größenverhältnis wie die alten haben, ändert sich das Handling nur durch die Reifencha-
rakteristiken. Reifenhersteller bieten Listen an, in denen neben
anderen technischen Daten auch der Umfang angegeben ist,
im Zweifel muss man einfach mit einem Maßband nachmes-
sen. Neben dem Wechsel der Reifenmarke kann man den Umfang auch durch einen geänderten Querschnitt verändern und
so die Fahrhöhe beeinflussen. Montiert man z.B. statt eines
120/70-Reifens einen 120/60er, so senkt man dadurch die
Maschinenfront ab, reduziert den Lenkkopfwinkel sowie den
Nachlauf und verbessert das Lenkverhalten. Wieder muss bedacht werden, dass keine zu radikale Änderung der Motorrad-
Geometrie durchgeführt werden sollte.

Kontrolle der Ausrichtung

Ein Fahrwerk, das entsprechend der Herstellervorgaben ausgerichtet ist, findet man selbst bei nagelneuen Motorrädern
kaum. Herstellungstoleranzen für Schweißstellen, Rahmenleh-
ren und Materialien haben einen Einfluss, wie nahe das Ender-
gebnis den Vorgaben kommt. Tatsächlich können sich in manchen Fällen kleine Abweichungen von der Konstruktionszeich-
nung während des Herstellungsprozesses addieren. Folglich
kann dein neues Motorrad so stark außer Spur laufen, dass es
verschiedene negative Handling-Marotten aufweist.

Ein korrekt ausgerichteter Rahmen ist bei einem gebrauch-
ten Motorrad noch fraglicher. Das Motorrad mag in Ordnung
sein, oder es hatte einen Unfall und wurde repariert, aber es
kann auch schwer gestürzt und schlecht repariert worden sein.
Manchmal können so simple Sachen wie zu starkes Anziehen
der Spanngurte beim Transport bereits das Fahrwerk verbie-

gen. Wenn du einen Unfall hattest, bei dem das Motorrad auf den Asphalt aufgeschlagen ist, stehen die Chancen gut, dass es krumm ist. Leider können die meisten Werkstätten gar nicht kontrollieren, ob der Rahmen noch in Ordnung ist, bevor sie neue Verschleißteile anschrauben und dich mit einem Motorrad fahren lassen, das ein gefährliches Risiko darstellt. Solange der Rahmen nicht wirklich verbogen ist, kann dein Auge nicht erkennen, ob etwas damit nicht stimmt.

Die seitliche Ausrichtung ist der einzige Aspekt der Fahrwerksgeometrie, der relativ leicht zu kontrollieren ist. Hierbei wird festgestellt, ob das Vorder- und Hinterrad in einer Spur und nicht versetzt laufen. Wenn der Versatz groß genug ist, kann das Motorrad selbst auf der Geraden instabil werden. Ist dies der Fall, muss man es ständig in eine Richtung drücken, um geradeaus zu fahren.

Hier sollte angemerkt werden, dass es Hersteller gibt, die aus konstruktiven Gründen einen Versatz zwischen Vorder- und Hinterrad eingeplant haben. Hierzu zählen die BMW K 1200 RS sowie viele Harley-Davidsons vor Baujahr 1999. Bei diesen Maschinen wird die seitliche Ausrichtung an Referenzpunkten vorgenommen.

Um die seitliche Ausrichtung zu kontrollieren, legt man sich mit ausgestreckten Armen voran vor das Vorderrad auf den Boden. Richte dein linkes Auge zu den linken Flanken des Hinterreifens aus. Markiere dann den korrespondierenden Punkt links vom Vorderrad mit deinem linken Zeigefinger. Ohne die linke Hand zu bewegen, wird der Kopf so bewegt, dass das rechte Auge zu den rechten Flanken des Hinterreifens ausgerichtet ist. Dieser Punkt wird mit dem rechten Zeigefinger rechts vom Vorderreifen markiert. Wenn das Vorderrad gerade steht, muss der Abstand zu den beiden Punkten gleich sein. Mit dieser Methode sollte ein Versatz ab 5 bis 8 mm erkennbar sein.

Um ein akkurates Messergebnis zu erzielen, muss natürlich zuvor sichergestellt sein, dass das Hinterrad rechtwinklig zur Schwingenachse ausgerichtet ist, da es ansonsten nur zu einem aus der Spur laufenden Vorderrad ausgerichtet sein kann.

Professionelle Fahrwerks-Optimierung

Grundsätzlich gibt es zwei Möglichkeiten, ein Motorradfahrwerk zu optimieren: Man bringt es (wieder) in den Serienzustand – oder man verbessert diesen. Sobald ein Motorrad einen Sturz oder eine unsanfte Berührung hinter sich hat, sollte zunächst ermittelt werden, ob die Maßhaltigkeit des Fahrwerks noch stimmt. Hierzu gibt es heute Geräte, die mithilfe von Messkameras und Laser-Technik das Motorrad vermessen

können, ohne dass dies dazu zerlegt werden muss. Mit den Systemen der Firma Scheibner Messtechnik aus Braunschweig ist eine solche Kontrolle in 20 Minuten erledigt. Viele Motorradwerkstätten und Sachverständigenbüros verfügen über solche Geräte. Weitere Informationen findet man unter »www.scheibner.de«.

Einen Schritt weiter gehen Leute, die das – normalerweise für den Straßenverkehr ausgelegte – Fahrwerk für die Rennstrecke optimieren. Hier sind zwei Betriebe zu nennen: Zum einen beschäftigt sich die Firma Wilbers in Nordhorn mit der Ausrüstung und Einstellung von Sport-Fahrwerken. Wilbers unterhält nicht nur ein eigenes Rennteam, sondern bietet auch jedem Sport- oder Rennfahrer spezielle Umbauten für sein Motorrad an. Abgesehen davon hat Benny Wilbers auch ein interessantes Buch über Fahrwerke verfasst. Näheres bei »www.wilbers.de«.

Zum anderen gibt es die Firma GMD, deren deutsche Vertretung die Firma Strassmaier in Aying bei München ist. Die aus Australien stammende Firma GMD Computrack ist seit fast 20 Jahren im Geschäft und hat ihr System zur Rahmenvermessung ständig perfektioniert und optimiert. Der imposanteste Teil des Systems ist die firmeneigene »Was-ist-wenn«-Software. Nachdem das Motorrad vermessen wurde, kann das Programm dir sagen, wie eine spezielle Änderung – z.B. ein neuer Reifen – sich auf die Maschinen-Geometrie auswirkt. Kombiniert mit einer riesigen Datenbank, die die Zahlen grundsätzlicher Fahrwerkseinstellungen enthält, die bei einem bestimmten Motorrad gut funktionieren, kann man in sehr kurzer Zeit eine Maschineneinstellung nach dem persönlichen Geschmack erhalten. Im Internet zu finden unter »www.strassmaier.de«.

Nachdem ich festgestellt habe, dass ich meine Suzuki SV 650-Rennmaschine nicht so rasch einlenken konnte, wie einige meiner Konkurrenten, entschied ich mich für eine vollständige GMD Computrack-Fahrwerks-Optimierung. Das Ergebnis spricht für sich: Ich verkürzte nicht nur meine Rundenzeiten um eine volle Sekunde, sondern auch mein Vertrauen in das Motorrad verbesserte sich dramatisch, außerdem stürzte ich das ganze Jahr nicht mehr. Tatsächlich gewann ich sogar die US-Langstrecken-Meisterschaft. Selbstverständlich muss man kein Rennfahrer sein, um von einem getunten Fahrwerk zu profitieren. Ein besseres Handling und Vertrauen ins Motorrad sind für jeden wichtig. Wenn du vermutest, dein Motorrad sei nicht richtig ausgerichtet, oder du einfach sein Handling verbessern möchtest, empfehle ich dir den Kontakt zu einem dieser Spezialisten.

19 Fitness

Ich fahre seit meinem vierzehnten Lebensjahr Motorradrennen, und die Vorzüge körperlicher Fitness erschienen mir immer offensichtlich. Doch die meisten Straßenfahrer und sogar manche Club-Rennfahrer nehmen Fitness nicht ernst und haben keine Ahnung, wie stark sie ihren Fahrstil verbessern kann.

Wenn du körperlich fit bist, kannst du länger und weiter fahren, ohne zu ermüden. Du kannst wirkungsvoller auf Gefahren reagieren. Außerdem wirst du sicherer und genussvoller fahren. Welcher Motorradfahrer möchte für diese Vorteile nicht etwas schwitzen?

Wenn du nie Rennen gefahren bist, wirst du wahrscheinlich von der Stärke und Ausdauer überrascht sein, die zum Bezwingen moderner Renn- und Geländemaschinen nötig sind, um sie um den Kurs zu treiben. In der Tat gehören Motorradrennfahrer unter allen Sportlern zu den fittesten Athleten überhaupt. Weil Rennen nur das Fahren auf einer höheren Ebene bedeutet, kann das, was gut für den Rennfahrer ist, auch dem Straßenfahrer nicht schaden.

Einer der größten Experten für die Fitness von Motorrad-Rennfahrern ist der ehemalige Motocrossmeister Gary Semics, der heute ein hoch geschätztes Training für Motocrossfahrer anbietet. Mit einer Kundenliste, die Ezra Lusk, Jeremy Mc-Grath, Kevin Windam, John Dowd und Stephane Roncada einschließt, weiß Semics, wovon er spricht. Seine Kenntnisse und Trainings-Tipps halfen mir sehr beim Aufbau dieser Anleitung für die Hochleistungs-Fahrerfitness.

Straßenfahrer contra Rennfahrer

Eine der stärksten körperlichen Belastungen, die Rennfahrer, aber besonders Geländefahrer trifft, wird »Arm-Pump« genannt. Hierbei handelt es sich um eine unglaublich schmerzhafte Anhäufung von Milchsäure, die den Unterarm entkräftet und einen die Kontrolle über das Handgelenk und die Hand verlieren lässt – und beim Motocross sind diese Dinge lebenswichtig. Zur Vermeidung dieser Beschwerden werden zur Ergänzung eines rigorosen Renntrainings Konditionstraining und Gewichtheben eingesetzt.

Glücklicherweise benötigen die meisten Freizeitfahrer nur eine minimale Konditionsverbesserung, um auf der Straße eine deutliche Verbesserung zu erkennen. Hiermit meine ich drei Tage pro Woche Konditionstraining und zwei Tage Gewichtheben.

Konditionstraining

Professionelle Trainer betrachten es als ein gutes Konditionstraining, wenn man mindestens 20 Minuten lang den Herzschlag ein bestimmtes Maß über normal erhöht. Eine immer wieder genannte Annäherungszahl ist ein Pulsschlag von 200 minus des jeweiligen Lebensalters. Aber Vorsicht bei Kreislaufproblemen – das ist nicht wenig! Dies heißt mit anderen Wor-

Jogging ist ein großartiges Konditionstraining, weil das Stützen des eigenen Körpergewichts hilft, Knochenmasse aufzubauen. Wenn deine Knie die Stöße nicht mögen, kann zügiges Gehen (Powerwalking) einen ähnlichen Nutzen bringen, wenn die Strecke gleich lang bleibt.

ten, den Hintern vom Sofa zu kriegen, das Blut in Wallung zu bringen – und zu schwitzen.

Wenn man völlig außer Form ist, muss man sich schrittweise der 20-Minuten-Ebene nähern. Bist du allerdings einigermaßen fit, kannst du wahrscheinlich gleich mit dem 20-Minuten-Training beginnen und dir einen Plan für vier oder fünf Tage machen, um deinen Puls 20 bis 60 Minuten lang zu erhöhen, je nachdem, wie viel Ausdauer du entwickeln willst.

Du kannst deinen Herzschlag mit Schwimmen, Radfahren oder Laufen erhöhen. Für regnerische Tage empfiehlt sich ein Heimtrainer – vorausgesetzt, du willst zu Hause trainieren. Du solltest dein Konditionstraining variieren, weil jede Übung andere Fitness-Vorteile bringt. Außerdem hilft eine Abwechslung das Risiko von Überlastungen zu reduzieren.

Vor jeder körperlichen Aktivität – auch normalem Motorrad-fahren – sollte man Streckübungen machen, um Muskelsteifheit und das Risiko von Krämpfen zu reduzieren. Je lockerer deine Muskeln sind, desto angenehmer fühlst du dich auf dem Motorrad.

Gewichtheben

Auch wenn du nur auf der Straße fährst, kann Gewichtheben nützlich sein. Das Heben von leichten Hanteln an zwei oder drei Tagen je Woche macht aus dir noch keinen Schwarzenegger, aber es wird deine Muskeln, Bänder und Sehnen stärken. Leichtes Gewichtheben sorgt zudem für Bewegung und stärkt die Blutzirkulation durch Knochen und Gewebe.

Um Verletzungen zu vermeiden, müssen Anfänger die Trainingsdauer schrittweise erhöhen, anstatt sich selbst einem Wochenend-Blitzkrieg zu unterziehen. Eine Runde von 15 Übungen mit leichten Gewichten ist ein guter Start. Mit leichten Gewichten meine ich alles, was sich für dich leicht anfühlt – das Einzige, was Muskeln brauchen, ist etwas mehr Widerstand als üblich. Wenn du zu schwere Gewichte einsetzt, wirst du deinen Muskeln schaden und ihre Entwicklung hemmen – bleibe also eher bei zu leichten Gewichten. Wenn das Training keinen Muskelkater hervorruft, wird pro Training auf zwei oder drei Runden erhöht. Drei Durchgänge sollten für eine gute Muskelstärkung ausreichen. Wenn du zu mehr Gewicht, mehr Runden oder mehr Übungen übergehst, werden deine Muskeln wachsen. Dies mag zum Armdrücken gut sein, aber Muskelpakete tragen nicht dazu bei, das Fahren zu verbessern.

Ein guter Durchgang sollte die folgenden Gewichts-Übungen enthalten: Waden-Training, um den Bereich zwischen Fuß und Knie aufzubauen; Kniebeugen zur Stärkung der Kniegelenke, der Achillessehnen und des »Gluteus Maximus«, also des Allerwertesten; Beine strecken und anziehen für die Beine, Sit-Ups für die Bauchmuskulatur, Bank-Drücken für die Brustmuskulatur; Ruderübungen und seitliches Ziehen (zur Brust und nicht hinter den Kopf); Nacken-Druck für die Schultermuskulatur; Trizeps-Seilzug-Übungen für die Trizeps; Armbeugen für die Bizeps und Handgelenk-Beugen für die Hände, die Handgelenke sowie Unterarme.

Es ist nahe liegend, dass starke und voll funktionierende Hände, Handgelenke und Arme für gutes Fahren entscheidend sind. Ich habe bei 6- und 24-Stundenrennen mitgemacht, bei denen meine Unterarme so übersäuert wurden, dass sie noch Tage später schmerzten. Obwohl man normalerweise bei den Faktoren für diese Übersäuerung nicht an Motorradbekleidung denkt, dürfen auch Jacken, Kombis und Handschuhe nicht zu eng sitzen oder müssen elastisch sein, um unter diesen schweren Umständen keine Blutbahnen abzuschnüren.

Arm Pump betrifft Rennfahrer so sehr, dass Gary Semics extra dafür ein Trainings-Video erstellt hat, das man bei ihm kaufen kann. Hier findet man wertvolle Tipps – besonders, wenn man zu denjenigen Straßen- oder Rennfahrern gehört, die am Lenker oftmals verstärkt zupacken, wenn es schneller wird.

Das Heben an Maschinen und von freien Gewichten funktioniert für die beschriebenen Durchgänge beides ausreichend gut, aber man sollte sich über die einzelnen Vorteile beider Methoden im Klaren sein. Beispielsweise trainieren freie Gewichte nicht nur deine Muskeln, sondern sie zwingen dich auch, deine Sehnen, Bänder und Gelenke zu beanspruchen, um das Gewicht beim Heben auszubalancieren. Maschinen sind schneller und einfacher zu benutzen. Ich bin ein Fan von Gewichtsmaschinen, weil ich praktisch jede Entschuldigung ausnutze, um die Übungen so schnell wie möglich hinter mich zu bringen.

Bedenke, dass du im Falle irgendeines Problems mit deinem Körper oder deiner Gesundheit einen Arzt oder Physiotherapeuten konsultieren solltest, bevor du mit dem Gewichtheben beginnst. Ein Physiotherapeut kann oft Probleme analysieren und Übungen so gestalten, dass sie die Probleme nicht verstärken.

Spezielle Motorrad-Fitness

Je mehr ich heutzutage mit Top-Rennfahrern spreche, desto mehr höre ich über die Wichtigkeit der Kraft in Beinen und Rücken. Beispielsweise sagt der mehrfache US-Meister der 250er Klasse, Rich Oliver, dass das wichtigste Ziel des Trainings die Stärkung des unteren Rückenbereichs ist, damit er den Oberkörper und die Arme stützen kann. Hierdurch wird die Last auf den Armen und Händen minimiert. Oliver empfiehlt, dass Fahrer ihre Hände als Werkzeug zur Kontrolle des Motorrades und nicht als Stütze nutzen sollten.

Rückendehnungen und Sit-Ups sind eine effektive Art, sowohl den unteren Rückenbereich gut zu stärken, als auch die Bauchmuskeln anzuspannen, die zu einem starken Torso beitragen. Oliver sagt, dass Fahrer auch starke Hände haben müssen, um die über einen langen Zeitraum vom Gasgeben, Kuppeln, Lenken und Bremsen entstehende Ermüdung zu verhindern.

In den späten Achtzigern fuhr ich mit einer Zweitakt-Yamaha RZ 500 Rennen, die vier einzelne Vergaser mit Rückholfedern hatte. Die Maschine erforderte am Gasgriff so viel Kraft, dass mein Handgelenk nach einem Rennen für Tage weh tat, bis ich mit dem Heben kleiner Gewichte begann, um es zu stärken. Dauerhaftes Quetschen eines Küchenschwamms ist ebenfalls gut, um diesem Typ der Hand-Ermüdung zu begegnen. Ein Schwamm bietet nur wenig Widerstand, aber mehr braucht es auch nicht. Oliver meint dazu: »Das Ziel ist nicht der Aufbau von viel Unterarm- und Handmuskulatur, sondern die Ausdauer.«

Beim Fahren haben auch die Beine eine wichtige Funktion, denn zusammen mit dem Unterleib halten sie Belastungen vom Oberkörper ab. Der US-Superbike-Champion Nick Hayden verbringt tatsächlich eine Stunde pro Tag damit, mit seinen Beinen den Tank seiner Honda CBR 600 F4i zu quetschen, um seine Schenkelmuskulatur aufzubauen. Beim Fahren nutzt er diese Muskeln, um das Motorrad zu lenken, wenn er bereits daneben hängt.

Ebenfalls wichtig für das Motorradfahren ist eine gute Sicht. Ich fuhr bereits jahrelang Straßen- und Geländerennen, bevor ich meine Augen kontrollieren ließ. Weil es mich anstrengte, beim Basketball die Anzeigetafel zu lesen, erkannte ich schließlich, dass meine Augen einige Verbesserungen nötig hatten, und ich machte einen Sehtest. Nachdem ich zum ersten Mal in meinem Leben eine Brille auf der Nase hatte, war ich schockiert, was mir vorher alles verborgen geblieben war. Gleich beim nächsten Rennen fuhr ich pro Runde 1,5 Sekunden schneller. Zum ersten Mal konnte ich tatsächlich sehen, wohin ich fuhr. Dies machte mich nicht nur schneller, sondern ich fühlte mich auch deutlich sicherer. Auch wenn du den Sehtest zur Führerscheinprüfung bestanden hast, solltest du deine Augen gelegentlich prüfen lassen – es kann die spektakulärste Verbesserung deiner Fahrweise werden.

Oliver vermutet, dass viele Motorradfahrer nicht gut genug sehen können, um sicher und effektiv zu fahren. Er selbst hat sich einer Augenoperation unterzogen, um seine Sicht zu optimieren. »Je besser deine Sicht ist«, sagt er, »desto schneller kannst du auf Situationen reagieren.« Bedenke, dass deine Augen nicht immer optimal funktionieren. Wenn du müde bist, kannst du auch nicht gut fokussieren, und dies kann deine Fähigkeit, die Maschine zu kontrollieren, stark beeinträchtigen.

Eine der besten Arten, Ermüdungen in den Armen und Händen zu verringern, liegt in der Stärkung deines unteren Rückenbereichs, damit er einen Teil deines Gewichtes tragen kann. Beuge- und Streckübungen können hier Wunder bewirken.

Der Zustand deiner Brillengläser, deines Visiers und deiner Windschutzscheibe sind genauso wichtig wie der deiner Augen. Wenn sie verschmutzt oder zerkratzt sind, wird deine Sicht genauso behindert wie deine Reflexe durch Alkohol beeinträchtigt werden. Du solltest Visiere und Scheiben mit guten Mikrofasertüchern reinigen, die den Kunststoff nicht zerkratzen. Bereits zerkratzte Teile müssen ersetzt werden.

Der periphere Blick ist ebenfalls wichtig. Und um diese Fähigkeit zu trainieren, besucht Oliver regelmäßig den Baseballplatz, denn hier kann er einen schnellen Blick, schnelle Reaktionen und die Koordination zwischen Hand und Augen entwickeln. Motorradfahrer können aber auch andere Sportarten wie Tennis ausüben, die ebenfalls die Koordination zwischen Hand und Augen fördern und den Blick und die Reaktion schärfen. Professionelle Athleten beschäftigen sogar Experten, die ihnen Trainings-Tipps zur Verbesserung ihrer Sicht bieten.

Ernährung

Der letzte Teil der Fitness-Grundlagen ist die Ernährung. Du musst kein Fanatiker werden, sondern nur deinen gesunden Menschenverstand nutzen und dich mäßigen. Du willst essen, um zu fahren und nicht fahren, um zu essen. Natürlich ist es nicht falsch, zu einem Restaurant zu fahren, um eine vernünftige Mahlzeit einzunehmen. Doch ungeachtet, wo du isst, solltest du bedenken, dass eine Reduzierung der Nahrungsmenge dich vor Krämpfen und Gewichtszunahme schützt. Wenn du dich nach einer Mahlzeit vollgestopft und aufgebläht fühlst, hast du zu viel gegessen.

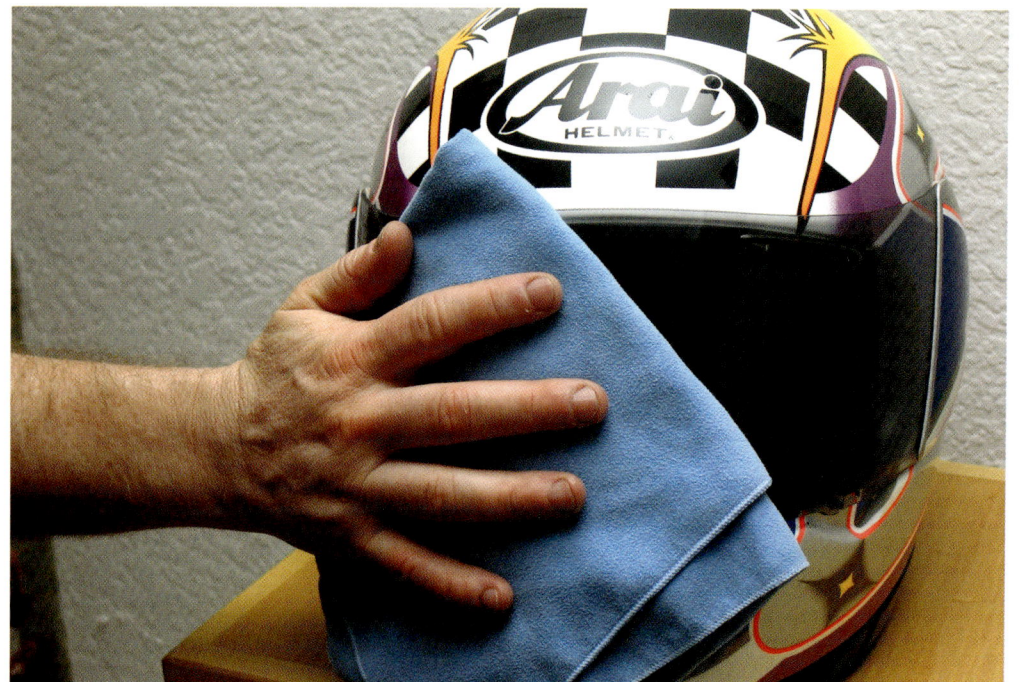

Eine gute Sicht erfordert das Sauberhalten des Visiers, der Windschutzscheibe und der Brillengläser. Dies wird am besten mit einem Mikrofasertuch erreicht. Das ist das einzige Material, das den empfindlichen Kunststoff nicht zerkratzt.

Bei der Reduzierung der Nahrungsmenge ist es wichtig, nicht zu viele Proteine wegzulassen, weil diese helfen, deine Muskeln in Funktion zu halten. Das Weglassen von Kohlenhydraten, die sich in Zucker, Brot und Nudeln finden, ist dagegen ein guter Weg, einige Kalorien einzusparen. Denk daran, dass Kohlenhydrate, die dein Körper nicht verbrennt, schließlich als Fett abgelagert werden.

Schutz vor Überhitzung und Dehydration

Sich kühl und hydriert zu halten, sollte jeden Motorradfahrer interessieren – ganz besonders, wenn hart gefahren wird. Unglücklicherweise gibt es zu diesem Thema eine Menge Fehlinformationen, und die Bedingungen des Wohlbefindens variieren mit den klimatischen Verhältnissen.

Während eines 6-Stundenrennens im Jahre 2001 begann ich an Entkräftung durch Hitze zu leiden. Glücklicherweise konnte ich rechtzeitig etwas dagegen unternehmen, bevor ich einen Hitzschlag erlitt. Die Symptome waren Kopfschmerzen, Schwindel, Übelkeit und Müdigkeit. Ich hatte auf der Rennstrecke bereits mit allen meine Erfahrungen gemacht. Sobald ich bei mir eine leichte Verwirrung feststellte, die das Zeichen für den Beginn eines Hitzschlags ist, fuhr ich in die Box.

Offen gestanden war ich schockiert, wie fertig ich war. Innerhalb von sechs Runden hatte die 90-prozentige Luftfeuchtigkeit von West Virginia mich geschafft. Tatsächlich musste ich in einen Raum mit Klimaanlage gebracht werden, wo ich die nächsten vier Stunden zusammengerollt in der Fötalhaltung verbrachte. Meine Teammitglieder waren klug genug, mir genügend Trinkwasser zu geben. Ich trank über vier Liter, bis ich wieder pinkeln konnte – so dehydriert war ich. Unheimlich war, dass ich dachte, ich hätte während des Tages ausreichend Flüssigkeit zu mir genommen. Doch offensichtlich war es bei weitem nicht genug gewesen. Die Notwendigkeit, während eines Langstreckenrennens ausreichend Flüssigkeit zu sich zu nehmen, zwingt viele Fahrer, die am 8-Stundenrennen von Suzuka teilnehmen, tatsächlich zwischen den Schichten an eine intravenöse Versorgung! Diese Praktik ist beim Hochleistungs-Straßenfahren nicht durchführbar, also sollte man darüber nachdenken, so etwas wie einen mit einem Schlauch versehenen Trinkrucksack (»Camelbak«) zu tragen. Welche Lösung man auch immer wählt – wichtig ist, dass man Überhitzung und Dehydrierung erkennt, auch für den Fall, dass Mitfahrende diese Symptome zeigen.

Verdunstungs-Kühlung

Transpiration ist die Möglichkeit für den Körper, überschüssige Wärme an die Luft abzugeben. Dieser Prozess wird Verdunstungskühlung genannt. Diejenigen, die in einem trockenen Klima leben, können sich glücklich schätzen, denn wir können diesen Prozess nutzen, um bei den heißesten Temperaturen kühl zu bleiben. Ich fand es sogar einmal erträglich, in der 55 °C heißen kalifornischen Wüste zu fahren, indem ich ein mit Wasser durchnässtes langärmeliges Baumwollhemd anzog und darüber eine kaum geöffnete Aerostich-Jacke trug. Solange ich fuhr, war der kleine eintretende Luftstrom in der Lage, das Wasser verdampfen zu lassen, um so die Temperatur um mindestens 15 Grad zu senken. Eine andere Überlegung beim Umgang mit warmer Luft bezieht die »Arbeitstemperatur« deines

Körpers von 37 °C mit ein. Wenn die Umgebungstemperatur diesen Wert übersteigt, bedeutet das Aussetzen des Körpers dieser Luft, dass sie ihn aufheizt anstatt ihn zu kühlen. Dies ist der Grund dafür, dass Feuerwehrmänner solch dicke Jacken tragen – sie müssen sich vor der Hitze isolieren. Wenn die Antwort auf die Hitze Ventilation wäre, würden sie Netzhemden tragen. Belüftung funktioniert gut bei 25 bis 35 Grad, aber außerhalb dieses Bereichs kann sie kontraproduktiv sein. Weil dein Körper seinen Wasserhaushalt dazu nutzt, um sich durch Transpiration kühl zu halten, musst du ihn auch regelmäßig mit Wasser oder isotonischen Getränken versorgen.

Sport-Drinks

Die meisten auf dem Markt erhältlichen Sport-Drinks sind mit reichlich Zucker und Salz angereichert. Wenn du solche Getränke wirklich magst, ist es eine gute Idee, sie zumindest eins zu eins mit Wasser zu mischen. Ich bevorzuge mit Nährstoffen angereichertes Wasser, das keinen Zucker enthält. Wenn du es wirklich ernst meinst und nichts dagegen hast, etwas Geld auszugeben, besorgst du dir von Gary Semics empfohlene Energie-Drinks, die mit Vitaminen und Mineralien angereichert sind und diese schnell ins Blut bringen.

Zusammenfassung

Deine Mission ist jetzt klar. Indem du dich in eine gute Form bringst, deinen Rücken und die Beine stärkst, deinem Griff Ausdauer verschaffst, deine Sicht und Reaktionen verbesserst, rich-

tig isst und deine Flüssigkeitsversorgung kontrollierst, kannst du mit einem moderaten Aufwand an Zeit und Mühe längere, sicherere und genussvollere Fahrten erleben. Ein schönes Nebenprodukt ist, dass du wahrscheinlich länger und gesünder lebst, weil dein Herz länger schlägt und du eher in der Lage bist, Unfälle zu vermeiden, in die durch Müdigkeit, langsame Reflexe und schlechte Sicht beeinträchtigte Fahrer hineingeraten.

Vergiss nicht, deinen Alltag mit Training aufzulockern. Wenn du der Typ bist, der eine Fitness-Center-Atmosphäre genießt, hast du den halben Weg bereits geschafft. Wenn du allerdings wie ich das Ausheben von Gräben genauso spaßig findest wie den Gang ins Fitness-Center, habe ich einen anderen Rat für dich. Das Finden eines guten Trainingspartners kann den Unterschied zwischen Machen und Aufgeben bedeuten. Kürzlich half ich meinem Kumpel Ray beim gelegentlichen Ausführen seiner Hündin Macy. Zu meiner großen Überraschung fand ich es sowohl spaßig als auch erfrischend. Jetzt sind wir schon so weit, dass wir entweder zu Fuß 10 und auf Inline-Skates 20 Kilometer pro Tag schaffen. Und es ist egal, zu welcher Tages- oder Nachtzeit ich Lust zum Training habe – Macy ist immer für ein Abenteuer zu haben. Darüber hinaus hat sie einen ansteckenden Enthusiasmus und macht immer Druck, das Tempo zu erhöhen oder die Distanz zu verlängern. Mit einem solchen Trainingspartner hast du keine andere Chance, als in Form zu kommen.

Yamaha-Fahrer Rich Oliver sagt, dass eine gute Sicht lebenswichtig für schnelles Fahren auf der Strecke und geringeres Risiko auf der Straße sei. Mit mehreren US-Meistertiteln sollte er es wissen.

20 Fahrer-ausrüstung

Vor etwa 2500 Jahren beschrieb der weise Taoist Chuangtse die ideale Beziehung zwischen einem Fahrer und seiner Kleidung. Er sagte: »Wenn der Schuh passt, vergisst man den Fuß.« Genauso vergisst man den Körper, wenn die Fahrerausrüstung passt. Dies ist ein wichtiger Punkt, weil schlecht sitzende Fahrerkleidung nicht nur ablenkt und unbequem ist, sondern sie auch die Bewegung behindert. Beides kann tatsächlich zu einem Sturz führen – was eigentlich das Letzte ist, für das eine Fahrerausrüstung sorgen sollte.

Motorradbekleidung ist so konstruiert, dass sie es dir auf der Straße bequem machen und dich vor dem Wetter oder einem Aufprall schützen soll. In der Tat kann eine gut ausgewählte und sitzende Kleidung den Unterschied zwischen einer erfreulichen und einer scheußlichen Fahrt ausmachen. Jede Motorradbekleidung ist ein Kompromiss zwischen Komfort und Schutz. Es ist generell einfach, eines davon zu erreichen, doch sich in beiden Bereichen auszuzeichnen, ist eine echte Kunstform. Wo nun deine persönlich beste Fahrerkleidung in das Komfort/Schutz-Kontinuum fällt, hängt davon ab, was dir am wichtigsten ist. Eine kluge Entscheidung für eine Fahrerausrüstung erfordert ein gutes Verständnis von Qualität, Materialien und Aufbau.

Obwohl manche Ausrüstungs-Hersteller sicher bessere Qualitätsprodukte als andere haben, kann man die Bekleidung nicht ausschließlich nach Marken auswählen, denn jede Marke hat fast immer auch eigene Qualitätsabstufungen. Es gibt bei der Betrachtung der Qualität viele wichtige Bereiche zu beachten.

Ursprungsland

Wo das Produkt hergestellt wurde, kann eine Menge darüber aussagen, was man davon zu erwarten hat, doch es gibt hier keine festen Regeln. Schließlich hängt die Qualität vom vorgegebenen Preis ab, der von der Arbeit, dem Material und den Vertriebskosten abhängt. Industrienationen mit einer starken Wirtschaft, wie die USA, Deutschland oder England können erstklassige Produkte herstellen, aber sie haben sehr hohe Arbeitskosten. Dies ist der Grund, warum viele Firmen im Ausland produzieren lassen. Länder mit einer schwächeren Wirtschaft wie Korea, Pakistan und China können arbeitsintensive Produkte wie Jacken, Stiefel und Handschuhe zu weit geringeren Kosten herstellen als dies in Industrieländern möglich ist. Wenn es um simple Dinge wie T-Shirts geht, wo ein Großteil der Kosten im Material liegt, kann jedes Land wettbewerbsfähig sein.

Weil die meisten Teile einer Motorradbekleidung sehr technisch oder sehr arbeitsintensiv sind, wird ein Großteil davon in Fernost produziert. So wird beispielsweise Harley-Davidson-Bekleidung in Pakistan hergestellt. Auch andere Markenprodukte stammen von dort.

Wirtschaftlichkeit

Der Großteil aller in den Industrienationen verkauften Motorradprodukte muss vom Großhandel über den Einzelhandel laufen, bevor er dich erreicht. Dies ist einer der Hauptgründe dafür, dass Motorradbekleidung so teuer ist.

Nehmen wir als Beispiel ein paar Stiefel. Der tatsächliche Herstellungspreis liegt bei 24 €. Um Geld zu verdienen, erhöht der »Hersteller«, der in den meisten Fällen eher als Importeur bezeichnet werden sollte, den Preis auf 34 €. Der Verteiler im Lagerhaus setzt den Preis auf rund 55 € fest. Und der Einzelhändler, der dir die Stiefel verkauft, verdoppelt deren Preis schließlich auf 110 €.

Am anderen Ende des Spektrums sitzt der hoch spezialisierte einheimische Hersteller, der seine Produkte direkt an die Kundschaft verkaufen muss. Wenn er die gleichen Vertriebswege wie der Massenhersteller nutzen würde, lägen die gleichen Stiefel bei etwa 350 €, um dem Hersteller die gleichen Gewinnmargen zu bringen. Einer der Hauptgründe für den Kauf beim einheimischen Hersteller liegt darin, dass dieser hinter seinen Produkten steht und problemlos Reparaturen ausführen kann. Wenn die Teile in den Räumlichkeiten des Herstellers statt auf der anderen Seite der Welt produziert werden, wird auch die Qualitätskontrolle leichter.

Materialien

Eine der wichtigsten Entscheidungen vor dem Kauf von Motorradbekleidung betrifft die Materialauswahl. Traditionell waren bei Motorradfahrern Naturhäute die erste Wahl, weil sie abriebfest und dauerhaft sind. Aus diesem Grund sind auch fast alle Rennanzüge aus Leder. Doch Leder ist nicht gleich Leder. Elch-, Hirsch- und Känguruleder ist abrieb- und reißfester als Kuhhaut, außerdem kann es im Gegensatz zu dieser auch gewaschen werden, ohne hart und trocken zu werden. Natürlich sind solche Häute auch teurer. Känguru hat das beste Festigkeits/Gewichts-Verhältnis, doch weil das Leder so dünn ist, kann eine geringe Abweichung von der Sollstärke seine Fähigkeiten in Gefahr bringen. Ebenfalls ist es schwierig, von diesem Ledertyp große Häute zu bekommen, weswegen man auch nicht viele einteilige Kombis aus Känguruleder sieht.

Wenn Leder durch den Gerbungsprozess geht, ist der Typ und die Menge des Farbstoffs wichtig. Zu viel oder falscher Farbstoff kann die Festigkeit des Leders reduzieren und es abfärben lassen. Wenn das Leder vollständig mit Farbe durchtränkt ist, wurde zu viel davon eingesetzt. Die Neigung zum Abfärben hängt auch vom pH-Wert deiner Haut ab. Wenn dein Schweiß stark säurehaltig ist, solltest du mit gering gefärbtem Leder vorlieb nehmen, da dieses nicht so stark abfärbt wie dunkles Leder.

Vor einer Weile wurde ein patentierter Gerbprozess für Leder eingeführt, der es ihm erlaubte, in die Waschmaschine und

Sportliche Textilkombis wie die Rainguard von Stadler sind wasserdicht, atmungsaktiv sowie leicht zu tragen und zu pflegen. Die Vor- und Nachteile gegenüber Lederkombis muss jeder Fahrer selbst abwägen.

den Wäschetrockner gesteckt zu werden. Ich habe seit einigen Jahren eine solche Jacke und bin der Meinung, dass Naturleder dadurch zu einer noch attraktiveren Option geworden ist.

Leder mag die Standard-Motorradbekleidung sein, doch synthetisches Material wird zunehmend populärer. Synthetik fällt generell in zwei Kategorien; die erste ist Nylon und das zweite synthetische Material wird Aramid genannt, obwohl es weltweit besser unter seinen Dupont-Markennamen »Cordura« und »Kevlar« bekannt ist.

Eine gute Schutzbekleidung muss fest genug sein, um bei einem Sturz den abreibenden Kräften des Asphalts zu widerstehen, doch sie muss auch ausreichend elastisch sein, um beim Aufschlag nicht die Scherkräfte einwirken zu lassen. Dies ähnelt einem Federungssystem, das die Unebenheiten der Straße vom Fahrwerk abhält. Hochleistungs-Nylonstoffe haben eine sehr gute Festigkeit und sind ziemlich dehnbar. Aramide haben eine exzellente Festigkeit und sind praktisch überhaupt nicht dehnbar. Dies ist der Grund, warum Anzüge aus Aramid mit einem Stretch-Material wie Elastan gemischt werden müssen, um ihnen die nötige Flexibilität zu ermöglichen. Diese Mischung besteht im Allgemeinen aus 30 Prozent Kevlar und 70 Prozent Elastan.

Natürlich reicht es nicht, starke Materialien zu haben, wenn die Nähte, die sie zusammenhalten, ihre Aufgabe nicht erfüllen. Wenn es um den Faden geht, ist strapazierfähiges Nylon immer eine bessere Wahl als Aramid, weil er sich unter Belastung besser dehnt. Unter hoher Last können unelastische Aramide wie ein Käsemesser durch das Leder schneiden. Obwohl der Faden also stabil sein soll, muss er auch nachgeben können.

Aufbau

Die Zusammensetzung eines Motorradbekleidungsstücks ist genauso wichtig wie das Material, aus dem es besteht. Bedenke, dass jede Naht ein potenzieller Schwachpunkt ist. Je weniger Nähte, desto besser ist die Kleidung also. Billige Jacken und Hosen bestehen aus vielen einzelnen Lederstücken, weil diese preiswerter sind. Denk daran, dass die ideale Anzug-Konstruktion besonders wichtig ist, wenn du das Anbringen von Aufnähern, Streifen oder Grafiken in Betracht ziehst. Es ist deutlich klüger, diese oben auf das Leder aufzunähen, als sie nach dem Entfernen entsprechender Stücke in das Leder einnähen zu lassen. Es ist immer teurer, Grafiken hinzuzufügen, als nur die Farben entlang der natürlichen Linie des Bekleidungsmusters zu wechseln.

Einzelner Oberstich
Der einfachste Weg zur Befestigung von Stoff, sollte nur für Aufnäher verwendet werden.

Doppelter Oberstich
Besser zum Anbringen von Aufnähern, aber für größere Verbindungen zu anfällig gegen Abrieb.

Einzelne Innennaht
Typische Naht für Handschuhe, wo eine versteckte Naht gegen minimales Auftragen ausgewogen werden muss.

Doppelte Innennaht
Mit einem »Zweite-Chance«-Stich potenziell stärker als einzelne Innennaht, doch dickes Auftragen begrenzt die Einsatzmöglichkeiten.

Einzelne Innennaht mit Oberstich
Die minimale Naht für die Verbindung wichtiger schützender Teile.

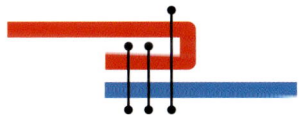

Doppelte Innennaht mit Oberstich
Mit zwei vor Abriebschäden geschützten Stichen eine ausgezeichnete Naht für wichtige Teile.

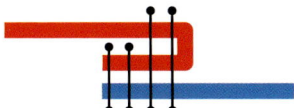

Doppelte Innennaht mit doppelter Obernaht
Korrekt ausgeführt, ist dies die stärkste Naht für das Verbinden von schützenden Teilen, doch so viele Löcher können andererseits wie eine Perforation wirken und das Material reißen lassen.

Die beste Fahrerkleidung ist für den Fahrer kaum zu spüren, sie folgt mühelos seinen Bewegungen und ist niemals im Wege.

Die Ausführung der Naht ist genauso wichtig wie das Material des Fadens und das Schnittmuster. Es gibt viele Arten von Nähten (siehe Abbildung 1), und je mehr Stärke eine Naht benötigt, desto wichtiger ist es, dass sie vor äußerem Abrieb geschützt ist.

Es sollte angemerkt werden, dass jedes Loch, das man in das Leder sticht, dieses schwächt. Viele Kleidungsstücke sind mit zu vielen Löchern auf zu kleinem Raum versehen, durch die zu dünne Fäden laufen. Belüftungslöcher sollten mindestens einen Abstand von 15 mm zueinander aufweisen. Wenn sie enger liegen, steigt das Risiko von Rissen stark an.

Gute Handschuhe müssen in den stark gefährdeten Bereichen der Knöchel und Handballen einen zusätzlichen Schutz aufweisen. Eine nahtlose Handfläche, wie sie diese vom Autor produzierten DeerSports-Handschuhe aufweisen, vermeidet Druckstellen durch eine Naht und ist gleichzeitig belastbarer als traditionelle Konstruktionen.

Ganzlederstiefel mit austauschbaren Sohlen, wie diese von Z Custom Leathers, sind schwer zu finden. Sie können individuell angepasst werden und halten mehrere Jahre, wenn man sie ein wenig pflegt.

Nirgends ist eine gute Passform wichtiger als bei einem Motorradhelm. Manche Firmen wie Arai bieten in bestimmten Modellen unterschiedliche Innenformen an, man probiert sie am besten bei einem erfahrenen Händler aus, der einem beim Finden des richtigen Helms behilflich sein wird.

Protektoren

Die in Motorradbekleidung eingesetzten Schutzpolster unterscheiden sich stark in ihrer Absorbtionsfähigkeit. Die besten Polster weisen speziell konstruierte Hightech-Schaumstoffe auf, die mechanische Energie in Wärme umwandeln können. Diese sind mit steiferem Material abgedeckt, um den Schlag auf eine größtmögliche Fläche zu verteilen. Man sollte jede Art von Polsterung meiden, die keinerlei Flexibilität aufweist, da sie entweder die Energie direkt in den Körper überleitet oder hoch belastete Stellen erzeugt, die sich bei einem Sturz durch das Leder schneiden oder schleifen.

Wenn es um Rückenprotektoren geht, »überbrücken« die wirkungsvollsten Konstruktionen die Wirbelsäule und verteilen die Last auf weniger empfindliche Teile des Rückens.

Das Material des Protektors ist natürlich uninteressant, wenn es ohnehin nicht an der richtigen Stelle bleibt. Viele der

heutigen Synthetikjacken haben gar nicht die Stärke, den Protektor während eines Sturzes in Position zu halten. Wenn natürlich die Wahl zwischen einer Textiljacke und gar keinem Schutz fallen muss, ist etwas Schutz immer besser als keiner. Während Synthetikanzüge einen adäquaten Schutz für zurückhaltendes (Touren-) Fahren bieten, solltest du für eine sportliche Fahrweise eine Bekleidung wählen, die mehr Schutzwirkung bietet.

Fahreranzüge

Sobald es um ernsthaftes Sportfahren geht, sollten einteilige oder mit einem Reißverschluss verbundene Zweiteiler eine getrennte Bekleidung ersetzen. Der Grund hierfür ist, dass sich während des Rutschens eine nicht verbundene Jacke gerne nach oben ziehen lässt und so Bauch und Rücken ungeschützt dem Asphalt ausliefert.

Sich zwischen Leder und Textil zu entscheiden, ist etwas schwierig. Leder ist schwerer und an heißen Tagen wärmer, doch es hat einen höheren Abrieb-Widerstand und ist nach den meisten Stürzen noch zu reparieren. Textilanzüge sind auf der anderen Seite leichter und für ungezwungenes Fahren beque-

Handschuhe

Gut sitzende Handschuhe sind entscheidend für gutes sportliches Fahren, da sie die Verbindung zwischen dem Fahrer und den wichtigsten Bedienungselementen des Motorrades darstellen. Tatsächlich finde ich ihre Qualität so entscheidend, dass ich meine eigene Handschuh-Marke entwickelt habe, weil ich nicht mit dem zufrieden war, was von anderen Herstellern angeboten wurde.

Weil Geschicklichkeit und Gefühl so wichtig sind, braucht man weiches und flexibles Leder, um alle Fahrwerksdaten zum Fahrer übertragen zu können. Aus diesem Grund stammen die besten Handschuh-Leder vom Hirsch, Elch, Känguru, Kalb, Lamm und japanisch gegerbten Kuhhäuten. Diese weichen Häute sind dehnbar, sodass ein bequemer, aber enger Sitz wichtig ist, wenn du zum ersten Mal hineinschlüpfst. Andernfalls werden sie nach einer Weile ausleiern.

Jeder echte Motorradhandschuh sollte über den abriebgefährdeten Teilen wie dem Ballen und den Knöcheln eine zweite schützende Schicht Leder aufweisen. Harte Knöchelprotektoren aus Kohlefaser, wie sie gerade in Mode sind, sind meiner Meinung nach nicht sinnvoll, denn Carbon zerbricht bei harten Schlägen, sodass sich eine Bruchkante voller kunstharzverstärkter Kohlefaser-Nadeln in deine Hand und andere Teile drücken kann. Wenn du den Dicke-Knöchel-Look magst, solltest du zu den Kunststoff-Versionen wechseln, die manche Hersteller anbieten. Wie bereits früher erwähnt, musst du bei überkomplizierten und zusammengeflickten Ausführungen mit dünnen Fäden vorsichtig sein, da sie sich bei einem Sturz schnell in ihre Bestandteile zerlegen können. Stelle auch sicher, dass die Handschuhe über ein gutes Rückhaltesystem verfügen, damit sie auf deinen Händen bleiben. Arbeitshandschuhe sind zum Beispiel so konstruiert, dass sie leicht an- und ausgezogen werden können, sodass sie für das Motorradfahren keine gute Wahl darstellen.

Stiefel

Noch vor gar nicht so langer Zeit war es möglich, Qualitäts-Stiefel zu kaufen, die viele Jahre lang hielten. Heutzutage ist der Markt überschwemmt mit schlechten Stiefeln aus minderwertigen Synthetikmaterialien. Sie sind mit vielen billigen Plastikteilchen gepflastert, die etwas Schutz bieten sollen. Unglücklicherweise erkannten wohl viele Hersteller, dass sie mehr Stiefel verkaufen können, wenn die schick aussehenden, aber nicht neu besohlbaren Stiefel aus billigen Materialien schneller verschleißen.

Glücklicherweise gibt es immer noch einige wenige Hersteller, die Sportstiefel ganz aus Leder und mit Knöchelverstärkungen und ersetzbaren Sohlen anbieten. Cruiser und Tourenfahrer haben immer noch gute Bezugsmöglichkeiten, darunter auch welche, die wasserdichte Stiefel anbieten.

Individuell angefertigte Kombis wie diese von Syed Leathers sind oft nicht teurer als qualitativ hochwertige Anzüge von der Stange, und sie bieten garantiert eine gute Passform. Auch die Reparatur ist bei einem örtlichen Hersteller leichter zu bewerkstelligen.

mer. Oft halten sie aber nur bis zum ersten Sturz, allerdings opfern sie sich dann dafür auf, deine Haut zu retten. Auch ist zu bedenken, dass es immer noch angenehmer ist, selbst die teuerste Kombi zu bezahlen, als im Krankenhaus Hauptdarsteller bei einer Hauttransplantation sein zu müssen.

Für normales Straßenfahren bevorzuge ich Textilkombis, weil sie zum Beispiel Taschen haben und sich mit unterschiedlichen Schichten besser an Temperaturen anpassen lassen.

Fährst du öfter auf der Rennstrecke oder Rennen, wird Leder deine bevorzugte Wahl sein. Ich empfehle sehr, von einem örtlichen Anbieter eine Maßanfertigung zu kaufen. Es gibt zweifellos gute Konfektionskombis, die auch gut sitzen, doch ein Hersteller in der Nähe ist besser in der Lage, Reparaturen durchzuführen.

Beim Anprobieren von Stiefeln musst du darauf achten, dass sie nicht nur über deinen Fuß passen, sondern auch über alles, was du beim Fahren an hast. Rennlederkombis haben zum Beispiel oft dicke Schienbeinschützer, die mit in den Stiefel passen müssen. Wenn du wie ich relativ dicke Waden hast, musst du dir die Stiefel eventuell extra anpassen lassen. Und wenn du es bevorzugst, deine Stiefel unter der Hose zu tragen, musst du darauf achten, dass sie nicht zu dick und hoch für die Hosenbeine sind. Kontrolliere ebenfalls, ob die Stiefel im Bereich des Fußgelenks genügend Flexibilität aufweisen.

Helme

Als wichtigstes Teil der Sicherheitsausrüstung ist der Helm ein Ding, bei dem du nicht knausern darfst. Die alte Bell-Werbung ist immer noch wahr. Sie lautete: »Wenn du einen 10-€-Kopf hast, trage einen 10-€-Helm.«

Ein gut passender Helm sitzt eng, aber nicht beengend. Es ist generell eine gute Idee, den Helm so klein wie eben noch bequem tragbar zu nehmen, denn das Futter wird sich mit der Zeit zusammendrücken und ihn vergrößern – und ein zu großer Helm kann sich auf dem Kopf drehen und bei einem Sturz wegfliegen. Doch nicht nur die Größe ist wichtig, sondern auch die innere Form. Wir haben alle unterschiedliche Kopfformen, und manche Helme passen dazu besser als andere. Manche Hersteller haben sogar unterschiedlich geformte Innenschalen im Programm. Eine falsche Form sorgt an den Punkten des höchsten Drucks schnell für Kopfschmerzen.

Je mehr Helme man aufprobiert, desto größer sind die Chancen, einen gut sitzenden Helm zu finden. Deswegen ist es am besten, zu einem örtlichen Händler zu gehen. Kaufe nicht im Versandhandel, wenn du nicht genau weißt, welches spezielle Modell dir gut passt. Bedenke, dass Einzelhändler nichts mehr hassen, als als Anproberaum für Versandhändler missbraucht zu werden. Versuche also, deinen örtlichen Händler zu unterstützen, wenn er es verdient und dir einen guten Service bietet. Vergiss nicht, den Helm im Laden möglichst lange aufzubehalten und möglichst eine Probefahrt damit zu absolvieren, denn manche Probleme zeigen sich erst nach längerer Zeit oder während der Fahrt.

Bei der Klassifizierung von Helmen herrscht immer noch reichlich Verwirrung. Die aktuelle ECE-Norm für Helme ist die ECE 22-05. Die meisten neuen Helme werden nach dieser Norm gefertigt, und auf Rennstrecken werden zumeist keine anderen Helme zugelassen. Im Straßenverkehr sind auch alle Helme mit älteren ECE-Normen zugelassen, außerdem solche mit der alten DIN- oder OMK-Norm. Ein Helm nach neuerer

Norm muss nicht unbedingt sicherer sein, sondern nur den umstrittenen »Zweitschlag« an der gleichen Stelle aushalten können. Im Falle eines Falles müssen Träger von ungenormten Helmen damit rechnen, dass ihnen die Versicherung eine Art Teilschuld zuschreiben möchte, weil die Verletzungen mit einem neuen Helm möglicherweise glimpflicher ausgefallen wären. Ob vor Gericht ein solcher Fall bereits Erfolg hätte, bleibt zu bezweifeln, denn der Nachweis liegt – noch – bei der Versicherung. Nur wer einen Helm trägt, der definitiv nicht zum Motorradfahren gedacht war (Bauhelm, Fahrradhelm, Militärhelm), muss damit rechnen, bestraft zu werden.

Anders als Körper-Protektoren und auch manche anderen Helme sind Motorradhelme dafür konstruiert, nur einmal zu funktionieren. Sie absorbieren Energie, indem ihre Innenschale zerstört wird. Der Zweck der harten Außenschale liegt darin, den Schlag auf eine größtmögliche Fläche der Schaumpolsterung zu verteilen und den Träger gegen das Eindringen von Gegenständen zu schützen. Dies bedeutet, dass auch bei einer gut aussehenden Außenschale die Innenschale in Mitleidenschaft gezogen worden sein kann. Sobald also der Kopf bei einem Sturz den Boden berührt hat, wird es Zeit, den Helm zu ersetzen. Viele Helmhersteller bieten für Zweifelsfälle eine kostenlose Inspektion an.

Ungeachtet dessen, was manche Hersteller sagen, kann ein guter Helm ein Jahrzehnt lang guten Schutz bieten, wenn – und dies ist ein großes WENN – er sorgfältig behandelt wurde. Du kannst die Lebensdauer deines Helms verlängern, wenn du ihn nie auf deinen Tank legst und ihn nie in der Garage oder einem Raum beläßt, wo Benzin- oder Lösungsmittel-Gase die aus Styropor bestehende Innenschale angreifen können. Sorgfalt bedeutet auch, den Helm nie auf den Spiegel oder einen anderen spitzen Gegenstand zu stülpen, der auf einen kleinen Bereich der Innenschale großen Druck ausüben und sie so verformen kann. Ebenfalls ist es eine gute Idee, das Innenfutter gelegentlich zu reinigen. Außerdem solltest du es unterlassen, den Helm jeden Tag aufzusetzen, damit er die Chance erhält, zwischendurch auszulüften.

Ob ein Helm aus Thermoplaste oder faserverstärkter Duroplaste besteht, ist im Wesentlichen Geschmackssache – Spritzguss eignet sich besser für die Massenfertigung, GFK ist teurer und kann sich in kleineren Stückzahlen lohnen. Wichtig ist, dass man das Innenfutter herausnehmen und waschen kann. Außerdem sollte man sich vor dem Kauf immer erkundigen, was ein Ersatz-Visier kostet – denn bei manchem Billig-Helm bedeutet ein zerkratztes Visier tatsächlich gleich den wirtschaftlichen Totalschaden.

21 Auf der Rennstrecke

Jeder sportliche Fahrer kann von etwas Praxis auf der Renn- strecke profitieren. Egal, ob du professionell Rennen fährst, täglich zur Arbeit pendelst oder ein Wochenende lang dein Revier zu verteidigen hast – je länger du auf der Rennstrecke fährst, desto besser ist es. Wenn du natürlich ein professionel- ler Rennfahrer bist, wirst du dich auf der Rennstrecke sowieso schon schwindelig fahren. Und wie wird es dort dem Rest von uns ergehen?

Die Chancen stehen gut, dass es leichter geht, als man denkt. Die Nachfrage nach Fahrten auf Rennstrecken hat sich in den letzten Jahren ständig erhöht. Überall auf der Welt ha- ben Fahr-Seminare und Motorradclubs sich dieser Nachfrage angepasst. Frage deinen örtlichen Motorradhändler, es beste- hen gute Chancen, dass er dieses Jahr selbst ein Wochenende ausrichtet. Selbst wenn er nicht direkt beteiligt ist, wird er in der Lage sein, dir eine Schule, einen Club oder eine Organisation zu nennen, bei der du dich melden kannst.

Wenn du keinen Händler in der Nähe hast, gib einfach »Motorradtraining«, »Sicherheitslehrgang«, »Perfektionstrai- ning« oder »Fahrertraining« in eine Internet-Suchmaschine ein, und du wirst Dutzende Hinweise erhalten. Mit sehr wenig Mühe kannst du so einen Weg finden, mit deiner Maschine auf eine nahe gelegene Rennstrecke zu kommen. Das Beste dabei ist, dass dieses Verhalten akzeptiert und sogar legal ist!

Suche dir genau aus, mit wem du auf die Rennstrecke willst. Es gibt Ausprobier-Möglichkeiten für Einsteiger genauso wie straff geführte Experten-Seminare. Frag dich einfach durch.

Instruktor Kent Larson zeigt neuen Fahrern auf der Rennstrecke den Scheitelpunkt der Kurve.

Warum auf die Rennstrecke?

Der Gedanke an das Fahren auf einer Rennstrecke hat eine Menge Fragen und Bedenken im Gepäck: Bin ich bereit dafür? Welche Maschinenvorbereitung ist nötig? Welche Reifen soll ich aufziehen? Wo ist die beste Stelle zum Überholen? Welchen Reifenluftdruck muss ich benutzen? Ich werde versuchen, diese und andere Fragen zu beantworten. Aber zuerst wollen wir uns der wichtigsten Frage von allen zuwenden: »Warum soll ich auf die Rennstrecke?«

Die Straße ist nicht der Platz, um seine Grenzen kennen zu lernen. Dazu musst du den Straßenzustand, den Verkehr, Verschmutzungen und Geschwindigkeitsbeschränkungen ignorieren können, sodass du dich einzig darauf konzentrieren kannst, wie du deine Maschine unter Kontrolle hältst.

Ein weiterer Vorteil vom Training auf Rennstrecken ist der, dass dieselbe Kurve alle paar Minuten wiederkehrt. Dies ist nicht nur eine ähnliche Kurve, wie sie dir eine Fahrt auf der Straße immer mal wieder bietet, sondern es ist exakt dieselbe Kurve. Du kennst ihren Radius, ihre Unzulänglichkeiten und alle anderen Charakteristiken. Bei jedem Durchgang kannst du mit deinem Bremspunkt, deinem Einlenkpunkt, der Geschwindigkeit und der Schräglage spielen, ohne die Kurve jedes Mal neu abschätzen zu müssen.

Die Stifte unter den Fußrasten sind normalerweise die ersten Bauteile, die im Rennstreckentempo bei Schräglage auf dem Asphalt kratzen.

Abhängig vom Kurs und der Veranstaltung kann es nötig sein, die Kühlflüssigkeit durch Wasser zu ersetzen. Die Strecke kann gefährlich rutschig werden, wenn durch Unfälle oder Undichtigkeiten mit Glykol versetztes Kühlmittel darauf gelangt.

Wenn du dich bereits am Grenzbereich wohl fühlst, bietet dir dies die Gelegenheit, noch härter zu fahren und beispielsweise zu erforschen, wie sich Reifen anfühlen, wenn sie zu rutschen beginnen. Auch wenn du nicht an dieses Extrem gehen willst, ist die Rennstrecke ein großartiger Platz zum Lernen, dass die Grenzen oft weit über deinem Wohlfühl-Bereich liegen.

Vielleicht hast du früher in deiner Fahrer-Karriere einmal dein Motorrad in eine Linkskurve geschmissen und bist erstarrt, weil dein Gehirn auf Alarm schaltete. Vielleicht bist du nur geringfügig schneller gewesen als gewohnt, weil der Fahrer, dem du gefolgt bist, einfach ohne zu bremsen in die Kurve kippte und schnell davonfuhr. Nach diesem Schreck bist du auf die sich schnell nähernden Leitplanken fixiert, wenn deine Maschine einen weiteren Bogen ziehen will als die Kurve ihn hergibt. Hoffentlich erreichst du ohne Schäden an Mensch und Maschine das Kurvenende! – Nach wenigen Tagen auf der Strecke

wirst du in der Lage sein, die gleiche Situation ohne Panik zu meistern. Die kontrollierte Umgebung einer Rennstrecke wird dich lehren, dass du noch lange nicht in der Nähe deiner Reifen-Haftgrenzen bist und die Maschine einfach weiter in die Kurve lehnen kannst. Deine Panik ist nicht entstanden, weil du dich in einer echten Grenzsituation befunden hast, sondern sie ist das Resultat deines Unwissens über den Verlauf dieser Grenzen.

Rennstrecken-Runden sind nicht nur etwas für Draufgänger und Nervenkitzel-Süchtige. Sie sind gut für jedermann. Deine aktuelle Wohlfühl-Ebene oder dein Motorradtyp tun nichts zur Sache. Geh auf die Rennstrecke und erlerne die zur Handhabung von Notfall-Situationen nötige instinktive Kontrolle. Auch wenn du dich nicht als risikobereit einschätzt, sorgt das Motorradfahren im Straßenverkehr für gelegentliche Situationen, die den Einsatz all deines Geschicks erfordern, um heil herauszukommen.

Es kann sein, dass man seine Lampengläser abkleben muss, um bei einem Sturz die Strecke nicht mit Glassplittern zu übersäen. In diesem Fall ist es sinnvoll, dafür zu sorgen, dass auch kein Licht brennt (falls kein Schalter vorhanden ist, wird ein Stecker abgezogen oder die Sicherung entfernt), da die Hitze der Lampe ansonsten das Klebeband in eine schmierige Masse verwandeln wird.

Auf der Rennstrecke wirst du dich wahrscheinlich unter Fahrern mit stark unterschiedlichen Fähigkeiten wiederfinden. Solange jeder die notwendigen Vorsichtsmaßnahmen beachtet, führt dies aber nicht zu einem erhöhten Sicherheitsrisiko.

Natürlich gibt es auch diejenigen, die nicht erst überzeugt zu werden brauchen. Ob es um den Wettkampf zwischen den Fahrern oder nur um die Herausforderung einer schnelleren Runde geht – manche Leute sind praktisch süchtig nach der Strecke. Auch du findet vielleicht heraus, dass die Strecke dich anzieht und nicht wieder loslässt. Manche Clubs bauen hierauf und bieten einem freie Runden an. Sie locken Neulinge mit zwei kostenlosen Durchgängen, weil sie wissen, dass man wiederkommt und mehr will.

Wenn ich mit Leuten über das Fahren auf Rennstrecken rede, höre ich manche Bedenken immer wieder – »Ich kann viel schneller stürzen und zerstöre meine Maschine, wenn ich auf die Rennstrecke gehe.«

Wirklich? Warum? Wir reden vom Fahren auf der Rennstrecke, nicht vom Rennen. Es gibt keinen Grund, schneller zu fahren, als man möchte. Das Risiko, welches du eingehst, hast du vollständig selbst im Griff. Auf der Rennstrecke hast du keinen Gegen- oder Querverkehr. Alle fahren in die gleiche Richtung, und jeder konzentriert sich völlig auf die Aufgabe des Fahrens. Du musst dir die Straße nicht mit telefonierenden oder von ihren Kindern/Ehepartnern/Hunden abgelenkten Verkehrsteilnehmern teilen. Du begegnest ständig derartigen Situationen und schlimmeren bei jeder Fahrt auf öffentlichen Straßen. Wenn auf der Rennstrecke deine Sturz-Wahrscheinlichkeit steigt, liegt dies am höheren eingegangenen Risiko und einer härteren Fahrweise. Doch dies ist der Grund, warum viele Leute auf die Strecke gehen, denn hier können sie es in ei-

ner sichereren Umgebung härter angehen lassen. Denk immer daran: Es liegt bei dir.

– »Ich werde nur allen anderen im Wege sein.«

Dies hängt vom Veranstalter ab. Manche lassen Fahrer mit vielen verschiedenen Fähigkeiten und Motorradtypen zur gleichen Zeit auf die Strecke. Wenn du in dieser Umgebung zu den langsameren gehörst, darfst du dich nur über dich selbst ärgern. Die anderen werden dich ohne große Probleme überholen, obwohl es dich vielleicht zunächst erschreckt. Andere Veranstalter teilen die Fahrer nach ihren Fähigkeiten ein und lassen die Gruppen abwechselnd auf die Strecke, sodass du auch nur mit anderen »Anfängern« unterwegs bist. Typischerweise wird einer Anfängergruppe ein striktes Überholverbot oder eine ausschließliche Überholerlaubnis auf der Zielgeraden auferlegt. In diesen Fällen wird ein wirklich langsamer Fahrer den Rest der Gruppe aufhalten, doch gute Veranstalter werden diesen Fahrer mit einem Begleiter zusammenbringen, der andere Fahrer um diesen langsamen herumführt. Dies hält die schnelleren Fahrer davon ab, frustriert zu sein, und hilft dem langsameren Fahrer, sein Tempo auf bequeme Weise zu erhöhen.

Wenn du also diesbezügliche Bedenken hast, solltest du mit dem Veranstalter sprechen, um sicherzustellen, dass du dich dabei wohl fühlst. Die meisten werden sich nach deinem Wunsch richten. Auf der Strecke gibt es ein starkes Solidaritätsgefühl, und die meisten Rennstrecken-Kollegen sind mehr als glücklich, dir beim Wohlfühlen zu helfen.

Maschinen-Vorbereitung

Die notwendige Maschinenvorbereitung unterscheidet sich von Veranstalter zu Veranstalter. Bei vielen Perfektionstrainings kannst du deine Serienmaschine ohne Veränderungen und nur mit einem Aufkleber, der anzeigt, dass du registriert bist und deine Maschine abgenommen wurde, auf die Strecke gehen. Andere Veranstalter verlangen eine komplette Rennvorbereitung und Drahtsicherungen an Bauteilen wie dem Öleinfülldeckel, der Ablassschraube und dem Ölfilter. Beachte alle Regeln, bevor du dich zur Rennstrecke begibst.

Als Minimum verlangen alle Veranstalter, dass du eine sichere Maschine hast und diese eine technische Abnahme absolviert, bevor du auf die Strecke darfst. Wenn es bei einer Veranstaltung keine technische Abnahme gibt, solltest du deine Teilnahme überdenken. Wer weiß, was an dem Schrotthaufen vor dir gleich abfällt?

Grundsätzlich sollte bei allen Veranstaltungen Folgendes kontrolliert werden:

Brauchbare Reifen: Mindestens 75 Prozent des ursprünglichen Profils sollten vorhanden sein. Keine Risse und Beschädigungen.

Funktionierende Vorderrad- und Hinterradbremse: Guter Druck und ausreichende Bremswirkung. Neuwertige Belagstärke. Keine Undichtigkeiten. Fest sitzende Kontermutter an der Unterseite des Handbremshebel-Lagerbolzens.

Befestigungen: Besondere Kontrolle der Lenker-, Fußrasten- und Auspuff-Befestigungen.

Kette und Kettenräder: Sollten nur sehr begrenzt verschlissen sein. Kontrolliere den Kettendurchhang. Die meisten Straßenfahrer sind mit zu strammer Kette unterwegs, und die Rennstreckenumgebung wird dieses Problem verstärken. Denk daran, dass deine Kette bei eingefederter Maschine strammer wird. Und auf der Strecke wird deine Federung stärker arbeiten als auf der Straße. Stelle den Kettendurchhang entsprechend der Herstellerangaben oder etwas lockerer ein. Schau im Handbuch nach, ob der Durchhang bei ausgefedertem Hinterrad oder bei belasteter Maschine gemessen wird. Ein typischer Fehler ist es, den Durchhang ohne Fahrer einzustellen, sodass die Kette bei belasteter Maschine zu stramm ist.

Licht: Die meisten Rennstrecken-Organisationen verlangen das Abkleben des Scheinwerfers und des Rücklichts. Dies sorgt dafür, dass bei einem Zwischenfall keine Glassplitter über die Strecke verstreut werden. Eine ausgeschaltete oder abgeklemmte Scheinwerferlampe sorgt dafür, dass das Klebeband nicht schmilzt und sich später leichter wieder abziehen lässt.

Blinker und Spiegel: Die meisten Veranstalter werden dich bitten, diese Bauteile zu entfernen. Auch wenn sie es nicht verlangen, ist es eine gute Idee, Blinker und Spiegel zu demontieren.

Manche Veranstalter verlangen, die Kühlflüssigkeit durch Wasser zu ersetzen. Normalerweise ist dies nur bei Rennen erforderlich, aber es kann auch bei Veranstaltungen mit Straßenmaschinen verlangt werden. Straßenfahrer zu bitten, ihr Kühlsystem zu spülen, macht den Vorbereitungsprozess für viele Fahrer zu umfangreich und droht das potenzielle Starterfeld auszudünnen. Dennoch ist es eine gute Idee, jeglichen Frostschutz aus dem System zu entfernen, da entsprechende Spritzer, die den Asphalt rutschig werden lassen, unmöglich in kurzer Zeit entfernt werden können. Wenn du die Kühlflüssigkeit abgelassen hast, solltest du das System mit destilliertem Wasser befüllen, damit sich keine Kalkablagerungen bilden. Außerdem musst du dafür sorgen, dass die Maschine in diesem Zustand keinem Frost ausgesetzt wird, da das sich ausdehnende Eis Kühler und Motor zerstören kann.

Auch die Pflicht, Teile des Motorrades mit Sicherungsdraht zu versehen, kann potenzielle Teilnehmer abschrecken, somit wird es nicht immer verlangt. Sicherheitsdraht erfordert das Durchbohren des entsprechenden Schraubenkopfes, das Durchführen des Drahtes und dessen Umwickeln um Bauteile, sodass sich die Schraube nicht durch Vibrationen lockern kann (siehe Anhang). Bei allen Rennmaschinen müssen mindestens die Ölablassschraube, der Öleinfüllstutzen und der Ölfilter mit Draht gesichert werden. Die meisten Rennorganisationen verlangen Drahtsicherungen zudem an den Bremssattelschrauben, Achsbolzen, Kühlerdeckeln und vielen anderen wichtigen Befestigungen. Auch wenn du mit deinem Motorrad keine Rennen fährst und dein Veranstalter keine Drahtsicherungen verlangt, ist es eine gute Idee, einige Teile entsprechend zu schützen. Sicherheitsdraht sorgt nicht nur dafür, dass keine Schrauben verloren gehen, sondern er zeigt auch auf den ersten Blick, dass du den Job erledigt hast. Nimm beispielsweise den Austausch des Vorderreifens. Wenn du die Aufgabe erledigt hast, sind die Achse, die Klemmschrauben und die Bremssattelschrauben mit dem vorgeschriebenen Drehmoment angezogen. Wenn du diese Befestigungen mit Draht gesichert hast, wirst du dich niemals fragen: »Habe ich die Bremssattelschrauben angezogen?« Ein Blick bestätigt, dass sie gesichert und damit auch korrekt angezogen sind. Der Sicherungsdraht beweist, dass die Arbeit erledigt ist und stellt sicher, dass Vibrationen kein Unheil anrichten.

Weitere Erwägung bei der Vorbereitung des Motorrades für die Rennstrecke betreffen so genannte Sturz-Pads, die den Rahmen, den Lenker und die Schwinge schützen sollen. Der Zubehörmarkt bietet für jede Sportmaschine spezielle Pads an, deren Einbau nach einem Ausrutscher schnell ein paar hundert Euro für die Beschaffung neuer Anbauteile einsparen kann. Wenn du dich selbst vor Sturzschäden schützt, solltest du auch dein Motorrad nicht vergessen. Nach wie vor behaupte ich, dass man auf der Rennstrecke sicherer ist als auf der Straße, und die Höhe des Risikos immer bei einem selbst liegt. Allerdings neigen viele dazu, auf der Rennstrecke härter ranzugehen und die Balance zwischen Risiko und Belohnung entspre-

Wenn du ein Motorrad ausschließlich auf der Rennstrecke einsetzen willst, solltest du die Montage zurückverlegter Fußrasten in Betracht ziehen, um die Schräglagenfreiheit zu erhöhen.

chend zu verschieben, also muss sichergestellt sein, dass man auf die möglichen Konsequenzen aus dem selbst gewählten höheren Risiko vorbereitet ist.

Vergewissere dich vor der Abfahrt zur Strecke, dass deine Maschine die technische Abnahme passieren wird. Viele Veranstalter wollen von dir nicht viel mehr als das, was man sowieso vor jeder Fahrt erledigen sollte. Andere Veranstalter verlangen eine komplette Rennmaschinen-Vorbereitung. Und nur weil ein Veranstalter nicht alle Sicherheitsmaßnahmen eines echten Rennens vorschreibt, heißt dies ja nicht, dass es keine gute Idee wäre, es doch zu tun.

»Welchen Reifentyp soll ich verwenden?«

Ein Wochenende auf der Rennstrecke bietet die Möglichkeit, mit echten Renn-Gummis zu fahren. Alle großen Reifenhersteller bieten profilierte Reifen in Rennmischungen oder reine Renn-Slicks in allen gängigen Größen an. Obwohl erstere Reifen optisch nicht von Straßenreifen zu unterscheiden sind, empfehle ich, sie nicht außerhalb der Rennstrecke einzusetzen. Ein gut aufgewärmtes Paar Rennreifen ermöglicht Rundenzeiten, die einige Sekunden geringer sind als dies mit Straßenreifen möglich ist – bei gleichen Rundenzeiten bieten sie einen entsprechend größeren Sicherheitsbereich. Auf der Renn-

strecke kannst du Reifen richtig aufwärmen und dann damit bessere Leistungen als mit Straßenreifen erzielen. Dagegen führt der Einsatz von Rennreifen auf der Straße normalerweise nur dazu, dass sie nie richtig warm werden und weniger Haftung bieten als ein entsprechender Satz Straßenreifen.

Wenn du Rennreifen fahren willst, ist die Rennstrecke dafür der richtige Ort. Wenn du allerdings mehr über deine Straßenreifen lernen willst, ist dies die Chance, sie hier bis zur Grenze zu testen. Heutige Hochleistungs-Straßenreifen bieten für einen guten Fahrer mehr als genügend Grip, um viele andere Kollegen zu unterbieten. Denk nur daran, dass dein Kumpel mit den Renn-Slicks einen kleinen Vorteil hat, also darfst du nicht erwarten, die Kurve genauso durchfahren zu können, wie er es dir vielleicht gerade vormacht.

»Mit welchem Luftdruck soll ich fahren?«

Auf der Straße solltest du mit den vom Motorrad- oder Reifenhersteller vorgegebenen Luftdrücken fahren, um die Reifen vor dem Überhitzen zu schützen. Auf der Rennstrecke mit ihren 20- bis 30-minütigen Durchgängen kannst du den Luft-

Sturz-Pads wie die beiden runden schwarzen Plastikteile in der Verkleidungsöffnung und am Motordeckel helfen im Falle eines Falles die Schäden gering zu halten.

Wenn deine Maschine mit Drahtsicherungen versehen werden muss, ist sicherlich auch eine an der Ölablassschraube anzubringen.

druck etwas verringern, um bei optimalen Temperaturen mehr Grip zu erhalten. Hier ist ein einfacher Weg zum Wählen des richtigen Luftdrucks: Beginne mit 1,9 bis 2,2 bar. Wenn der Tag kühl ist und die Temperatur nicht über 15 °C steigt, beginnst du am unteren Ende. Ist es über 27 °C warm, startest du mit 2,2 bar. Fahre die Reifen einige Runden warm und gehe dann härter ran. Wenn du wieder in die Boxen kommst, ziehst du so schnell wie möglich deine Handschuhe aus und erfühlst die Reifentemperatur. Sind sie kalt oder lauwarm, werden sie so nie auf Betriebstemperatur kommen. In diesem Fall wird der Luftdruck um 0,1 bis 0,2 bar gesenkt. Sind die Reifen richtig heiß, und sieht das Gummi aus als hätte es gekocht, oder wird es am Profilrand bläulich, so werden sie zu warm, und du solltest 0,1 bis 0,3 bar mehr Druck geben. Ein Reifen, der zu kalt ist, benötigt weniger Luftdruck, damit das Gummi mehr walken (sich biegen und strecken) kann. Ein zu heißer Reifen braucht mehr Luftdruck, da das Walken im Reifen die Wärme erzeugt.

»Gibt es Motorräder, die man für ein Rennstrecken-Wochenende mieten kann?«

Normalerweise ist dies nicht üblich, doch es gibt von Herstellern oder Importeuren ausgerichtete Veranstaltungen, bei denen eine gestellte Maschine im (entsprechenden) Preis mit drin ist. Einerseits hat dies zwar den Vorteil, dass alle Teilnehmer auf demselben Material und deswegen auf einem ähnlichen Level unterwegs sind. Andererseits kann man so natürlich nicht sein eigenes Motorrad an seine Grenzen führen – außer, man kauft sich gleich eine entsprechende Maschine. Natürlich sollte es sich niemand nehmen lassen, einmal eine gut präparierte Maschine auf der Rennstrecke ein paar Runden zu fahren. Hier zeigt sich der Unterschied zwischen einem gut abgestimmten Fahrwerk und einer leicht verschlissenen Straßenmaschine am deutlichsten. Der Motivation, seine eigene Maschine zu verbessern, kann dies auf keinen Fall schaden.

Auch ganz schlaue Menschen, die vielleicht glauben, sie könnten sich bei einer Motorradvermietung eine Maschine über das Wochenende mieten und damit auf die Strecke gehen, werden im Mietvertrag lesen, dass die Maschine nicht für Sportzwecke eingesetzt werden darf, da man ansonsten für alle entstandenen Schäden voll haftet. Die Veranstalter auf der Strecke können sich ebenfalls weigern, ein Mietmotorrad abzunehmen.

Fahrer-Vorbereitung

Wenn du aus der Zeit auf der Rennstrecke das meiste herausholen willst, kann etwas körperliche und mentale Vorbereitung nützlich sein. Wir werden dem gleich auf den Grund gehen, doch zuerst ist noch eine sehr häufige Frage zu beantworten:

»Welche Bekleidung soll ich tragen?«

Genauso wie die Anforderungen an die Maschinenvorbereitung variieren die Regeln für die Bekleidung von Veranstalter zu Veranstalter – sie reichen von gerade angemessener Straßenbekleidung bis zur vollständigen Rennfahrerausrüstung. Viele Veranstalter sorgen sich um ihre Teilnehmer und wünschen sich den bestmöglichen Schutz, doch oft sind diese Regeln aufgeweicht, um eine größere Anzahl von Fahrern teilnehmen zu lassen. Als Minimum verlangen alle Veranstalter einen Helm, Stiefel, Handschuhe und eine Jacke. Meist wird auf Leder bestanden.

Ungeachtet der Anforderungen kann es nicht schaden, mindestens mit einer vollständigen Fahrerausrüstung anzutreten. Dies bedeutet entweder eine einteilige oder eine per Reißverschluss zu verbindende Kombi. Ein Rückenprotektor sowie Schalen an Schultern, Knien und Ellbogen gehören ebenfalls zur Ausrüstung. Die Handschuhe sollten mit Stulpen versehen sein, welche mindestens acht Zentimeter über das Handgelenk ragen. Stiefel und Hosenbeine müssen mindestens zehn Zentimeter überlappen. Dein Helm sollte nicht älter als drei Jahre alt und unfallfrei sein.

Textilkombis sind nicht immer akzeptiert, auch weil viele von ihnen bei einem Sturz keinen exzellenten Schutz bieten. Auch neigen sie dazu, nicht so gut anzuliegen wie Leder. Allgemein wird eine Textil-Kombi bei einem Sturz stärker beschädigt als ein Anzug aus Leder. Sie neigt zum Schmelzen, und durch die

Ein weiteres Teil, das gesichert werden muss, ist der Ölfilter.

Wenn es die Voraussetzungen erfordern, musst du auch den Öleinfülldeckel sichern.

Reibung beim Rutschen über den Asphalt entstehen Löcher, wogegen Leder nur geringfügig abwetzt. Textil-Anzüge sind mit anderen Worten nur für einen einzigen echten Sturz konzipiert. Wer auf Textil besteht, sollte einen Anzug aus Kevlar oder Cordura nehmen, da Nylon auf der Straße kaum Schutz bietet.

Mentale und körperliche Vorbereitung

Es kann nicht schaden, sich vor dem Termin auf der Rennstrecke in eine gute körperliche Verfassung zu bringen. Die sechs oder sieben halbstündigen Durchgänge eines typischen Rennstrecken-Tages sind für viele Fahrer einfach zu viel. Es ist üblich, dass Leute am Ende des Tages der Strecke fernbleiben, weil sie einfach zu erschöpft sind.

Müdigkeit kann sowohl auf die hohe geistige Konzentration als auch auf das stark geforderte körperliche Durchhaltevermögen zurückzuführen sein. Für viele Fahrer ist ein Tag auf der Strecke eine Chance, ihre Grenzen zu erforschen, und sie verbringen einen Großteil ihrer Zeit damit, erschrocken den Lenker im Klammergriff zu halten. Leute mit großer Erfahrung werden am Ende des Tages so langsam wie zu Beginn ihrer Karriere. Es ist viel besser, dein Tempo auf einem bequemen Level

zu halten und die Dinge nur schrittweise anzugehen. In der komfortablen Zone zu bleiben und nur vorsichtig am Außenrand zu kratzen, vergrößert diese Zone schneller als ständig heftig dagegen zu schlagen und zurückzuprallen.

Müdigkeit in Armen und Schultern ist ein Anzeichen dafür, dass du nicht so entspannt bist, wie du sein solltest. Selbst wenn du keine Panik-Momente hast, solltest du deinen Oberkörper einmal pro Runde bewusst entspannen.

Arten von Rennstrecken-Veranstaltungen

Viele Leute kommen auf die Rennstrecke, um einfach nur Spaß zu haben, doch die meisten sind auch da, um bessere Motorradfahrer zu werden. Wenn das Ziel die Verbesserung deiner Geschicklichkeit ist, musst du einen Plan zum Erreichen dieses Ziels haben. Dieser Plan hängt ein Stück weit davon ab, welche Art von Veranstaltung du besuchst.

Wie bereits erwähnt, unterscheiden sich Rennstrecken-Veranstaltungen stark im Preis und der Philosophie. Nachdem du für deine Pläne, dein Budget und den Anreiseweg passende Veranstalter oder Lehrgänge gefunden hast, musst du dir die Zeit nehmen, die Philosophie jeder Organisation zu erforschen, um sicherzustellen, dass diese deinen Wünschen entspricht.

Die meisten Veranstaltungen passen in eine von vier Haupt-Klassifikationen:

Freies Fahren: »Danke für euer Geld. Wir lassen euch jetzt alleine.«

Überwachtes Fahren: »Wir sind keine Schule, aber wir sind da, um zu helfen.«

Rennfahrerlehrgänge oder Perfektionstraining: »Du bist zum Lernen hier, also mach, was wir sagen.«

Clubrennen: »Schwimm mit oder sauf ab. Aber mach bitte keine Dummheiten.«

Alle Arten von Rennstrecken-Veranstaltungen haben Regeln. Rennstrecken-Regeln werden zumeist von den Veranstaltern konzipiert und durchgesetzt, und nicht von der Streckenleitung. Wenn es irgendwelche streckenspezifischen Regeln gibt, werden sie mit dem Veranstalter abgesprochen. Selbst die lockersten Organisationen müssen ein Minimum an Sicherheitsregeln festlegen. Wenn du dich für eine Rennstrecken-Veranstaltung einschreibst, und die Organisation nicht einmal das Einhalten der folgenden Minimal-Regeln verlangt, sollte es in deinem eigenen Interesse liegen, sie zur Sprache zu bringen oder der Strecke fernzubleiben:

– Es gibt nur eine einzige Möglichkeit, um auf die Strecke zu gelangen.
– Es gibt nur eine einzige Möglichkeit, die Strecke zu verlassen.
– Es wird nur in eine Richtung gefahren. Niemand darf jemals in Gegenrichtung fahren.
– Auf der Strecke darf nicht angehalten werden.
– Wer ein Problem hat und langsamer wird, muss den linken Arm heben oder ein Bein ausstrecken, um dies den anderen Fahrern mitzuteilen.

Freies Fahren

»Offene Strecken« sind die am wenigsten strukturierten und üblicherweise billigsten Formen von Rennstrecken-Veranstaltungen. Die Kosten liegen zumeist zwischen 150 und 200 Euro je Tag. Die Veranstaltung wird von Clubs, Händlern oder einem Unternehmen geleitet, das die Rennstrecke vermietet. Die Regeln sind beim freien Fahren normalerweise ziemlich lax oder gar nicht vorhanden. Ein Rabauke kann den ganzen Tag verderben, wenn ihn keine klare Autorität stoppt. Dein Wohlergehen kann bei einer solchen Veranstaltung stark vom Aufbau der Gruppe abhängen. Eine erfahrene Gruppe sich selbst beaufsichtigender Fahrer wird die Lage ruhig halten können. Eine lockere Gruppe wilder Idioten kann die Sache schwierig werden lassen. Wenn du dich natürlich zu dieser Gruppe zählst, kann dies dir die Freiheit geben, endlich ohne solch nervtötende Barrieren wie den gesunden Menschenverstand, Verkehrsregeln, Höflichkeit oder Rücksichtnahme zu fahren.

Jedes von einer erfahrenen Leitung organisierte freie Fahren wird solche wild gewordenen Teilnehmer hinauswerfen oder maßregeln, aber trotzdem sind solche Veranstaltungen nicht für jedermann geeignet. Wenn du ein langsamer Fahrer bist, musst du dich vor dem Start damit abfinden, überall überholt zu werden. Wenn du ein schneller Fahrer bist, musst du in der Lage sein, langsame Fahrer korrekt überholen zu können. Wie beim Rennen liegt die Verantwortung für die Sicherheit immer beim Überholenden und niemals beim überholten Fahrer.

»Wo ist die beste Stelle zum Überholen?«

Wenn du am freien Fahren teilnehmen willst, musst du bezüglich des Überholens ein paar Grundprinzipien befolgen. Zunächst gibt es keine »beste Stelle« zum Überholen. Jede Strecke hat andere Überholbereiche. Die Entscheidung zum Überholen hängt zudem stark von der Situation ab. Bedenke, dass es bei einem freien Fahren keinen Preis dafür gibt, vor dem Fahrer über die Ziellinie zu kommen, den du gerade überholen willst. Wenn du dich nicht für eine sichere Überhol-Zone entscheiden kannst, aber keine Lust hast, in der Kurvenmitte aufgehalten zu werden, verlässt du einfach die Strecke und fährst eine Runde später vor ihm wieder hinein. Oder du lässt den langsameren Fahrer auf den Geraden etwas Vorsprung herausfahren. Natürlich bringt dies nicht annähernd die Befriedigung, wie an ihm vorbeizuziehen und ihm dann zuzuwinken, bevor man verschwindet. Wenn du also ein routinierter Fahrer bist, wird es wahrscheinlich so sein, dass du ihn irgendwo überholst.

Das sicherste Überholmanöver ist dasjenige, bei dem du am anderen Fahrer vorbeiziehst, während er sich von dir weg bewegt und nicht auf dich zu. So kannst du beispielsweise einen Fahrer angreifen, der langsamer als du durch Kurven fährt, indem du ihm vor der Kurve etwas Vorsprung lässt und dich dann in der Kurve annäherst. Du musst dies so abstimmen, dass du ihn innen überholst, während der langsamere Fahrer am Kurvenausgang nach außen treibt. So ist der langsame Fahrer weit von dir weg am äußeren Fahrbahnrand, und du hast mehr Tempo sowie einen weiter innen liegenden Kurvenausgang. Dies bringt dir allerdings gar nichts, wenn der andere Fahrer in der Lage ist, neben deiner 50 PS-Maschine die doppelte Leistung zu mobilisieren, sobald ihr beide wieder aufrecht fahrt.

Du musst außerdem in der Lage sein, auf der Innenbahn die Bremse zu betätigen, wenn der andere Fahrer nach außen driftet, um seine Kurve einzuleiten. Dies bietet erneut eine Möglichkeit, wo der langsamere Fahrer sich von dir weg bewegt, wenn du ihn überholst. Bedenke nur, dass du es vermeiden solltest, eine Linie zu wählen, die sich mit derjenigen des anderen Fahrers kreuzt. Wenn das Überholen oder Überholtwerden für dich eine Stresssituation darstellt, die dich von der Teilnahme am freien Fahren abhält, solltest du ein überwachtes Fahren in Betracht ziehen.

Soweit du über ein wenig gesunden Menschenverstand verfügst, wirst du feststellen, dass es auf der Rennstrecke sicherer ist als auf der Straße.

Überwachtes Fahren

Überwachte Rennstrecken-Veranstaltungen bieten etwas mehr Struktur, ohne zu viel Mehrkosten zu verursachen. Veranstalter, die überwachtes Fahren organisieren, haben routinierte Instruktoren auf der Strecke, die alles kontrollieren und den Fahrern helfen, die Instruktionen wünschen.

Oft werden die Teilnehmer in drei Klassen eingeteilt: Anfänger, Routiniers und Experten. Die Anfänger werden in kleinen Gruppen von einem »Kontroll-Fahrer« um den Kurs geleitet. Der Job dieses Instruktors liegt darin, die richtige Linie durch die Kurven zu demonstrieren und sicherzustellen, dass ihr alle Fahrer locker folgen. Wenn der Tag fortschreitet, hat sich das Tempo generell erhöht. Anfänger dürfen zumeist den Instruktor gar nicht und andere Teilnehmer ihn nur in bestimmten Streckenbereichen überholen.

Die Routinier-Gruppe wird ebenfalls mit mehreren Instruktoren auf die Strecke gelassen. Hier dürfen andere Fahrer außer in Kurven überall überholt werden, doch die Instruktoren bleiben tabu. In dieser Gruppe arbeiten die Instruktoren mit Teilnehmern, die dies wünschen, an Fahrtechniken, außerdem haben sie ein Auge auf die Einhaltung der Benimm-Regeln.

Die Experten-Gruppe fährt ohne Instruktoren und hat als einzige Regel, sicher zu überholen. Die Instruktoren der Anfänger- und Routiniergruppen fahren hier oft mit, wenn sie zur Entspannung einige Runden drehen wollen.

Bei solchen Veranstaltungen können sich Fahrer aller Fähigkeiten wohl fühlen, weil die Instruktoren dabei helfen, dass alle zufrieden sind. Langsame Fahrer stehen unter ständiger Kontrolle, und schnellere Fahrer werden vorbeigewunken, wenn es sicher ist. Dies kann für Fahrer frustrierend werden, wenn sie im Grenzbereich zu schnelleren Gruppen sind. Die schnellsten Anfänger werden sich manchmal durch die langsameren Teilnehmer blockiert fühlen, und sie müssen auf die vorgegebenen Überhol-Zonen warten. Normalerweise wird dies durch den Aufstieg in die nächst schnellere Klasse gelöst, nachdem man eine Beurteilung durch die Instruktoren erhalten hat.

Die Anfänger- und Routinier-Gruppen haben bei manchen Ausrichtern eine manchem Fahrer zu starre Struktur, doch auch die erfahrensten Teilnehmer genießen es, mit den Gruppenschnellsten unterwegs zu sein. Wenn ein Fahrer von der Struktur frustriert ist, aber nicht die Qualifikation für die schnellste Gruppe erbringen kann, sind solche Veranstaltungen nichts für ihn.

Rennfahrerlehrgänge oder Perfektionslehrgänge

Auch diese Veranstaltungen variieren stark. Manche Lehrgänge sind so strukturiert, dass die Fahrer den ganzen Tag nichts anderes machen, als gedrillt zu werden. Andere Lehrgänge haben zwischen den Strecken-Durchgängen regelrechten Klassenunterricht. Ein Rennfahrerlehrgang ist etwas, was genauestens geprüft werden sollte, bevor man dafür sein Geld und seine Zeit verschwendet. Unterschreibe keinen Teilnahmevertrag, ohne einen Bericht darüber gelesen oder mit vertrauensvollen Leuten gesprochen zu haben, die daran teilgenommen haben.

Manche Leute haben nicht den Wunsch, den ganzen Tag diszipliniert an Geschicklichkeits-Trainings teilzunehmen, ganz gleich wie sehr diese ihren Fahrstil verbessern. Manche sind enttäuscht, wenn sie nicht ständig praktische Instruktionen erhalten. Diese Lehrgänge sind zu teuer und zu variantenreich, um ohne eine genaue Untersuchung einzusteigen.

Clubrennen

Auf der ganzen Welt gibt es Clubs, die Motorradrennen organisieren. Ein Bekannter fährt auf seiner CBR 900 RR Rennen in Russland, und mein Freund Ivan rennt mit seiner R6 in Holland. Es scheint, dass überall, wo genügend Testosteron und Verbrennungsmotoren zusammenkommen, sofort ein Rennen ausbricht. Du kannst Rennen für Sitzrasenmäher oder Modellschiffe finden, also ist es auch nicht überraschend, dass es Plätze gibt, auf denen man Motorradrennen austragen kann.

Ein Clubrennen ist von den Geheimtreffen im Industriegebiet aus gesehen ein gigantischer Schritt in Richtung Organisation und Sicherheit. Es gibt regionale und nationale Clubs, deren Bereich von Anfänger- bis zu Profi-Rennen geht. Die Anfänger-Clubs sind offen für jedermann (und jedefrau), der/die sich auf der Rennstrecke richtig austoben will. Dagegen erfordern die Profi-Clubs Leistungsnachweise, bevor sie dir eine Lizenz geben.

Es ist schon fast absurd einfach, eine Rennlizenz für die meisten Rennclub-Organisationen zu bekommen. Schau in Motorsportmagazinen nach, um einen Club in deiner Nähe zu finden und schreib dich bei einem Rennfahrerlehrgang ein. Du wirst einen Tag auf der Rennstrecke und im Klassenraum verbringen, um dich auf die Teilnahme an Motorradrennen vorzubereiten. Die Schule wird dir die Bedeutungen der verschiedenen Flaggen erklären und vielleicht einige Tipps geben, wie man fahren soll. Am Ende des Tages wirst du bei einem Anfänger-Rennen »geprüft«. Für eine Lizenz ist es normalerweise nur erforderlich, das Rennen ohne Dummheiten wie Abdrängeln oder einen Sturz zu beenden.

Jedermann mit einer Straßenmaschine und ein paar hundert Euro kann also eine Rennlizenz bekommen. Allerdings muss man sich nach den Club-Regeln richten und sicherstellen, dass

das Motorrad dessen Anforderungen genügt. Hierzu gehört der Austausch der Kühlflüssigkeit durch Wasser, die Demontage aller Lampen, Blinker und Spiegel sowie das Sichern entsprechender Befestigungen mit Draht. Viele Leute beginnen mit einer Straßenmaschine und der Vorstellung, sie für Rennwochenenden zu präparieren und dann jeweils zurückzurüsten. Dies hört normalerweise nach einem oder zwei Wochenenden auf. Dann wird das Motorrad eine reine Rennmaschine.

Die Belohnung für das Lösen einer Lizenz ist eine Menge preiswerter Rennstreckenzeit. Oftmals werden an den Tagen vor den eigentlichen Rennen sehr billige Trainingsrunden angeboten.

Eine andere Belohnung ist der Wettbewerb selbst. Manche Leute blühen in der Umgebung einer Rennstrecke richtig auf. Letztes Jahr verwandelte sich ein Freund von mir von einem schnellen Straßenfahrer zu einem Rennstrecken-Süchtigen und schließlich zu einem Lizenzfahrer. Bei jedem Übergang war er verblüfft, was er vor dem Schritt in die Rennszene alles verpasst hatte. Als Straßenfahrer konnte er nicht glauben, dass eine Rennstrecke ihm mehr Spaß bringen würde als er bereits hatte. Er ging auf die Rennstrecke und konnte nicht glauben, wie viel weiter er in einer kontrollierten Umgebung an seine Grenzen gehen konnte. Beim Blick zurück wusste er, dass das Fahren auf der Straße nichts im Vergleich zu Rennen war. Dann bekam er seine Rennlizenz und lernte den Unterschied zwischen der Arbeit an einem besseren Fahrstil und an dem Gewinn eines Rennens kennen. Rennen sind nichts für jeden, aber manche Menschen finden, dass es nichts Befriedigenderes gibt.

Mach es einfach!

Suche im Internet, frage deinen Händler, sprich mit Freunden, schließe dich einem örtlichen Club an, oder erkundige dich einfach bei einer Rennstrecke in der Nähe, um eine Liste von Veranstaltern und Lehrgängen zu bekommen, die dir den Zugang zur Rennstrecke ermöglichen. Erkundige dich dann über die Veranstalter, die dich interessieren könnten. Am wichtigsten ist: Begib dich auf die Strecke. Du wirst es nicht bereuen. O.K., wenn du stürzt, wirst du es bereuen. Stürze also nicht!

Es gibt keinen anderen Ort als die Rennstrecke, um wirklich herauszufinden, was du und dein Motorrad können. Es ist völlig egal, ob du gerade anfängst oder denkst, du wärst der schnellste Motorradfahrer der Welt. Geh zur Rennstrecke und sieh, was dir bislang gefehlt hat. Sie wird dich mit Fähigkeiten und Kenntnissen versorgen, die du bei jeder Fahrt gebrauchen kannst – ob auf der Rennstrecke selbst oder auf der Straße.

Anhang

Packliste für die Rennstrecke

Es gibt eine Vielzahl von Dingen, die man mit zu Rennstrecken nehmen kann, um seine Fähigkeiten zu verbessern. Nimm einen Plan der Strecke, und studiere jede Kurve. Obwohl es schwierig ist, durch das Betrachten eines Bildes ein Streckengefühl zu erlangen, kann man eine grobe Ahnung über die Länge der Zielgeraden, die Anzahl und Schärfe einzelner Kurven erhalten.

Finde heraus, welche Annehmlichkeiten die Strecke bietet. Ist der Zugang von deinem Platz zur Strecke asphaltiert? Gibt es Steckdosen und Toiletten?

Packe alle Werkzeuge ein, die für die Ausführung grundsätzlicher Wartungsarbeiten an deinem Motorrad nötig sind – einschließlich eines Drehmomentschlüssels. Wenn du pro Jahr mehrmals eine Rennstrecke besuchst, solltest du dir einen speziellen »Rennstrecken-Werkzeugkoffer« anlegen. Neben den Grundwerkzeugen sollten Hilfsgeräte wie Front- und Heck-Stützen, Öl, Kettenspray und Lappen beigefügt sein. Viele Rennstrecken sind nicht mit einer Tankstelle ausgerüstet, also sollten auch gefüllte Ersatz-Kanister bereitstehen, die eine Versorgung für den ganzen Tag sicherstellen können.

Neben den Werkzeugen sollten auch eine Menge anderer wichtiger und komfort-steigernder Teile eingepackt werden. Zuallererst ist dies eine zusammenklappbare Dachkonstruktion – egal, ob Markise, Vorzelt oder Baldachin. Besonders während

der Sommermonate ist es wichtig, den in Lederkleidung wartenden Fahrer nicht der Sonne auszusetzen. Auch das Motorrad und die Crew möchten gerne im Schatten bleiben, Letztere sogar gerne zur Entspannung auf Klappstühlen sitzen. Zum Trocknen verschwitzter Kleidung kann ein Ventilator nützlich sein. Wenn du einen transportablen Kompressor hast, solltest du ihn mitbringen, um notfalls deine Reifen aufpumpen zu können (derjenige, den ich normalerweise mitbringe, ist immer an verschiedene andere Fahrer verliehen). Schließlich solltest du noch einen Besen dabei haben, um den Arbeitsbereich sauber halten zu können.

Ein letzter Satz von Teilen, die einzupacken sind, betrifft die Sicherheits-Kategorie. Hierzu gehören ein Erste-Hilfe-Koffer, ein Feuerlöscher und Getränke (lieber stilles als kohlensäurehaltiges Wasser), um den Fahrer und seine Mannschaft nicht dehydrieren zu lassen.

Erfahrene Rennstreckenbesucher bringen normalerweise noch viele andere Teile mit, um eine richtige Camping-Atmosphäre zu erzeugen. Dazu gehören ein Grill, eine Liege und ein Fernglas. Wenn du regelmäßig auf die Strecke gehst, wirst du feststellen, dass dies mehr Planung und Vorbereitung erfordert als die meisten Camping-Ausflüge. Dies ist nicht notwendigerweise schlecht, weil Ausflüge zu Rennstrecken auch mehr Spaß bringen, als ein Wochenende auf einem Campingplatz.

Sicherungsdraht-Know-how

Sicherungsdraht gehört neben Gewebeband und Kabelbindern zu den wichtigsten Dingen. Unglücklicherweise hält sich die allgemeine Weisheit, dass Sicherungsdraht nur für Rennmaschinen geeignet ist. Ich sage, das ist Quatsch! Sicherungsdraht ist für alle Maschinen geeignet, die zusammenbleiben sollen – ein Hochleistungs-Motorrad gehört sicherlich dazu. Tatsächlich versehe ich alle meine Motorräder mit Sicherungsdraht, egal ob sie auf der Rennstrecke eingesetzt werden oder nicht. Sicherungsdraht ist nicht nur eine Präventiv-Medizin, sondern er ist auch wichtig zur Sicherung von Schrauben, die regelmäßig entfernt werden. Als Kandidaten für die notwendige Durchbohrung bieten sich die folgenden Teile an:

Bremssattelschrauben
Bremsbelagstifte
Achsen-Klemmschrauben
Gabelbrücken-Klemmschrauben
Öleinfülldeckel
Kühlerdeckel
Ölablassschraube
Anschlussschrauben für Brems- und Ölleitungen

Vielleicht wirst du nicht gezwungen, dein Motorrad mit Sicherungsdraht zu versehen, aber zweifelsohne schützt dies davor, dass in den ungeeignetsten Momenten Teile abfallen.

Die für das Absichern mit Draht notwendigen Werkzeuge: Eine Bohrmaschine, ein 1,5-mm-Bohrer, Sicherungsdraht und möglichst eine Drahtwirbelzange zum Verdrehen der Drahtenden.

Der Draht muss immer so abgespannt sein, dass sich die Schraube nicht lösen kann.

Sicherungsdraht ist KEIN Ersatz für Befestigungen. Auch kann ungeeignete Technik den Sicherungsdraht nutzlos machen. Es gibt den Draht in drei Stärken: 0,5 mm, 0,8 mm und 1,0 mm. Er sollte vernickelt sein, um nicht zu korrodieren – die meisten Sicherungsdrähte haben diese Schicht nicht. Je dicker der Draht, desto weniger neigt er beim Verdrehen zum Brechen. Manche Richtlinien geben die optimale Anzahl von Windungen pro Zentimeter an, doch berücksichtigen sie die Stärke des Drahts nicht. Der Draht wird einem durch Reißen zeigen, wann er zu stark verdreht ist.

Der Schlüssel für die Installation von Sicherungsdraht ist Geduld, die richtige Technik und der Einsatz einer entsprechenden Spezialzange. Vor Beginn muss der entsprechende Schraubenkopf mit einem 1,5-mm-Bohrer durchbohrt werden. Bei diesem

151

Du kannst die Drahtenden an einem festen Punkt des Motorrades oder an anderen Schrauben sichern.

Lochdurchmesser können alle drei Drahtstärken eingesetzt werden. Die Schraube in einen Schraubstock zu spannen, erleichtert diese Aufgabe. Mit einem Körner wird der Punkt markiert, an dem der Bohrer angesetzt wird. Der Bohrer wird nach wenigen Löchern verschlissen sein, wenn man ihn nicht bei der Arbeit kühlt. Während manche Leute dazu Wasser benutzen, bevorzuge ich gelegentliches Einsprühen mit Öl.

Nachdem du den Schraubenkopf vollständig durchbohrt hast, wird die Schraube eingesetzt und mit dem vorgeschriebenen Drehmoment angezogen. Suche am Motorrad einen Punkt, an dem du den Draht sichern kannst – dies können Kühlrippen, andere Schrauben oder jedes andere feste Bauteil sein. Wichtig ist, dass die Schraube so straff verdrahtet wird, dass sie sich nicht lockern kann.

Bei der Installation des Sicherungsdrahtes muss sorgfältig gearbeitet werden. Kleine Kerben im Draht verkürzen seine Lebensdauer. Einkerbungen entstehen, wenn der Draht durch das Loch gezogen wird, oder beim Einklemmen während des Verdrehens. Es erfordert etwas Praxis, um diese Aufgabe geschickt zu lösen, doch der Draht ist nicht teuer. Und mit genügend Praxis kann man seine Drahtsicherungen genauso attraktiv gestalten wie jedes andere Teil des Motorrades.

Checkliste vor Fahrtantritt

Vor jeder Fahrt mit dem Motorrad muss die gesamte dazu nötige Ausrüstung kontrolliert werden. Leider sind die meisten Fahrer immer so in Eile, dass sie nur ihren Helm aufsetzen, ihre Maschine starten und losfahren. Motorräder erfordern jedoch mehr Aufmerksamkeit als Autos. Es zahlt sich aus, vor jeder Fahrt einige Minuten die Funktion der Maschine zu überprüfen. Benutze diese Checkliste, um dich und deine Maschine für den Fahrspaß zu rüsten.

Motorrad-Inspektion
– Reifen – Zustand und Luftdruck
– Begutachte den Vorderreifen sorgfältig auf Wölbungen. Falls vorhanden, kann man sie beim Bremsen fühlen, wenn das Vorderrad zu flattern scheint.
– Setze die Reifen unter den vom Motorrad- und Reifenhersteller vorgegebenen Luftdruck. Wenn sich deren Angaben unterscheiden, sollte immer der Wert des Reifenherstellers benutzt werden.

– Spiegel – korrekt ausgerichtet und sauber?
– Motoröl- und Kühlmittelstand
– Funktion der Bremsen und der Kupplung
– Leuchten- und Blinkerfunktion
– Kettenspannung und Schmierung
– Kontrolllampen-Funktion
– Bremsscheibenschloss entfernt?

Fahrer
– Helmvisier – frei von Schmutz und Kratzern?
– Helm sitzt korrekt?
– Jacke sitzt gut? Zu weite Jacken können durch den Fahrtwind sehr hinderlich sein.
– Handschuhe behindern die Durchblutung und Bewegungsfreiheit nicht, wenn die Hand um den Lenkergriff gelegt ist.
– Keine losen Schnürbänder – sie können in den Schalt- oder Bremshebel geraten.
– Fahrer ist nüchtern und hat keine Aufputsch- oder Beruhigungsmittel eingenommen.

Werkstatt-Ausrüstung

Die rechts aufgeführte Liste enthält alles, was ich für eine optimal ausgerüstete Schrauberwerkstatt empfehle. Die Liste der empfohlenen Werkzeuge schließt nur solche Teile ein, die das Arbeiten erleichtern und nicht bereits schon als Standardwerkzeug vorhanden sein sollten. Nachdem du alle nötigen Werkzeuge beschafft hast, solltest du darauf achten, wie deine Garage eingerichtet wird. Durch eine effiziente Lagerung vermeidest du ein ständiges Durcheinander. Dies sorgt nur dafür, dass sich noch mehr Dinge ansammeln. Ein klassisches Beispiel ist dein Garagenboden. Wenn du einmal angefangen hast, Dinge herumliegen zu lassen, wirst du bald noch mehr Dinge dazulegen. Bevor du es richtig merkst, ist der ganze Boden mit Werkzeugen oder Teilen bedeckt. Du kannst dies vermeiden, indem du Dinge an ihren korrekten Platz legst und sie vom Boden fernhältst. Platz zum Schrauben ist für die meisten Hinterhof-Mechaniker ein knappes Gut.

Grundsätzliche Wartungs- und Modifikations-Werkzeuge

– Schraubstock und
  Gripzange
– Schleifstein
– Plastikflasche (mit Gum-
  mischlauch, um beim
  Synchronisieren der Ver-
  gaser die Kraftstoffver-
  sorgung sicherzustellen)
– Vergasersynchroni-
  sations-Messgerät
– Unterdruckpumpe
– Batterieladegerät
– Batterietester
– Kunststoff-Schweißgerät
– Kompressionstester
– Druckverlust-Prüfgerät
– Standbohrmaschine
– Acetylenbrenner
– Elektroschweißgerät
– Auswuchtständer
– Elektrisches Handgerät
  (»Proxxon«)
– Gewindeschneid-Satz

– beleuchtete Lupe
– Magnetheber
– Zylinder-Honwerkzeug
– Kolbenringspanner
– Klauenabzieher
– Kompressor
– Druckluftschrauber
– Reifenmontierhebel
– Montageständer für
  vorne und hinten
– Motorstütze
– Bremsenentlüfter
– Glasstrahlkabine
– Teilewäscher
– Luftentfeuchter
– Digital-Messschieber
– Mikrometerschrauben
– Hebebühne
– Hebekran
– Dichtring-Eintreiber
– Ohrenstopfen
– Sicherhcitsbrille